ニカメイガ

日本の応用昆虫学

桐谷圭治・田付貞洋一編

The Rice Stem Borer

Chilo suppressalis

A History of
Applied Entomology
in Japan

東京大学出版会

The Rice Stem Borer, *Chilo suppressalis*:
A History of Applied Entomology in Japan
Keizi KIRITANI and Sadahiro TATSUKI, eds.
University of Tokyo Press, 2009
ISBN978-4-13-076028-7

はじめに

本書の出版は，短期的な問題解決にあるのではなく，日本の応用昆虫学の軌跡をたどり，その到達点を踏み台として将来に備えようという，より長期的視点に立った意図から企画された．

「ニカメイガは，古くより1960年ごろまで，わが国における最も重要なイネの害虫であった．おそらく1930年以前に生まれた応用昆虫学者のなかで，一度もこれの研究に手を染めなかった人は無いのではないか」と宮下（1982）は述べている．日本の昆虫生理学を世界のレベルに上げたのは「カイコ」で，害虫防除と生態研究は「ニカメイガ」が担った．国際イネ研究所（IRRI）が発足してまもない1964年に，IRRIはその最初の国際シンポジウムを「イネの重要害虫」をテーマに多数の日本の研究者を講演者として招待した．これはアジアにおけるイネ害虫の基礎的研究が，日本を措いては語れないことを象徴的に示している．

本書はニカメイガを材料にして，分類，行動，生活史，個体群動態，害虫管理，発生予察，生物的防除，フェロモン利用，耐虫性品種，作付け体系と発生型，殺虫剤抵抗性，光周期と休眠，季節適応と地理的変異，生態型，種分化，耐寒・耐凍性，栄養生理，変態の内分泌制御など，応用昆虫学のみならず昆虫学のすべてが語られている．日本で昆虫に多少とも関係のある仕事に就く人たちにとっては昆虫学入門書として，調査研究に従事する人たちには研究の最先端をうかがい知る専門書として役立つものと確信している．

ウンカと並ぶ最大のイネ害虫であったニカメイガは，現在「ただの虫」になってしまい，レッドデータブックにも載りかねない状況である．これは害虫防除史上の偉大な成功例である．残念ながら，応用昆虫学者の主導によって達成されたわけではなく，各種の米一俵増産技術の導入が結果的にニカメイガの広域的な害虫管理に成功をもたらしたのである．

現在，世界は異常なエネルギー危機に直面している．バイオエタノールの供給源として稲藁の利用が考えられている．また多収性の飼料用イネの栽培も計画されている．これにともなうイネ品種の変化は，全国的なニカメイガ問題を再現させる危険をはらんでいる．さらに地球温暖化の進行は3化するニカメイガの出現を暗示している．

ニカメイガの研究を現在の視点で振り返り，その研究遺産をむだにすることなく，将来の応用昆虫学の進展に引き継ぎたいというわれわれの願いを本書に込めた．

2009年8月

桐谷圭治

目　　次

III 生態現象の生理的機構

エピローグ

プロローグ

1 ニカメイガの研究史

桐谷圭治・田付貞洋

1.1 学名と分布圏

Rice stem borersといわれている種は世界で21種あり，そのうちニカメイガを含む18種はツトガ科Crambidaeに，残り3種はヤガ科Noctuidaeに属する．しかし，アジアで重要なイネの害虫は4–5種である（Kapur, 1967）．ニカメイガの和名は年に2回発生することに由来している．学名は*Chilo suppressalis*（Walker），英名はAsiatic rice borer, rice stem borer, striped rice borer, striped stalk borerが使われている．

東南アジアを中心に東はハワイから西はスペイン，フランスに至るまでの広い地域に分布する．しかしハワイには東南アジアからの侵入で1927年に発見された．スペインには1933年，フランスには1970年ごろ侵入した（宮下，1982）．木下・河田（1933）によれば，本種は熱帯では勢力が弱く，おもに標高の高い場所に分布し，もっとも勢力の強い地域は東アジアの温帯南部地域で，原産地もこのあたりにあると考えられる．寄主植物は，大発生時を除きイネ，または野生イネおよびマコモであるが，そのほかヨシでも成育する．マコモのニカメイガとイネのニカメイガは，同種か別種かについては，古くから議論されているが，この問題については第5章を参照されたい．

Kapur（1967）によれば，ニカメイガの学名は，1863年にWalkerが上海産の標本にもとづいて*Crambus suppressalis*として記載した．またButler（1880）が台湾産の標本をタイプとして*Jartheza simplex*と命名，後にHampson（1896）はこれを*Chilo*属に移し，*Chilo simplex*（Butler）とし，*Chilo suppressalis*（Walker）と区別した．またFletcher（1928）はインド

産の標本に *Chilo oryzae* Fletcher と命名した．木下・河田（1933）はより詳細な分類学的研究から，*C. oryzae* は *C. simplex* Butler と同種であると確認した．最終的には Kapur（1950）が *C. suppressalis, C. simplex, C. oryzae* の3種は同じ種であることを明らかにして，*Chilo suppressalis*（Walker）が本種の学名として確定した（Kapur, 1967）.

1.2　生活史

生活史については，Kiritani and Iwao（1967）が，1964年までに報告された内外の論文にもとづいて，ニカメイガとサンカメイガ（*Scirpophaga incertulas*）の生活史を比較検討している．ここではこの総説を参考に，ニカメイガに限ってその生活史を記述する．1925年以降，第2次世界大戦直後までは，主として個生態についてのくわしい研究がなされている．

1.2.1　発生経過

ニカメイガの年間世代数は気候条件によって1–6世代の幅がみられる．日本では1–3世代であり，老熟幼虫で休眠して越冬する．亜熱帯の台湾嘉義でも休眠がみられる．越冬世代成虫の羽化期日は北に行くほど早くなり，かつ羽化は短期間で終了する．したがって北日本では30日間，南日本では40日間で90%の個体が羽化する．本州中西部における越冬世代成虫の羽化期は6月20日ごろ，第1世代は8月中・下旬になる．高知県のような3化地帯では越冬世代成虫の羽化は，2化地帯より1カ月早いが，第2世代は2化地帯の第1世代より少し遅れる程度である．

1.2.2　産卵と発育

羽化時刻のピークは日没後1–2時間後の19–20時である．交尾は羽化当夜の20–21時に行われ，通常1.5–2時間継続する．雄成虫は生涯に何回も交尾する．産卵前期間は1–5日で，平均1.4日，産卵は1–3日の間隔で行われ，羽化後1–2日後の夕刻から始まり20時ごろが最盛となる．最初の産卵で総産卵数の78%が産下される．産卵所要時間は通常10–15分である．蔵卵数は越冬世代成虫では300–1000卵で平均558卵，雌成虫の体長と高い相関（r = 0.752）がある．実際に産まれる卵はその50–60%，平均318卵，産卵期間は1–11日の幅があった（上遠・栗原，1929；鏑木ら，1939）．

卵塊は葉身の先端近くの葉裏もしくは葉鞘に産まれる．卵は卵塊で生まれるが，1卵塊あたりの卵数は2–444の変異があり，対数正規分布で近似できる．卵塊サイズは北のほうが南よりも小さい傾向があり，越冬世代成虫が産む第1世代卵のほうが第2世代卵よりも卵塊サイズが大きい．たとえば大分県での観察では，前者は70.7（2–341），後者は60.1（2–242）であった（Kiritani and Iwao, 1967）．

卵期間は15–30℃の範囲では温度とともに期間は短縮するが，35℃では延長し，幼虫の多くは脱出せず卵殻内で死亡する．卵の発育ゼロ点と有効積算温量は，それぞれ12.7℃，75.8日度（道家，1936），10.5℃，94.34日度（杉山，1960），12.0℃，90.3日度（八木，1934）が与えられている．卵の孵化は21–33℃，90–100% RHの範囲内で起こり，＜70% RHの低湿度では孵化しない（道家，1936）．

幼虫期間と温度の関係は，第2世代幼虫が休眠に入ること，さらに発育のパターンが異なる生態型（エコタイプ）が存在するため複雑である（深谷，1959；詳細は第11章参照）．第1世代幼虫の発育ゼロ点は11℃または12℃（春川ら，1931），ゼロ点を12℃としたときの有効積算温量は，雄では518.8，雌では573.3日度である（八木，1934）．深谷（1959）は，越冬幼虫の発育ゼロ点は庄内型では10.5℃，西国型では12℃付近としている．

幼虫の脱皮回数は第1世代幼虫では4–8回脱皮し，大部分の幼虫は6齢を経過する．第2世代では6–8齢でやや前世代より多い（勝又，1934）．

蛹期間の発育ゼロ点と有効積算温量は，西国型の雄10.3℃，174.95日度，雌10.0℃，170.6日度である．温湿度条件については，15–38℃，10–100% RHの範囲で羽化がみられ，蛹は比較的耐性が大きいが，正常な成虫が羽化する範囲は，もっと狭く20–34℃，30–100% RH，最適は25–28℃，100% RHである（道家，1936）．

1.2.3 成虫の走光性

成虫は昼間は静止していて，雌は日没1–2時間後に，雄はこれより1–2時間遅れて灯火に誘引される．しかし深夜にも少数が雄雌とも誘引される．

八木（1935）によれば，2回の活動ピークがあり，日没後の最初の活動は短時間で終わり，2回目の活動はより活発で，長時間継続するが深夜には終わる．その後夜明け前に再び活動がみられる．夜間の2回目の活動ピークは誘殺ピークと一致する．誘引された雌は，多量の卵を体内に保持しており，5地域での調査では平均390–513卵がみられ，これはニカメイガの平均蔵卵数の73–96%にあたる．また誘引された雌成虫の解剖では，3%が未交尾，5%は2回交尾，残りの95%は1回交尾個体であった（鏑木ら，1939）．誘引される雌成虫は，大部分が羽化当夜から3夜目までの個体で，その60–70%が多少なりとも産卵を経験しているとみなせる（宮下，1982）．

1.2.4　成虫の飛翔距離

数人の研究者の報告からみると，飛行速度は雄で0.48–2.15 m/s，雌は0.60–3.4 m/s，また飛翔距離については1300頭の標識成虫の放飼実験では，350 m以上では再捕されなかった．しかし飛翔速度からみれば，これは2–3分で飛べる距離である（Kiritani and Iwao, 1967）．宮下（1982）は，愛媛県での放飼実験での再捕獲数と放逐点からの距離との関係から，雄は1900 m，雌は1750 mと推定している．またニカメイガの大発生が100 kmにもおよんで数世代をかけて遠心的に拡大していることから，大発生時にはより長距離の移動を行うことが示唆されている（Kiritani and Oho, 1962）．

1.2.5　幼虫の行動

幼虫の孵化は日の出とともに活発になり，5–6時にピークになる．2回目の孵化ピークは14–16時にみられるが，これは照度の影響ではなく温度上昇に原因が求められる．1卵塊の孵化は30–70分で終わる（丸茂，1932）．第1世代幼虫の観察では，孵化幼虫はしばらく卵殻上にとどまったのち，正の走光性で上方に上がるが，約4時間後には負の走光性に変わり（鏑木ら，1939），一部の個体は糸を吐いて分散するが，大部分は葉裏に沿って下降し葉鞘内に潜る．これらの一連の行動は1–1.5時間で終わる（佐藤・森本，1962）．

若齢期の幼虫は集合して葉鞘部を加害するが，通常2–3齢まで稲茎には穿孔侵入しない．孵化後15–20日の3齢幼虫が茎に穿孔する．第2世代幼虫では，孵化後2–3週間ごろに1本の葉鞘内に集合していた幼虫が，分散して周辺の茎に食入する．また分散行動は，孵化後50日ごろにもみられるが，これは越冬場所への移動時期と重複している．越冬後，蛹化直前の4, 5月にも幼虫の分散行動がみられる（Kiritani and Iwao, 1967）．

1.2.6　被害

幼虫の食入を受けた葉鞘は，2, 3日するとカスリ状に色があせ，その後全体が褐色になる「葉鞘変色茎」となる．第1世代では，この部分から葉が折れて水に流れる「流れ葉」や，茎の中心部分が枯れる「心枯茎」を生ずる．第2世代の場合は，成長した稲茎の節間を食い荒らすので，風ですぐ折れてしまう「風折茎」，出穂直前では「出すくみ穂」，出穂期では捻実しない「白穂」を生ずる（宮下，1982；第2章参照）．

1.3　螟虫防除前史

1.3.1　明治・大正期の研究

本書の表題でも示したように，わが国の害虫研究はニカメイガとサンカメイガを含むいわゆる螟虫（めいちゅう）の研究で始まった．しかも研究の先鞭は地方の篤農家によってつけられた．福岡県を含む九州各地では「サンカメイガ」の被害が大きく，とくに筑後地方では1750年ごろから被害がめだち始め，盛衰を繰り返しながらも周辺地区に拡大していった．サンカメイガの被害は穂の根元が幼虫に食い切られるため，籾がしいなになって，被害の大きい水田では一面真っ白い穂が突っ立って凄惨な様相を示す．1872年ごろ，篤農家の益田素平は，「螟虫遁作法」として，早稲を慣行より10日ほど早く，晩稲を10日ほど遅く植え，中稲の栽培を止めて，イネでしか育たないサンカメイガの攻撃をかわす作付けが有効なことを発見していた．益田らはさらに，サンカメイガの採卵，灯火誘殺，幼虫が越冬している刈り株の掘り取り焼却などの一連の対策で，防除効果が上がることを示した．この防除技術は，サンカメイガの発生地帯であった西日本太平洋沿岸および瀬戸内海沿岸地帯で広く採用され，戦後の合成殺虫剤が登場するまでは，広く実行されてきた（桐

図1.1　A：ニカメイガ幼虫（マコモに寄生），B：ニカメイガ成虫（雌），C：サンカメイガ幼虫，D：サンカメイガ成虫（雌）（Aは田付原図，Bは吉田忠晴氏提供，C，Dは服部伊楚子氏提供）.

谷・中筋，1977）.

明治初期に勧農局にいた鳴門義民は中央における害虫問題の最高責任者であった．1879（明治12）年に熊本県下で行った螟虫防除試験には，芥子末，山茶子油滓，ひま油，樟脳などとともにパリスグリーン（1865年ごろ塗料として使用されていた含砒素顔料で，ジャガイモの大害虫コロラドハムシ *Leptinotarsa decemlineata* を毒殺することが発見され，これがもとになって殺虫剤の砒酸鉛が開発された［斎藤，1973]）が使われている．パリスグリーンが殺虫剤として世に出たのは1867年であり，当時西欧の技術がかなり速やかにわが国にも導入されていたことがうかがえるとともに，これがイネ害虫への最初の農薬適用例であった（深谷，1973）.

害虫防除の先進県の福岡県では，益田が1878（明治11）年には，この地方の螟虫は年に3世代経過することをみていた．その後益田は1895年に『稲虫実験録』を出版した．この民間人による研究の流れは，1896年に名和梅吉が「名和昆虫研究所」を設立し，雑誌「昆虫世界」に各種の研究成果が

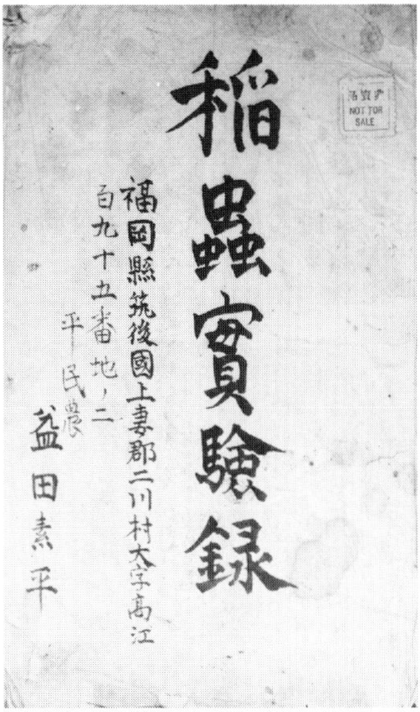

図 1.2　『稲虫実験録』.

発表されるようになる下地をつくった.

公立の試験場では，1888（明治 21）年に設立された福岡県勧業試験場の場長，大塚由成が本格的な研究を始め，激甚な被害をもたらしている螟虫と被害の少ない地域の螟虫は違うこと，前者の駆除・予防法は後者の螟虫にはあまり効果がないことに気づいた．また発生回数も前者が年 3 回に対し，後者は年 2 回であることを明らかにした．これらのそれぞれに「サンカメイガ」「ニカメイガ」という和名とともに学名が正式に決定されたのは松村松年が 1901 年に「昆虫世界」に発表した論文による（桐谷・中筋，1977；宮下，1982）.

国レベルの研究体制は民間より遅れ，1890（明治 23）年，東京西ヶ原に設置された農事試験場において，その 9 年後の 1899 年に昆虫部が設けられたときからである．昆虫部の中川久知（1900）は，保護器により利用が奨励されていた螟虫の卵寄生蜂にはズイムシアカタマゴバチ *Trichogamma japonicum* とズイムシクロタマゴバチ *Telenomus dignus* の 2 種がいることを明らかにした（第 7 章参照）．その後，中川は九州支場に赴任し，ニカメイガ幼虫の詳細な研究から，イネが第 2 世代幼虫の加害によって白穂や枯穂になってから切り取っても遅く，葉鞘の色が少し変わったとき，つまり幼虫の集団がまだ分散しないうちに切り取ることがもっとも効果があり，これを「葉鞘変色茎の摘採」として新しい防除法を提唱した（中川，1909；宮下，1982；安東，2006）．

1896（明治29）年，政府は「害虫駆除予防法」を制定し，イネの害虫防除を都道府県に義務付けた．サンカメイガについては作付け期による産卵回避や刈り株の掘り取りなどの益田の提案が採用された．ニカメイガについては，誘蛾灯，ガの捕殺，採卵にあわせて，若い幼虫の加害によって生じる葉鞘変色茎と心枯茎（被害茎）の摘採，さらに卵寄生蜂の保護器の設置などを義務付けた．その実施のために，各郡に督励官も配置した．早春の水田地帯の風物詩の1つの短冊型苗代は，いまでは機械移植の普及によって姿を消してしまったが，ほぼ1 m 20 cmという苗代の幅は，両側から螟虫の卵を取りやすいように，このころからしつらえられたものである（桐谷・中筋，1977）．なお，サンカメイガのこの時代の研究史については織田富士夫の「日本に於ける稲三化性螟虫の研究（1）（2）」（織田，1935）を参照されたい．

国による研究の進展と府県に農事試験場が設立されたことによって，螟虫に対する関心も高まり，1909（明治42）年に開かれた地方農事試験場長会議では，「螟虫の発ガ期，誘殺数」「秋期被害茎摘採に関する調査」「藁および株中の越冬幼虫調査」についての連絡共同調査を向う5年間にわたって実施することを決議した．この決議事項は，専門家による「病菌害虫駆除予防主任技術官協議会」に引き継がれ，第1回は1918（大正7）年，第2回は1925（大正14）年に開催されている．この会議では，国に病菌害虫研究所を設置して，防除に関する基礎研究を実施すること，地方に専任技術員を国費で配置して病害虫防除の指導・督励をすることなどを農林大臣宛に要望している（宮下，1982）．

1.3.2　昭和時代の研究

昭和初期に農林省はニカメイガに対する抜本的な防除技術を開発するために，かつてない大型予算のプロジェクトを立ち上げた．このプロジェクトの責任者の木下周太によれば，「大正の中葉以後，応用昆虫学の分野から生態学（ecology）が台頭して，従来の経験的あるいは観察的ともいうべき調査研究は，この新興科学のレンズの前に準焦されねばならなくなった」という背景のもと，1927（昭和2）年におもな研究機関にニカメイガに関する基本的研究を委託した（深谷，1973）．委託試験のテーマはつぎのようなものであり，当時の研究の中心的課題がうかがえる．

①天敵利用に関する調査研究ならびに東洋における天敵の実地踏査（担当：農事試験場）
　天敵保護利用応用試験（担当：山口県農事試験場）
②走性とくに走光性に関する研究ならびにメイガ科の分類（担当：東京帝国大学農学部）
　走光性に関する応用試験（担当：愛媛県農事試験場）
③薬剤散布に関する応用試験（担当：福井県農事試験場）
　薬剤ならびに天敵利用に関する応用試験（担当：愛知県，静岡県，長崎県農事試験場）
④ニカメイガの生態に関する研究（担当：大原農業研究所）

これらの研究から，誘蛾灯による合理的防除法とか，硫酸ニコチンによる殺卵（がニカメイガ胚子の発育におよぼす影響の研究），タマゴバチ *Trichogramma* の大量生産などの着想が誕生した．また大原農研の春川らは，ニカメイガ個体群の動態を気象面から明らかにしようとした．ただし，深谷（1973）は，この大型プロジェクトは大正末期から昭和にかけて西欧諸国で害虫防除技術が大きく発展したことに刺激されて発足したが，明治末期から大正の初めの時期に比べすぐれた指導的学者の層が薄く，新しい学問の進歩に即応することができず，応用昆虫学の発展に重厚さを欠いたことは否めないと評価している．

その後，この委託試験は第2次世界大戦という不幸な事態に遭遇したため，漸次縮小されたが，走光性の試験だけは戦後の1947（昭和22）年まで存続した．発足よりこの間に得られた研究成果は，つぎつぎと「農事改良資料」として刊行・発表され，宮下（1982）は，1927–47年ごろが，わが国におけるニカメイガ研究のピークであったとしている．

1.4 誘蛾灯と予察灯

明治，大正，昭和へと螟虫防除の基幹技術として誘蛾灯が質量ともに増加，発展していった．福岡県では1925年ごろにはすでに県内に3300灯も設置されていた．光源も石油カンテラ，白熱電灯，青色蛍光灯と変わっていった．第2次世界大戦が始まって2年目の1942年には，水田における誘蛾灯数は，電灯6万（5万ha），アセチレン灯3万（13000 ha），石油カンテラ灯25万（26万ha）にも達していた．しかし戦局の悪化とともに，防空上の要請から点灯は中止された．

戦後まもなく復活した誘蛾灯は，終戦2年目の1947年には，全国で青色蛍光灯24000灯，翌年には食糧1割増産の関連技術として奨励され，68000灯に増加した．戦時中の数年間，ほとんど暗闇の生活を強いられた日本人の目には，田園に点々と青い光を放って立ち並ぶ青色蛍光灯は，取り戻された平和を実感するシンボルとして映った．しかし敗戦日本の軍政にあたった占領軍天然資源局は，青色蛍光灯は天敵昆虫も同様に捕殺するため好ましくないという見解を示し，農林省は全面的に誘蛾灯を廃止した．それに代わってニカメイガの防除には，BHC，DDT，パラチオンが導入され，農薬一辺倒の時代に突き進んだ．

誘蛾灯は現在では，「予察灯」として各県に数地点ずつ白熱灯が配置され，害虫の発生予察に役立っている（注：ニカメイガを対象とする発生予察は現在，性フェロモントラップが使われている；第4章参照）．このように誘蛾灯が予察灯として独自の役目をもつようになったのは明治末期ごろからである．前述の福岡勧業試験場の大塚（1895）は，誘蛾灯の点灯期間を決めるのに，稲作期間中はガの飛来の有無にかかわらず数村に1灯の予察用誘蛾灯を点灯することを勧告している．これが日本での「予察灯」の語源と思われる．その後，明治末期には予察灯と誘蛾灯は完全に分化し，発生予察技術が芽を出した（桐谷・中筋，1977）．

Rothschild（1971）は，光に対するメイガ類の反応比較実験を行い，サンカメイガの近縁種イネシロメイガ *Tryporyza*（= *Scirpophaga*）*innotata* の水銀灯に対する反応は，ニカメイガの200倍，イネヨトウ *Sesamia inferens* の20倍，サンカメイガの40倍であり，ニカメイガはイネメイチュウ類のなかではもっとも光に誘引されにくい種であることを明らかにした．したがって，灯火誘殺はニカメイガの防除手段としての効果は期待しがたいのかもしれない．

1.5 IPM と IBM

本書の第2章以降では戦後のニカメイガ防除に話題が移る．戦後は有機塩素系の DDT や BHC，有機リン系のパラチオンなどの農薬一辺倒のニカメイガ防除に始まる．これらの殺虫剤は，どんな種類の害虫にでも効果がある，化学的に安定で効果は持続的である，さらに安価という特徴をもっていた．そのことが，害虫のみならず天敵や「ただの虫」も殺し，環境や食品の農薬汚染をもたらし，その乱用につながったのである．その結果，害虫の農薬に対する抵抗性の発達，天敵の減少による新たな害虫の異常発生，農薬による広範囲の環境汚染をもたらした．その反省として IPM（総合的害虫管理 Integrated Pest Management）が提案された．FAO によれば，IPM は，あらゆる防除技術の統合的利用，被害許容水準の設定，害虫密度を長期にわたって低く維持するという3つの要素から構成されている．

IPM の定義には，害虫密度を経済的被害をもたらさない水準に保持・管理することが重要な要素になっているにもかかわらず，これまでの IPM は要防除密度を中心とした一作期，圃場単位の被害回避が中心の戦術的 IPM で，その地域で長期にわたって害虫密度を被害許容水準以下に維持する戦略的 IPM の視点が欠けていた．さらに IPM は経済的視点がそのベースをなしているので，「ただの虫」や“害虫”のレッテルを貼られた昆虫は，それが絶滅に追いやられても無関心であった．われわれは従来の戦術的 IPM を脱却して，地域の将来の害虫密度の管理までを考えた戦略的 IPM を目指す必要がある．

食品の安心・安全は消費者だけのものであってはならない．生産者はもちろん，農地にいる多くの生物たちにとっても安心・安全な環境であることが望ましい．害虫の大発生は，害虫にとっても極端な低密度と同様に異常なのである．もし害虫密度を「ただの虫」として管理できれば，使用する農薬も必要最小限になり，農薬と害虫のイタチごっこも避けることができる．これらの「ただの虫」には絶滅限界閾値があり，それを下回ると絶滅に向かう．われわれは害虫の密度を制御するIPMとこの自然保護を両立させなくてはならない．

そこで提案されたのがIBM（総合的生物多様性管理Integrated Biodiversity Management）である（桐谷，1998，2000）．これは「すべての生物の密度を，上限は経済的被害をもたらさない密度以下に，また下限は絶滅閾値を上回る密度に保つように管理する」ことである．こうしてすべての生物との共存が実現すればほんとうの意味での安心・安全かつ持続的な食糧生産が実現されるだろう．

I

個体群動態と発生予察

2　発生予察と防除

小山重郎

2.1　ニカメイガの加害生態と戦前の防除法

2.1.1　ニカメイガの加害生態

ニカメイガを防除するには，まずこの虫の加害生態を知る必要がある．ニカメイガの加害生態は，福岡県の篤農家，益田素平と農商務省農事試験場九州支場の中川久知が記述して以来（益田，1895；中川，1909），多く報告がなされてきた．そのあらましはつぎのとおりである．

ニカメイガ（二化螟蛾）は一般に，その名の示すように1年に2世代を繰り返す．ただし，北海道と東北の一部では年1世代の地域があり，また西日本のイネの二期作地帯では，年3世代になることもある．ここでは，年2世代の場合について述べる．

ニカメイガは幼虫態でイネの藁または刈株，あるいは付近のヨシなどの茎のなかで越冬し，翌春に蛹化し，羽化する．この越冬世代の成虫は交尾後，雌が苗代，または田植え後の本田に飛来し，イネの葉に卵塊を産み付ける．孵化は卵塊ごとにほぼ一斉に起こり，孵化幼虫はイネの葉鞘に集団で食入する．そのためその葉鞘は黄褐色に枯れるので，これを「葉鞘変色茎」とよぶ．この幼虫は成長すると，となりの茎あるいは付近のイネ株に分散し，これが茎の心部にまで食入すると心葉が枯れるので，これを「心枯茎」とよぶ．その結果，そのイネ株の茎数が減少し，これは新たに分げつ（茎分かれ）する茎によってある程度は補償されるが，有効茎数すなわち穂数の減少をもたらし，米の減収につながる（河田，1950b）．

第1世代の幼虫は老熟するとイネの茎のなかで蛹化し，羽化した成虫は出

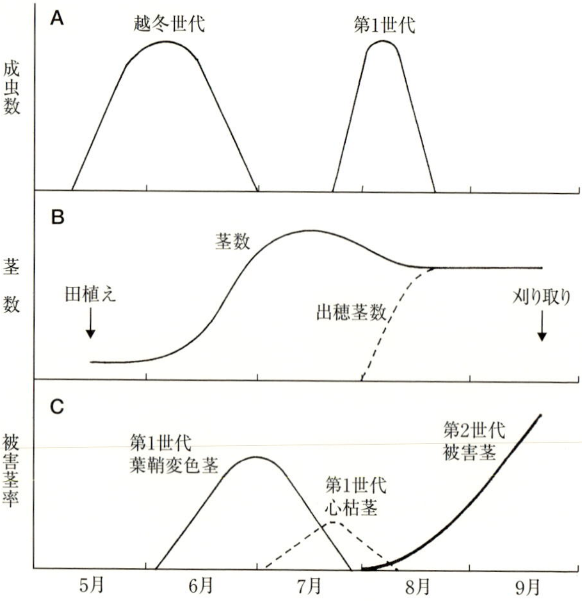

図 2.1　ニカメイガの発生とイネの被害の推移（模式図）.
A：成虫発生消長，B：イネの茎数と出穂茎数，C：ニカメイガによる被害茎率.

穂期前後のイネの葉または葉鞘に卵塊を産み付ける．卵塊の卵は一斉に孵化し，孵化幼虫が集団で葉鞘に食入して，再び葉鞘変色茎をもたらす．成長した幼虫は分散してまわりの茎や近くの株の茎に食入する．その茎が，まだ出穂前であれば，穂の抽出を妨げるので，これを「出すくみ」とよぶ．出穂直後に食入すると穂が白く枯れるので，これを「白穂」とよぶ．さらに，穂の登熟途中に食入した場合には，籾の登熟を妨げる．激甚な発生のときには，イネが一面に倒伏することもある．これらの被害はいずれも米の減収と品質低下をもたらす（河田，1950a）．この第2世代（越冬世代）の幼虫は，イネの刈り取り後，藁または刈株のなかに残り，一部のものは付近のヨシなどの茎に移動して越冬に入る．以上の被害の時間的経過を模式的に図 2.1 に示した．

年1世代の場合や，年3世代の場合の第3世代の加害の様相は，上記の第2世代に似ている．

ニカメイガの被害は，イネの栽培条件と深く関係している．苗代で産卵された場合には，孵化幼虫はよく育たない．イネを早く植えると本田での産卵が多くなり，被害が大きい（山時，1926）．多肥栽培も被害を大きくする（山時，1924；石倉ら，1953a）．また茎の太い穂重型品種は一般に被害が大きい（石井，1903；石倉・渡辺，1955）．その年の気象条件によって越冬世代成虫の発生が遅いほど，また第1世代成虫の発生が早いほど，被害が大きくなる（金野，1924）．したがって，ニカメイガの発生は年により，また地域により大きく変動するので，後で述べる発生予察が重要である．

2.1.2 戦前の防除法

戦前（1945年の第2次世界大戦の終戦まで）の防除法は，上に述べたニカメイガの生活史のあらゆる時点において虫を駆除しようとするものであり，1928年に農林省農務局によって「二化性螟虫と其の防除法」としてまとめられたので，その項目にしたがって紹介する．

捕蛾採卵

苗代あるいは本田で，人力によってできるかぎり成虫と卵を採集する（野津，1921；金野，1922）．

寄生蜂保護利用

ニカメイガの天敵として寄生蜂は有力なものとされ，ズイムシアカタマゴバチ *Trichogramma japonicum* とズイムシクロタマゴバチ *Telenomus dignus* が主で，その寄生率はときには80％以上にも達した（岡田ら，1934）．このハチを保護利用するために，採集した卵塊を保護器に入れて保護したり（図2.2；岡田，1916；岡田ら，1934），寄生した卵塊の付いた苗を本田に添え植えすることが行われた（山口農試，1929）．さらに，この寄生蜂を人工飼育したコナマダラメイガ（＝スジマダラメイガ *Cadra cautella*）の卵で増殖して水田に放飼することが試みられた（静岡農試，1928）．またフィリピンから輸入した卵寄生蜂のイシイコバチ *Trichogramma* sp. も同様に増殖して放飼されたが，その寄生能力は自然状態のズイムシアカタマゴバチより劣った（渋谷・山下，1936）．また，ズイムシアカタマゴバチの放飼

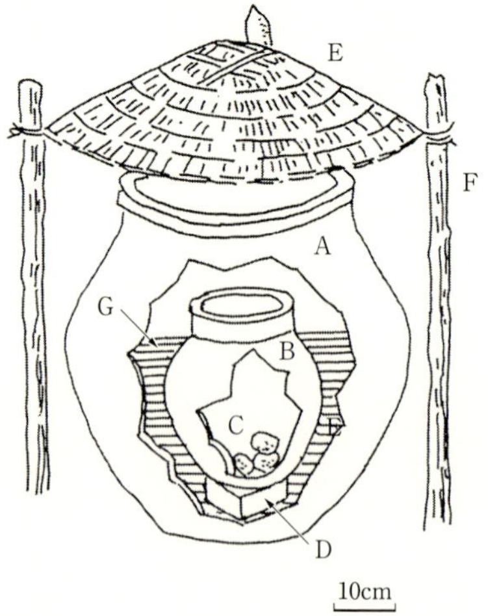

図 2.2　ニカメイガ寄生蜂卵保護器（岡田ら，1934 より改変）.
A：大がめ，B：小がめ，C：石，D：台，E：笠，F：杭，G：水.
寄生されたニカメイガ卵塊を小がめに入れると，羽化した寄生蜂成虫は外に飛び出せるが，寄生されずに孵化したニカメイガ幼虫は大がめの水に溺れて死ぬ.

数が増えると過寄生が起こるために，このような寄生蜂放飼は期待されたほどの効果を上げないことが明らかにされた（弥富，1943；第7章参照）.

点灯誘殺

ニカメイガの成虫が，夜間灯火に集まることは古くから知られていた（益田，1895）．初めは，捕蛾採卵や被害茎摘採をいつ始めたらよいかを知るために，「予察燈」として用いられた（河原，1915，1917）．これは石油を燃料とするカンテラ燈の下に水盤を置き，集まった成虫を水に溺れさせるものである（図 2.3）．それが，のちに成虫を大量に誘殺する「誘蛾燈」として防除の目的に用いられるようになった．この場合，10 a に1灯が基準とされた（河野，1936）．やがて，灯火は，より誘引力のある白熱電灯に代わり，これは1 ha に1灯の割合で用いられた（鹿島・河野，1942）．最終的にはもっと

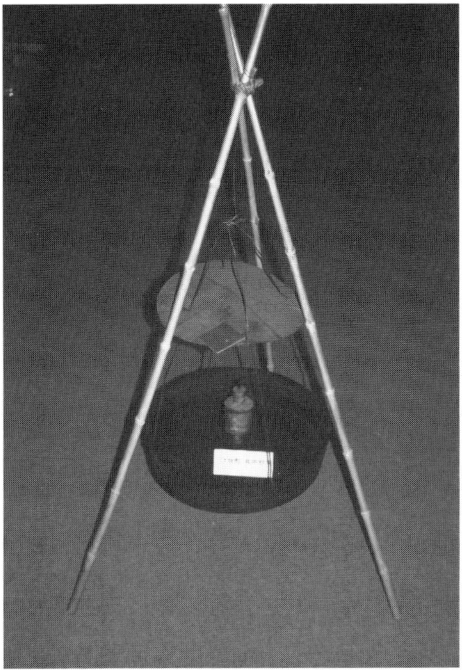

図 2.3　石油カンテラ燈を用いた「誘蛾燈」（福岡県農業資料館所蔵；小山，2000）．

も誘引力の高い青色蛍光灯が試験され，戦後に実用化された（石倉，1991）．誘蛾灯に集まった成虫がその付近に産卵することによって被害が増えるのではないかと懸念されたり，第1世代成虫の誘殺時期がイネの出穂期にあたるため，誘蛾灯の光線が付近のイネの出穂を遅らせるという現象がみられた．しかし，全体的には被害軽減の効果が高いものとされた（山時，1926；村田，1928；鍬塚・尾崎，1929）．

被害茎摘採

これは幼虫が食入した被害茎を幼虫ごとカマなどで切り取り処分するもので，食入した幼虫がまだ分散する前の葉鞘変色茎の段階で行うのが効果的であった（中川，1909；矢野，1918；野津，1921）．なおこの方法は，第2世代の場合にはイネの開花期にあたるため，水田内への立ち入りがイネに障害を与えることが懸念されたが，試験の結果，立ち入ることによる障害よりニカメイガの被害軽減の利益のほうが大きいものとされた（農林省農務局，1925）．

浸水駆除

第1世代の幼虫がまだ若齢の時期に，水田を深水にして茎のなかの幼虫を水に溺れさせるという方法である．これは幼虫が容易に茎から脱出するため，あまり効果が高いものではなかった（矢野，1915；西田，1919）．

薬剤駆除

当時手に入る殺虫剤として，砒酸鉛，除虫菊，デリス，煙草粉，硫酸ニコチンなどの薬剤が試験された結果，煙草粉と硫酸ニコチンが殺卵と孵化幼虫の食入防止の効果が高いことが明らかになった（金野・神志那，1927；京都府農試，1939）．しかし，イネの茎に食入した幼虫への効果は低かった．また，硫酸ニコチンは輸入品であったため手に入りにくく，広く用いられることはなかった．

植え換え

第1世代の被害がひどい場合に，苗を植え換えるという方法である．

移植期引き下げ

早植えのイネほど第1世代の被害が大きいことから，移植期を遅らせる方法である（山時，1926）．しかし西日本ではイネの生育が遅れると出穂期が台風期と重なったり，東北地方では刈り取り期が遅くなると低温で登熟が悪くなることなどから，移植期の引き下げにも限度があった．

誘致田設置

一部の苗代や水田を早く植えて，そこにニカメイガの産卵を集中させることによって，通常の水田には被害をおよぼさないようにする試みである．

落水期の遅延

秋の水田の落水が早いと被害茎の枯死が早まり，幼虫が脱出・分散して健全な茎を食害するので，落水を遅らせることによって被害がさらに広がるのを防ぐ方法である．

藁の処理

初期には藁のなかにいる越冬世代の幼虫を殺すために，藁を土中に埋没したり，積み上げて腐敗させたり，また二硫化炭素やクロルピクリンで燻蒸することが試みられたが，もっとも多く用いられたのは，藁の切口を外側にして積み上げ，春に蛹化場所を求めて移動する幼虫を掻き払うことによって殺す方法である（石川，1918）．また藁を屋内に積んで密閉し，羽化した成虫が外に出ないようにする方法もとられた（矢野，1922）．藁を屋外でよく日光にあて温度を高めて，越冬世代の成虫の羽化を早めることにより，苗代への産卵をうながし，被害の出やすい本田への飛来を減らそうとする試みもあった（尾崎，1940a，1940b）．藁積みの上にイタドリなどの茎を置き，これに幼虫が移動してきたものを処分するという方法も考案された（山形県経済部，1938）．

刈株の処理

刈株を焼却したり，土中に埋没したり，あるいは刈跡の水田に湛水することによって，越冬幼虫を殺そうとする方法である．

これらの防除方法のうち，とくに奨励されたのは捕蛾採卵，点灯誘殺，葉鞘変色茎摘採であった（農林省農産課，1940）．防除は村ぐるみの共同で行われ，各県では駆除デーを設けて全県一斉に取り組む場合が多かった．また捕蛾採卵には，しばしば小学生までが動員された．全県で行われた点灯誘殺は，さながら不夜城のようであったと記録されている．しかし，こうした方法は多くの労力がかかり，戦後の化学合成薬剤による防除と比べると効果が低いものであった．また，ニカメイガの多発を恐れて，より収量の上がる早植えや多肥栽培，穂重型品種の採用が避けられた．

2.2　戦後の防除法と防除薬剤の変遷

2.2.1　戦後の防除法

戦後のニカメイガ防除は青色蛍光灯を用いる誘蛾灯によって始まった．これは誘引力が強く，5 ha に1灯で効果的であった．しかし戦後，日本に駐留した連合軍総司令部から 1949 年に「誘蛾灯は益虫をも殺す」として中止の勧告があり，農林省もそれにしたがったので，翌年からこの方法は中止された（石倉，1991）．

これに代わったのは有機合成殺虫剤である．第2次世界大戦中，戦場で伝染病を媒介するカ，ノミ，シラミなどの防除に威力を発揮した DDT は，1945 年の終戦直後に連合軍によって防疫用としてわが国にもたらされ，またニカメイガをはじめとする農業害虫の防除にもめざましい効果を示した．これまでの人力に頼る防除法は労力がかかり，その効果も不確実であったのに比べると，薬剤防除は画期的な防除法であった（福永，1948）．

2.2.2　防除薬剤の変遷

DDT と BHC

DDT は 1948 年に農薬登録されたが，わが国では合成がむずかしく，より合成が容易な BHC が大量に国産され，1949 年に農薬登録されて広く使用された（石田，1949；上原，1952）．ただ，DDT や BHC は茎に食入する前のニカメイガ孵化幼虫にはよく効いたが，食入後の幼虫にはよく効かなかったので（石倉，1948a；石倉・尾崎，1966），薬剤散布適期の幅が狭く，ニカメイガの発生時期の予察が重要になった．のちに，BHC の微粒剤を水面に散布して水を介して食入した幼虫に到達させて効果を上げる方法が開発された（岡本・腰原，1959；堀口，1960）．

DDT や BHC は人畜への急性毒性は比較的低かったが（石井，1955；橋本，1971），分解しにくく環境内に蓄積し，水田内の寄生蜂やクモなどの天敵を減らし，ウンカ，ヨコバイなどの多発を招いた（小林，1961；Itô *et al.*, 1962；桐谷・中筋，1977）．また多量に散布した地域では，薬剤抵抗性のニカメイガの系統が出現した（岩田，1970；桐谷・川原，1970）．さらに，

BHC製剤には5つの異性体が含まれ，このうち殺虫効果のあるのはγ異性体のみであり，β異性体は脂溶性のためとくに残留性が強かった．そして，BHCを散布した稲藁を餌としたウシからの牛乳や牛肉を通じて，母乳から高濃度のβ異性体が検出されるに至った．そのため，DDT，BHCともに高知県では1969年から，また全国では1971年から使用が中止された（橋本，1971：川原，1972；桐谷・中筋，1977）．

パラチオン

1952年に農薬登録された有機リン剤のメチルパラチオン（ホリドール）は茎に食入したニカメイガ幼虫にもよく効いたため，エチルパラチオンとともに広く用いられた（石倉ら，1953b；尾崎，1954）．しかし，人畜への急性毒性がきわめて高く，多くの人身事故を引き起こした（上田ら，1952，1953；中田，1955）．また愛媛県など散布量の多かった地域でニカメイガが抵抗性を獲得した（岡本，1963；高山・吉岡，1963）．そのため，つぎに述べる低毒性の有機リン剤の開発にともない，1971年に使用中止となった（岩崎，1972）．

低毒性有機リン剤

パラチオンに代わって毒性が低く，害虫には有効な低毒性の有機リン剤がつぎつぎと開発され使用された．それは，EPN，MEP（スミチオン），MPP（バイジット），ダイアジノン，PAP（エルサン，パプチオン）などである（小池，1954；石倉，1959）．これらの有機リン剤にも抵抗性のあるニカメイガ系統が現れた（岩田，1970；昆野，1987）．そのため異なるタイプの薬剤が求められた（第8章参照）．

その他の薬剤

ニカメイガに卓効のある薬剤として，ゴカイの一種，イソメの毒成分であるネライストキシンに関連する化合物，カルタップが開発された（坂井ら，1967）．ベンスルタップ（ルーバン）も同じイソメ毒に関連する薬剤である．その後，昆虫成長制御剤のテブフェノジド（ロムダン）も開発された．これらの薬剤は有機リン剤に抵抗性のあるニカメイガの系統にも効果を示す

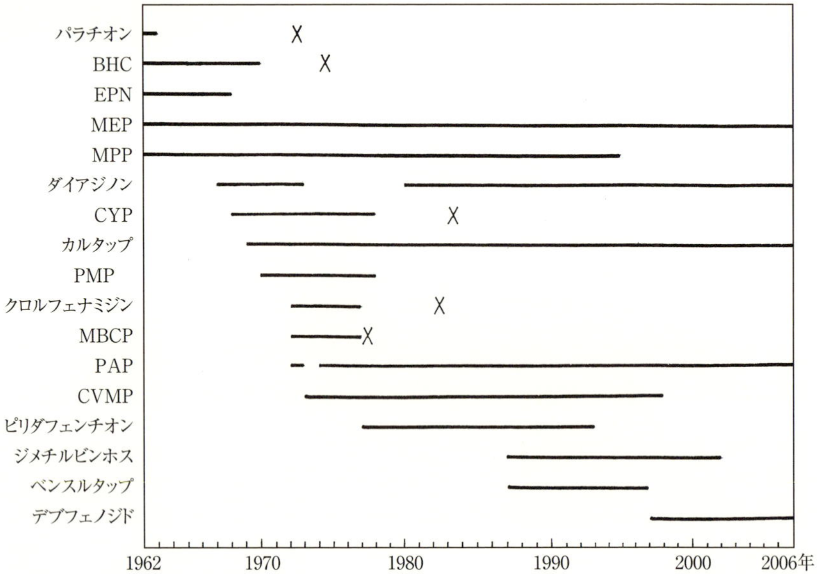

図 2.4　ニカメイガ防除薬剤の変遷（秋田県病害虫・雑草防除基準による）．
太線はその薬剤が防除基準に登載されている年次を表し，×印はその薬剤の農薬登録が失効した年（農薬検査所の資料による）を表す．

ものである．最近ではフィプロニル（プリンス粒剤）の苗箱施用も効果が認められている．

フェロモン剤

ニカメイガ雌の生産する性フェロモンとして3成分が同定され（Tatsuki *et al.*, 1983），これを用いた交信攪乱法による防除が有効であることが明らかになった（田中ら，1987；松尾，1999）．

2.2.3　防除の実例

以上述べた各種の薬剤は，実際にどのように使われてきたかのであろうか．秋田県の例を秋田県病害虫・雑草防除基準から示すと，まず薬剤散布の適期は，第1世代では田植え約1カ月後の葉鞘変色茎最盛期，第2世代では第1世代成虫発蛾最盛日後7-10日とされた．つぎに適用された薬剤は図2.4のように変遷している．このような薬剤の散布によって，たしかにニカメイガの被害は少なくなったが，それはニカメイガの個体数を減らすことには必ずしもつながらなかった．その理由はまず，これまでニカメイガが多発するために避けられてきたイネの早植え，多肥，穂重型品種の作付けなどが行われるようになったことである（石倉ら，1953a；菊地，1964）．また，薬剤散布によって寄生蜂やクモなどの天敵が少なくなったこともニカメイガ個体群の増殖を助けたと考えられる（小林，1958；Itô *et al.*, 1962）．

しかし，1970 年ごろからニカメイガの発生量はしだいに少なくなり，最近では一般的にはほとんど防除の対象にならないところまで減った．その原因は多肥栽培の見直し，機械移植による細い苗の植え付け，茎の細い品種の作付け，コンバイン収穫による藁の裁断と埋め込みなど，ニカメイガの発育，越冬に不適な栽培条件であると考えられている（高木，1974；杉浦，1984；第 6 章参照）．一方，薬剤の散布法はますます省力化され，大型散布機械やヘリコプターによる広域散布が行われるようになり，養蜂（小畑・野々垣，1965），養蚕（栗林，1967）などへの影響や，環境への残留（亀田・橋本，1976）が問題となった．

2.3　発生予察と要防除密度

2.3.1　発生予察

すでに述べたように，ニカメイガの発生量と発生時期は年と場所において大きく変動する．戦前の葉鞘変色茎摘採などの防除においても，防除の必要性と適期を予察するために誘蛾灯が用いられ，これを「予察燈」と名付けていた．戦後の薬剤防除の時代になると，DDT や BHC のような有機塩素剤では，孵化幼虫がイネの茎に食入した後の散布では効果が劣ることから，薬剤散布適期を予測するために発生予察はいっそう重要なものとなってきた．

そのため，農林省は 1941 年に「発生予察事業」を開始した（農林省農政局，1941）．この事業は，これまでニカメイガを含む主要な病害虫に対して，各県でさまざまな方法で行われてきた発生調査の方法，記録，予察方法などを統一し，その実施のための費用に国庫補助を行うというものである．この事業によって，各県でニカメイガの長期間の発生記録がとられるように

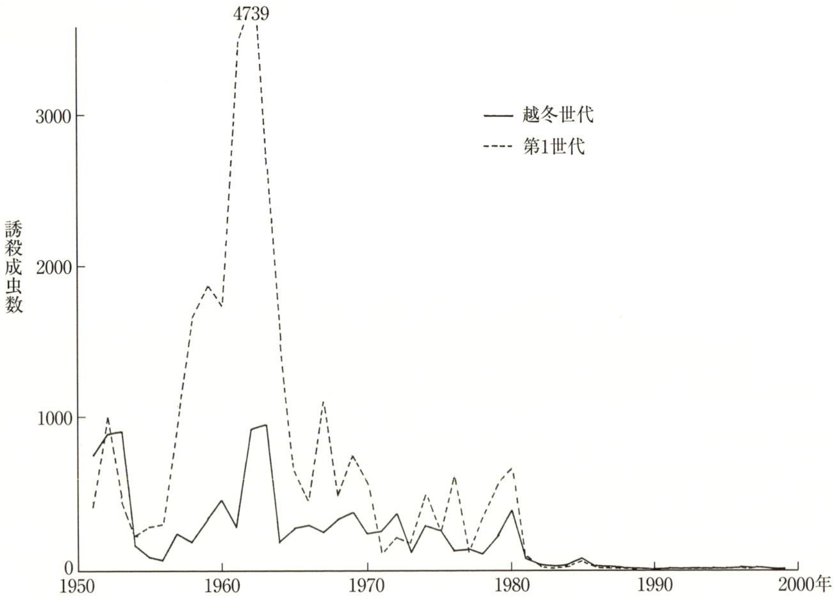

図 2.5　秋田市の発生予察田におけるニカメイガ成虫の誘殺数の推移（秋田県病害虫予察年報による）.

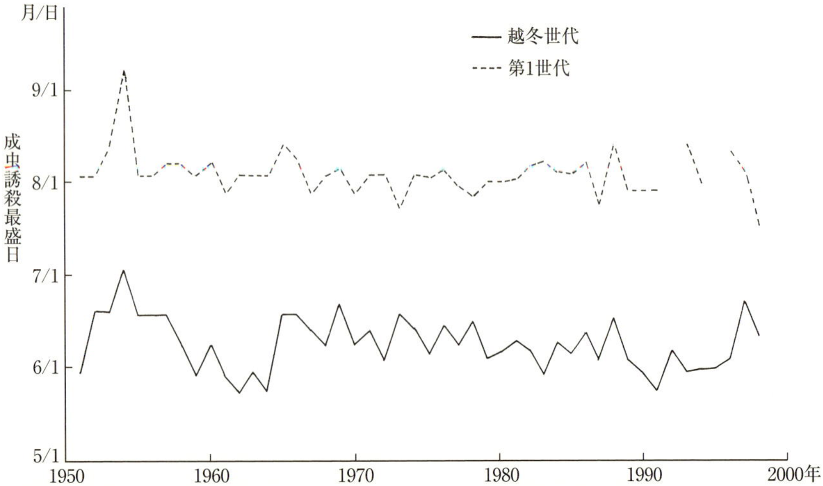

図 2.6　秋田市の発生予察田におけるニカメイガ成虫の誘殺最盛日の推移（秋田県病害虫予察年報による）.

表 2.1　発生予察式の実例（河田，1952a より）.

県	予察事項（y）	予察に用いる事項（x）	相関係数(r)	予察式
福岡	越冬世代成虫誘殺最盛日*	3月下旬平均最低気温	− 0.872	$y = 38.53 - 3.87x$
山梨	越冬世代誘殺成虫数	前年第1世代誘殺成虫数	+ 0.851	$y = 2.50x + 6.42$
宮城	第1世代成虫誘殺最盛日**	7月下旬最高気温	− 0.829	$y = 97.46 - 3.23x$
香川	第1世代誘殺成虫数	7月中旬平均気温	− 0.784	$y = 2270.76 - 207.38x$

*6月1日を起算日とする．**8月1日を起算日とする．

なった．図 2.5 と図 2.6 はこのようにして得られた秋田県での発生記録であり，ニカメイガの発生の変動がよく示されている．

ニカメイガの発生予察方法のあらましはつぎのとおりであった．

統計的予察法

発生予察事業が始まる以前からニカメイガの発生量と発生時期はおもに予察灯によって把握されてきたが，これは気象や前世代の発生量との関係が深いことがわかった．そこで過去の毎年の発生データと気象などとの相関関係を統計的に調べて関係式を求め，将来の発生量，発生時期を予察しようとする，いわゆる「発生予察式」を求めることが広く行われた．その実例は表 2.1 のようなものである（河田，1952a）．

しかし，このような統計的予察式はその後のイネの栽培条件が変化することなどによって成り立たなくなり，予察が的確に行われないことが多かった．

実験的予察法

そこでつぎに登場したのが実験的予察法である．これは幼虫の成熟の程度を直接調べる方法である．越冬世代においては越冬幼虫を野外から採集し，これを実験室内で加温することによって野外よりも早く蛹化，羽化させて，それに必要な有効温量の値を知り，野外の有効温量がこの値に達する日を特定して，越冬世代成虫の発蛾最盛日を予察しようとするものである．また，老熟幼虫のオスの性細胞の成熟度合いから羽化日を推定する方法も行われた（深谷，1956；清家，1958）．第1世代成虫の発生時期は越冬世代成虫の発生時期から予測する．越冬世代成虫の発生量は前年第2世代幼虫の発生量と体重から，第1世代成虫の発生量は第1世代幼虫の被害から予測する．しかし，この方法も野外の母集団から偏りのない標本を取り出すことの困難などによって，必ずしも的中するものではなかった．

そこで実際的には，その年の気象と予察灯への成虫誘殺量をみながら，総合的に発生時期を推定し，防除適期の直前に防除の時期を判断することが多く行われてきた．

2.3.2　要防除密度

被害査定

これまで述べた発生予察はニカメイガ成虫の発生時期および発生量を予想しようとするものであり，必ずしもイネの被害程度を予測するものではない．また防除の要否を判断するためには，ニカメイガの被害程度から米の減収程度を予測することも必要である．このような目的から，ニカメイガの被害茎率と減収量の関係を明らかにしようとする研究が行われた．これを被害査定とよぶ（岡本・佐々木，1957；田村，1958）．ニカメイガの第1世代においては，イネが分げつ期にあるため，加害されたイネは補償的に有効茎数（穂を出す茎数）を増やす能力をもっている．この補償力は加害の量と時期，イネの生育時期，イネの栄養状態などで変動する．したがって，第1世代の被害査定は困難であった．しかし，第2世代はイネの出穂期にあたり，有効茎数（穂数）はほぼ決定しているので，ニカメイガの被害茎率と減収率との関係は比較的に明らかであった．この関係式は一般的につぎの式で表された．

$$y = 100 - ax \text{ または } y = 100 - bx^2$$

y：精玄米重比（無被害を100とする）

x：被害茎率（%）

a，b：定数

しかし，a，b の定数は加害時期やイネの生育時期，栽培条件などで変動するため，防除の要否を判定することはむずかしかった．

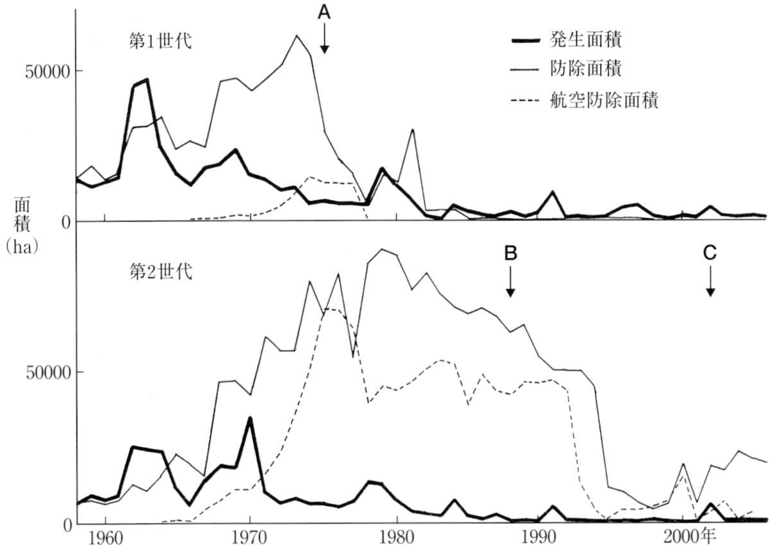

図 2.7　秋田県におけるニカメイガの発生面積，防除面積，航空防除面積の推移（発生面積と防除面積は秋田県の資料，航空防除面積は秋田県農業共済組合連合会の資料による）.
A：第 1 世代要防除密度設定（1975 年），B：第 2 世代要防除密度設定（1988 年），C：第 2 世代広域的要防除密度設定（2002 年）.

要防除密度

図 2.7 は秋田県におけるニカメイガの発生面積と防除面積を示している．ニカメイガの発生量は，すでに述べたように 1970 年代から減少に向かったにもかかわらず，薬剤による防除はますます増えていった．その理由は，農村の人手不足からニカメイガの防除が，ほとんど大型散布機械による共同防除となり，やがてそれがヘリコプターによる航空散布によって行われるようになったからである．航空散布においては，ヘリコプター利用の年間計画を年度初めに立てなければならないため，その年の発生予察情報が出る前に防除計画が決定される．いったんこれが決定されれば，ニカメイガの発生量や発生時期にかかわらずスケジュール的に航空散布が行われた．これが必要以上の散布を増やしてきたおもな理由と考えられる．

しかし，広域な散布によって，いろいろな問題が起こった．たとえば秋田県ではヘリコプター散布が普及すると同時に，養蜂，養蚕，養魚などへの被害が頻発し，しばしば補償問題となった．そこで，これまであまり考慮され

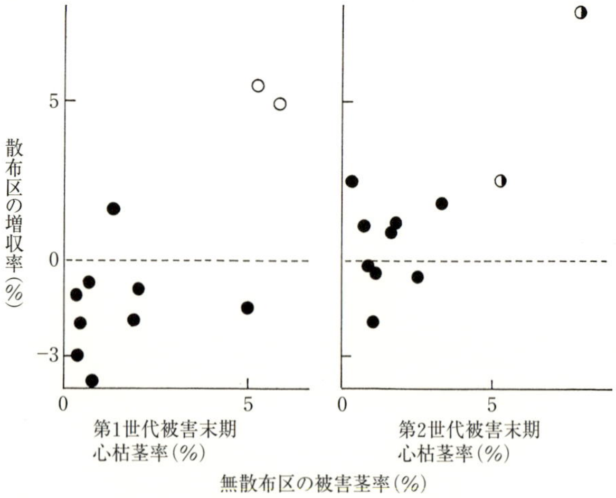

図 2.8　ニカメイガの薬剤散布による増収効果（小山，1975 より改変）．

○：５％有意，◑：10％有意，●：有意性なし．

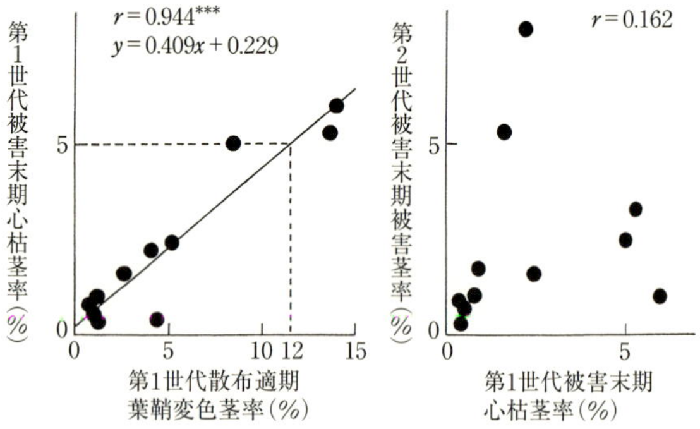

図 2.9　ニカメイガの各時期の被害茎率の関係（小山，1975 より改変）．

なかった防除要否の判定を行うための要防除密度の設定が必要となった（小山，1975）．図 2.8 は薬剤散布をした場合，どの程度増収するかをさまざまな被害程度の水田で比較したものである．その結果，第１世代，第２世代ともに，被害末期の被害茎率が 5% を超えなければ，有意な増収効果がないこ

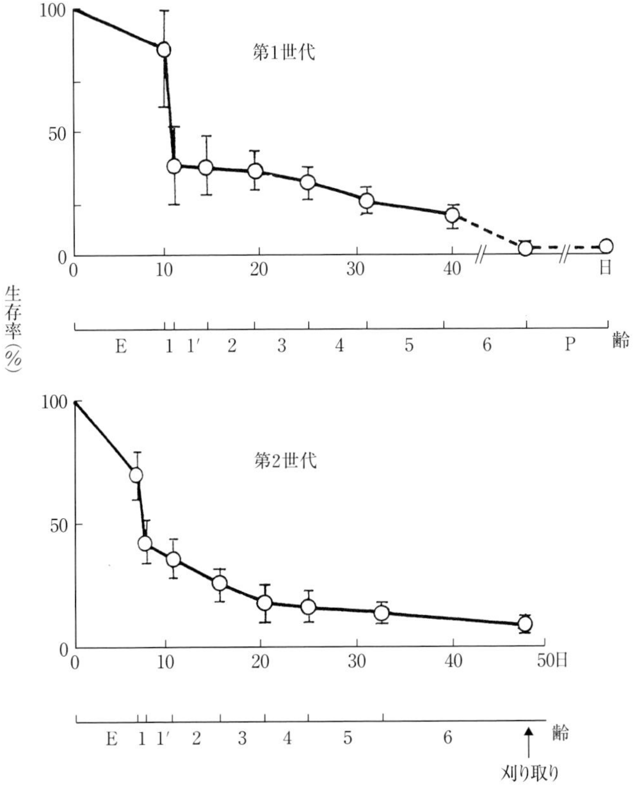

図 2.10　ニカメイガの生存曲線（Koyama，1977 より改変）．
Ｅ：卵，１−6：１−6 齢幼虫，１′：食入した１齢幼虫，Ｐ：蛹．生存率は６つの異なる栽培条件のイネでの平均値で，縦線はその標準偏差を示す．

とが示された．しかし，この被害茎率は被害末期のもので，薬剤の散布適期を過ぎており，これを散布の要否の判定に使うことはできない．そこで第１世代散布適期の葉鞘変色茎と被害末期の被害茎率の関係をみると，図 2.9 のように直線関係がみられ，葉鞘変色茎率 12％の場合に被害末期の被害茎率が 5％になることが推定された．このような予測が可能であったのは，葉鞘変色茎から心枯茎に至る時期の幼虫密度が比較的安定していることによると考えられる（図 2.10；Koyama，1977）．その結果，「葉鞘変色茎率 12％以下の場合は薬剤散布の必要はない」という要防除密度（虫の密度を反映する被害程度）が1975年に設定され（図2.7A），当時の秋田県でのニカメイガ第1世代の発生量からみてヘリコプター散布の必要はないと判断され，第1世代については1977年から航空防除が中止された．

ところが，第2世代の末期の被害茎率を第1世代末期の被害茎率（心枯茎率）から予測しようとしたが，図2.9のように第1世代被害末期心枯茎率と第2世代被害末期の被害茎率とのあいだに相関関係が認められなかったために，要防除密度は設定できなかった．これは第1世代の成虫がその水田にとどまらず，別の水田に移動して産卵するためと考えられる（Koyama, 1977）．したがって，第2世代の被害茎率を予測するためには，①まわりの水田での第1世代の発生量，②その水田の第2世代の産卵量を反映する葉鞘変色茎率を知る必要がある．研究の結果，①については，第1世代被害末期に周辺1ha内の心枯株率（株率に注意：一般にニカメイガの被害株率の値は被害茎率の値よりも大きい［河野・杉野，1958］）が3％未満の場合には収量に影響がないので，第2世代のための薬剤散布は必要ない（鶴田・小林，1981；鶴田，1985），②については，第1世代発蛾最盛日後の葉鞘変色株率が1.6％未満の場合には，被害末期の被害茎率が5％に達せず，薬剤散布の必要はない（鶴田，1987），という結論に達した．秋田県では，第2世代の要防除密度として，1988年に②の要防除密度が採用された（図2.7B）．ただし，この要防除密度を適用するには，もし防除が必要であると判定されても通常の薬剤では防除適期を過ぎているので，発蛾最盛日20日後の葉鞘変色茎最盛期以後でも効果のあるCVMPかジメチルビンホスを使用することが前提となっている．その結果，1995年からは散布面積が減った．また2002年には，通常の薬剤でも有効な予測時期の早い①の防除密度が採用された（図2.7C）．

新潟県では1970年ごろからニカメイガの少発生が続いたので，「第1世代葉鞘変色株率5％以下，越冬世代誘殺成虫の合計100頭以下」という低い要防除密度を設定し，新潟県神林村で1974年から無散布に踏み切ったが，被害が出なかったことからこの要防除密度がしだいに全県に広がり，1982年には全県の水田面積の40％にあたる地域で発生実態調査にもとづき無散布に踏み切った（杵鞭ら，1975；江村，1981；小嶋・江村，1983）．秋田県の葉鞘変色茎率12％という要防除密度からみると，新潟県の葉鞘変色株率5％

(株率に注意, 茎率にすればおそらく1%以下) はきわめて低いものであるが, 当時ニカメイガへの薬剤散布をやめることに大きい不安があったので, このように低い要防除密度が設定されたものであり, その設定によっても過剰な薬剤散布を減らすことができた.

ニカメイガの性フェロモントラップは, ニカメイガ成虫の密度が低い場合には光を用いた誘蛾灯よりも誘殺効率が高いので (菅野ら, 1985；近藤・田中, 1991), ニカメイガの発生を早く検出することができる. また, 性フェロモントラップへの誘殺成虫数にもとづく要防除密度として, Kondo and Tanaka (1995) は成虫誘殺最盛日までの誘殺数が越冬世代では56頭, 第1世代では144頭, 小嶋ら (1996) は越冬世代成虫誘殺数が6月10日まで800頭, と設定している (第4章参照).

2.4　ニカメイガ防除の教訓

ニカメイガは1970年代から全国的に発生量が減少し, このままイネの害虫ではなくなるのではないかとも思われたが, 1980年代に入って, 九州, 中国, 関東地方などで局地的に再び発生量が増えた (坪井ら, 1981；江村, 1994；近藤, 1994；吉武, 1994). これらの地域は果樹, 園芸のためのマルチ材として稲藁が多く使われており, 藁での越冬虫の生存率が高かったことや, 同じ地域に栽培時期の早いイネから遅いイネまでが混在し, ニカメイガの生育に適した条件があったためと考えられている. したがって, 今後このようにニカメイガの生育に適した栽培条件が現れるならば, 再びニカメイガが重要害虫として復活する可能性があることを警戒しなければならない.

これまでのニカメイガの防除の歴史を振り返ると, 戦前においては, その加害生態のくわしい研究にもとづいて, 葉鞘変色茎摘採をはじめとするさまざまな人力による防除が行われてきた. また天敵利用や誘蛾灯による防除も行われた. このような防除法は労力がかかるので, 収量調査による防除効果の評価が常に行われてきた. しかし, 戦後の薬剤防除全盛の時代になると, 研究は新しい薬剤の効果判定に集中し, 防除効果の収量調査による評価もあまり行われなくなった. 薬剤の散布手段も大型散布機から航空散布に進み, 発生程度にかかわりのないスケジュール的な薬剤の散布量は年々増えていった．一方，薬剤防除への過度の依存によって，急性および残留毒性，抵抗性系統の出現，天敵相の破壊による2次的害虫の重要害虫化などの問題が典型的に現れるようになった．これに対して，再び生態学的な研究が行われるようになり，これにもとづく発生予察と要防除密度設定による薬剤散布の軽減，そして防除法も性フェロモン剤による交信攪乱法のような選択的方法へと発展してきた．このようなニカメイガの防除の歴史は，害虫防除のために，いかに生態学的研究が重要であるかを示すものといえよう．

3　イネの栽培体系と発生動態

森本信生・岸野賢一

栽培植物は，その栽培時期が人為的に制御されるという特徴をもつ．とくに一年生植物の場合，顕著である．イネは田植えで突然植物が現れ，収穫時にすべてが消滅する．植物の生育が可能な季節という枠があるものの，いつ植物が出現し消滅するかは，耕作者の都合で決められる．かつては公的な規制もあったが，収量・品質の最大化，病虫害・気象災害の回避，高値への期待，灌漑や育苗施設の整備状況や，耕作者の労働配分による場合が多い．しかし，これをイネに依存する生物が予測することはできない．イネの栽培時期は，時代により，地域により，大きく変貌してきた．この変化が，イネに大部分の生活を依存しているニカメイガの動態にどのような影響を与えたのか．これはニカメイガの適応や進化を検証する切口となるだろう．

3.1　ニカメイガの生活環と発生型

3.1.1　生活環

本論に入る前に，ニカメイガの生活環を説明しよう．本種は老熟幼虫でイネの切株や収穫藁の茎内などで越冬し，春に蛹を経て羽化する．第１回目の成虫（越冬世代成虫）の羽化最盛期は東北や北陸地方で５月下旬から６月上旬，西日本では６月中下旬である．ここまでを越冬世代とよぶ．越冬世代成虫は苗代や本田のイネの葉に産卵し，孵化した幼虫は，しばらくしてから葉心部に食入する．蛹化は葉鞘の内側で行われる．第２回目の成虫（第１世代成虫）の羽化最盛期は北日本では７月末から８月初めごろ，西日本では８月中下旬である．成虫は，再びイネに産卵し，幼虫はイネを摂食して老熟幼虫にまで生育し，そのまま翌春まで休眠状態で越冬する．以上が年2世代の生活環である．年1回発生地域では7月に成虫が発生し，イネに産卵，孵化した幼虫がイネを摂食して，稲藁やイネの刈株中で老熟幼虫で越冬する．年3回発生地域では，5月と7月中下旬および8月から9月にかけて成虫が出現し，3世代を経て老熟幼虫で越冬する．

3.1.2　発生型

成虫の発生期や発生量は，誘蛾灯やフェロモントラップでの捕獲状況から推定できる．発生予察の調査に用いられる誘蛾灯は予察灯ともよばれ，発生予察のために全国各地で調査が行われている（石倉，1991）．ここで，用語の定義を示しておく．最盛日とは，連続5日間の誘殺数合計が最多となった期間の中心日をいう．また50％誘殺日とは，初飛来からの誘殺累積数がその世代の総誘殺数の50％を超えた日をいう（農林水産省生産局植物防疫課，2001）．

各地の誘殺状況をその時期と捕獲数を指標として解析してみると，いくつかのタイプに類型化できる．Ishikura（1955）は，年2回発生型を①早発2化型，②基本的2化型，③2化多発型，④低山2化型（山間型），⑤2化部分型（寒地型），の5タイプに，⑥1化型，⑦3化型，を加えて7タイプに類型している．この発生型は，年次や栽培条件によって変動する．

3.2　イネの栽培条件がニカメイガの発生におよぼす影響

3.2.1　イネの作付け晩期化が発生におよぼす影響

イネの作付けが変わると，ニカメイガの発生動態が変化することは古くから知られていた．もっとも典型的とされるのが佐賀県の例である．大正以前の佐賀県では移植期引下統制が施行される前は，早生稲と晩生稲が混作され，メイガ類の被害は甚大であった（石川，1940）．当時，早生稲は5月下旬から6月上旬に田植えが行われ10月に収穫されていたが，サンカメイガ *Scirpophaga incertulas* の被害軽減のため1923年に県令により強制的に田植えが6月20日以降に繰り下げられた．その結果，イネは7月上旬田植え，

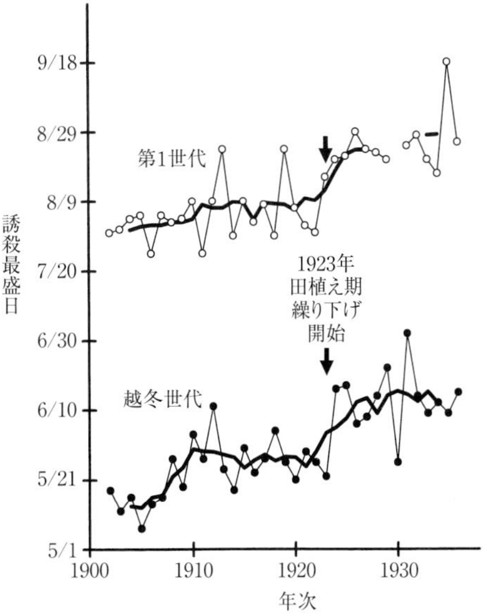

図 3.1　佐賀県における田植え期繰り下げ前後のニカメイガ成虫誘殺最盛日の変遷（Ishikura, 1955 より改変）
○：各年の誘殺最盛日，太線：誘殺最盛日 5 年間の移動平均，矢印：1923 年，田植え期繰り下げが実施された年．予察灯によるニカメイガ成虫の誘殺消長から，各世代成虫の誘殺最盛日を求めた．最盛日とは，連続 5 日間の誘殺数合計が最多となった期間の中心日をいう．

11 月上旬刈り取りに移行した（土山，1958b）．この時期の佐賀県農試におけるニカメイガ成虫の誘殺最盛日の年次変化を示したものが図 3.1 である（Ishikura，1955）．

佐賀県では，越冬世代成虫の誘殺最盛日は 20 世紀の初めは 5 月中旬であった．ところが，1910 年ごろと 1924 年に最盛日は大きく変化し，1930 年なかばには 6 月 10 日ごろと 1 カ月近く遅くなった．同じように第 1 世代成虫の最盛日は，田植えが繰り下げられた 1923 年に早くも発蛾が遅くなり，数年後には 8 月上旬から 10 日以上遅くなった．1923 年前後のニカメイガの誘殺最盛日の変化は，田植え期の影響を強く受けたものであろうと考えられている（Ishikura, 1955；土山, 1958b；河田, 1951）.

田植え時期が遅くなるのにともない，越冬第1世代成虫の発生時期が遅くなった事例は，1920年代の長崎，1930年ごろの山口，宮崎でも知られている（土山，1958b；宮下，1982）．しかし，福井県では田植えの時期は早まっているにもかかわらず，ニカメイガの発生時期の変化はみられず，宮下（1982）は，発生型の変化が起こりやすいのは暖かい地方であり，寒い地方では栽培条件よりもむしろ気象条件に強く影響されるのではないかと述べている．

3.2.2　イネの作付けの多様化が発生におよぼす影響

ニカメイガは，その名のとおり年2回発生の生活環を日本の大部分の地域で送っている．年3回発生が恒常的にみられたのは，高知県の一部のみである．温暖な気候ばかりでなく，イネの作付け体系の多様さに加え，灌漑水が長期にわたって利用できたことが，これをもたらしたと考えられている．

高知県での二期作栽培は1790年ごろにはすでに行われていたが，その後一時中断した．しかし，早植栽培に好適な品種が発見され，1907年ごろから二期作が試みられ，作付け面積は1912年には700 haを超え，1929年には4400 haにまで拡大した（吉野，1930b）．このような状況下で，吉野（1930a，1930b）は，高知の二期作地帯でニカメイガが年3回発生になることを初めて明らかにした．図3.2に，二期作が普及する前（1910−12年）と後（1927−29年）の高知県立農試（現南国市東崎）における予察灯の成虫誘殺データを示した（吉野，1930a）．越冬世代や第1世代成虫の誘殺最盛日にはそれほど大きな変化はみられないが，9月に第2世代成虫の明瞭なピークがみられるようになった．吉野（1930b）は，二期作ばかりでなく，中稲や晩稲が存在することで年3世代の発生が可能になったと考察している．その後，吉井ら（1958）は，高知県各地におけるニカメイガの発生消長とイネの作付けとの関係を調査している．1957年には，表3.1に示したような6期にわたる作付けが行われおり，その構成比は地域によってかなり異なっていた．高知県のほぼ中央部に位置する長陵地区と東部の安芸地区では二期作が行われており，春から秋遅くまで，多様な生育段階のイネが存在している．

図3.3はニカメイガ成虫の予察灯による誘殺消長を示したもので，Aが高

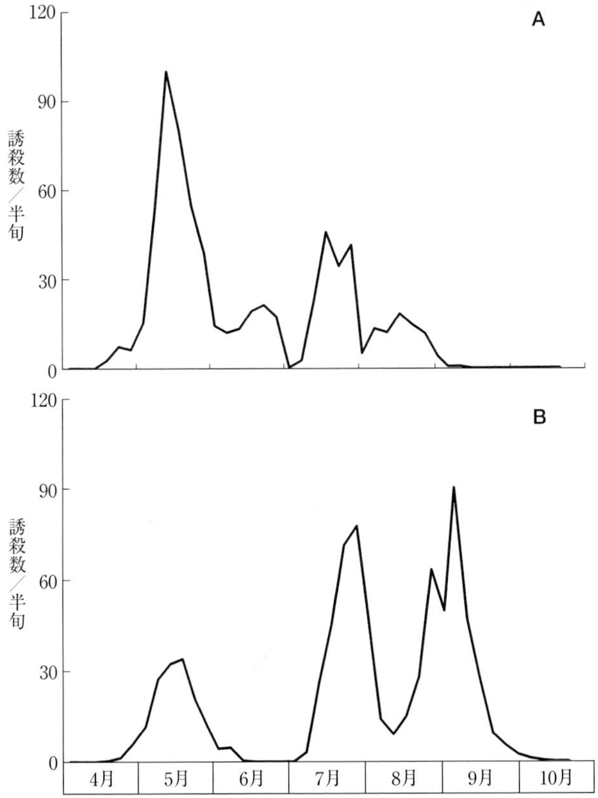

図 3.2 高知県における予察灯によるニカメイガ成虫の誘殺消長の変化（吉野，1930a のデータより作図）．
A：二期作普及前，1910−12 年の 3 年間の平均値，B：二期作普及後，1927−29 年の 3 年間の平均値，半旬とは旬日の半分，5 日間をさす．

南地区窪川（現在の高岡郡四万十町窪川），B が長陵地区農試（現在の南国市大埇）の消長である．中生稲の割合が高い高南地区では，5 月 19 日と 8 月 12 日の 2 回しかピークがみられないのに対し，二期作が行われている長陵地区では誘殺ピークが 4 月 25 日，7 月 21 日，8 月 28 日の 3 回みられる．同様に二期作が行われている安芸地区（安芸）では年 3 回，普通早生や中生稲の比率が高い岬陽地区（野根），芸東地区（吉良川町）では年 2 回の発生

表 3.1　高知県におけるイネの作付け期の種類とその作付け面積比（吉井ら, 1958 より作表）.

地区名	現在の地名	イネの作付けタイプの構成比（%）						ニカメイガの
		極早生	普通早生	中生稲	晩生稲	晩化稲	2番作	年間発生世代数
岬陽地区	安芸郡東洋町		59	28	13			2世代
芸東地区	室戸市		33	48	16	4		2世代
安芸地区	安芸市		11	58	27		4	3世代
長陵地区	南国市と高知市の一部	7	39	12	1	3	38	3世代
吾南地区	吾川郡といの町の一部		12	62	27			3世代
高南地区	高岡郡四万十町の一部		7	74	19			2世代

	極早生	普通早生	中生稲	晩生稲	晩化稲	2番作
田植え	3月下旬	3月下旬 4月上旬	4月下旬	5月中旬	6月中旬	6月下旬 7月上旬
収穫	8月上旬	8月中旬	9月下旬 10月上旬	10月下旬 11月上旬	11月上旬 中旬	11月中旬

作付けの構成比は，吉井ら（1958）が示した地区別の作付け割合の平均値を示した.

がみられる．表3.1に示したように，中生稲ばかりでなく極早生や晩化稲がある地区では，年3回の発生がみられる．また，早生稲を古くから導入した地域では，年3回がみられるという．このように，いろいろな様式の作付けが行われ，早春から晩秋までさまざまな生育段階のイネが混在している地区で，ニカメイガは年3回の世代の発生がみられる．

3.2.3　近年におけるイネの作付け早期化が発生におよぼす影響

田植え時期の経年変化と地域における多様性

田植えの時期は，第2次世界大戦後から一貫して早くなってきている．図3.5に1957–2005年の田植え日の全国平均の推移を示した（農林水産省経済局統計情報部，1957–2005）．ただし，作付け体系が異なる沖縄県は除いた（以下同様）．1950年代後半は6月10日ごろだった田植えは，現在では5月25日ごろと2週間以上早くなっている．それにともない収穫も10月10日から9月25日へと早くなっている．

イネ栽培時期の早期化は，盛夏の日照の十分な利用による生産性の向上と，台風などの風水害，収穫期の低温回避に貢献した．この稲作の早期化は，灌漑設備の整備により梅雨に依存しない水の確保が可能になったこと

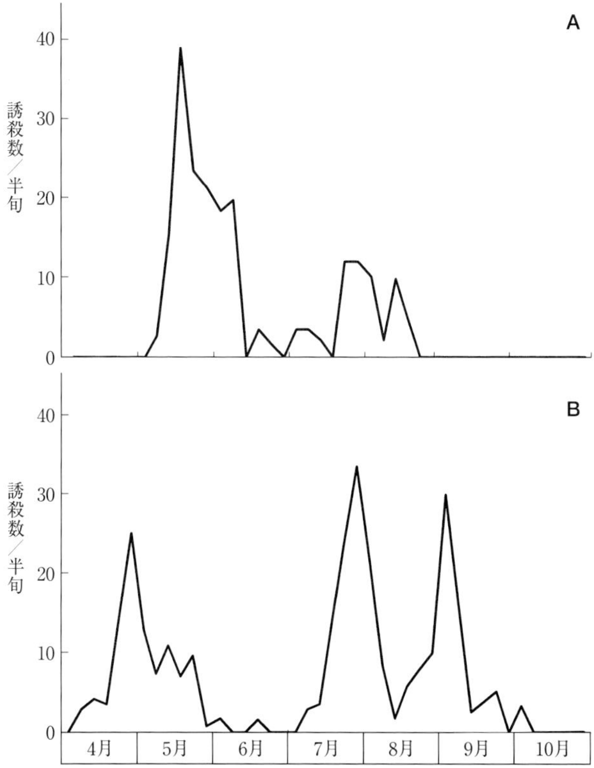

図 3.3 高知県におけるニカメイガ年 3 世代地帯と 2 世代地帯の発生消長の比較（吉井ら，1958 より作図）．
A：高知県，高南地区窪川（現在の高岡郡四万十町窪川），B：高知県，長陵地区農試（現在の南国市大埇）．

や，農薬による初期病害虫防除が可能になったこと，野外での苗代づくりから保温折衷苗代を経て，育苗箱を利用した屋内での育苗技術が普及し，早春から苗が得られるようになったという稲作技術の進歩に支えられている．

田植え時期には上記のような変遷はあるが，地方による違いもある．一年生植物の芽生えを考えれば，田植えは南では早く，北では遅いかのように思えるが，実際はその逆である（第 11 章の図 11.5 参照）．1950 年代後半は，九州地方では 6 月下旬，関東では 6 月中旬，北陸は 5 月中下旬，東北は 6 月初旬であった．

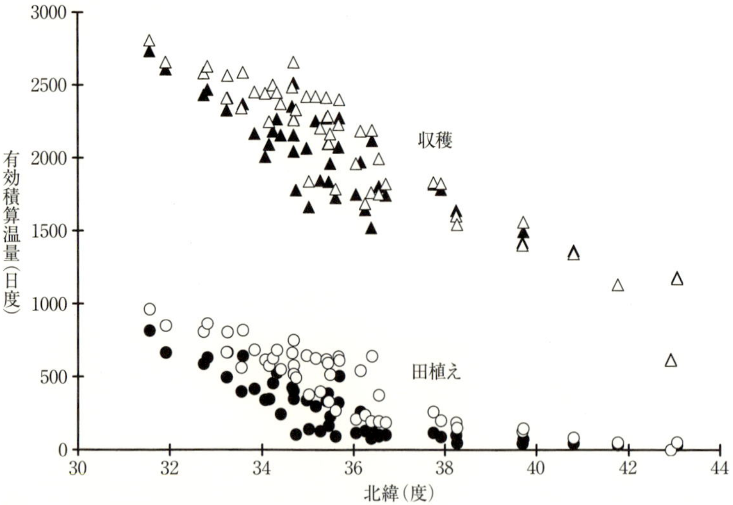

図 3.4　田植え・収穫時期と緯度の関係.
縦軸は，各都道府県における1月1日から田植え日または収穫日のあいだの10℃以上の気温を積算して求めた．○：1957–61年の5年間の田植えの平均，●：2001–05年の5年間の田植えの平均，△ 1957–61年の5年間の収穫の平均，▲：2001–05年の5年間の収穫の平均.

図11.5は，田植え・収穫日を暦日で示してあるが，同じ日付でも北と南では気温に大きな違いがある．昆虫の発育速度は外気温によって決まるので，昆虫の動態との関係をみるには，暦日より気温に着目するほうが望ましい．そこで暦日を温量に換算した．すなわち越冬から田植え（収穫）が行われる日までに積算される有効温量を求めた（図3.4)．計算には各都道府県の県庁所在地における日平均気温のアメダスデータを用い（日本植物防疫協会，2007)，1月1日からの田植え（収穫）が行われる日までの10℃以上の積算温度を計算した.

図3.4には，田植え日および収穫日までに積算された温量と緯度との関係を，過去（1956年から5年間の平均）と現在（2001年から5年間の平均）を併記して示した．田植えの日までに累積される温量は，過去も現在も，北緯37度以南では，緯度と負の相関関係がみられる．1950年代と現在を比較すると，田植えは全国平均で183日度早くなっており，北緯34度から36度のあいだでは，より早くなっている傾向がある．その結果，近年田植えと緯

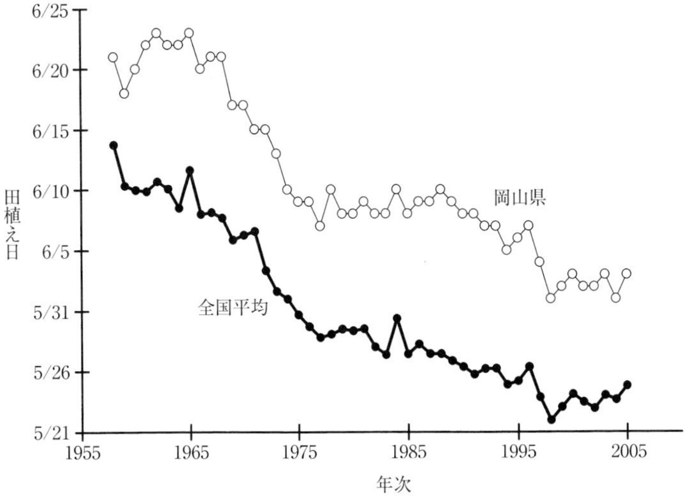

図 3.5 全国と岡山県における田植え日の経年変化（1957 年から 2005 年）（農林水産省作物統計より作図）.
○：岡山県，●：全国平均（沖縄県を除く）.

度の関係は，ばらつきが少なくなっている．東北地方以北では，春暖かくなるとすぐに田植えが行われており，過去と現在で大きな変化はみられない．

田植え期の早期化がもたらした発生時期の変化

このイネの田植え時期の変化が，ニカメイガの動態にどのような影響を与えたかを，岡山県を例に示した．図 3.5 に示した岡山県における田植え日の推移をみると，田植えは平均で 11 日全国よりも遅いが，その変化の傾向は全国と同じである．図 3.6 に，田植え日がもっとも大きく変化した 1955 年から 1980 年までの岡山県南部の予察灯の誘殺最盛日の推移を示した．年次変動が大きいので 5 年間の移動平均で示した．越冬世代は 6 月下旬，第 1 世代は 8 月中下旬であった誘殺最盛日が，年ごとにしだいに早くなる傾向がみられる．ところが，第 1 世代の 50% 誘殺日は顕著な変化がみられていない．つまり，1 世代の羽化時期は，50% 誘殺日はそのままで誘殺最盛日のみが早くなったことになる．田植えの早期化にともない羽化が早くなる個体が増加する一方，遅くなる個体はそれほど減少せず，同一世代で羽化パターンの二極化が生じたため，誘殺最盛期のみが早まったのかもしれない．

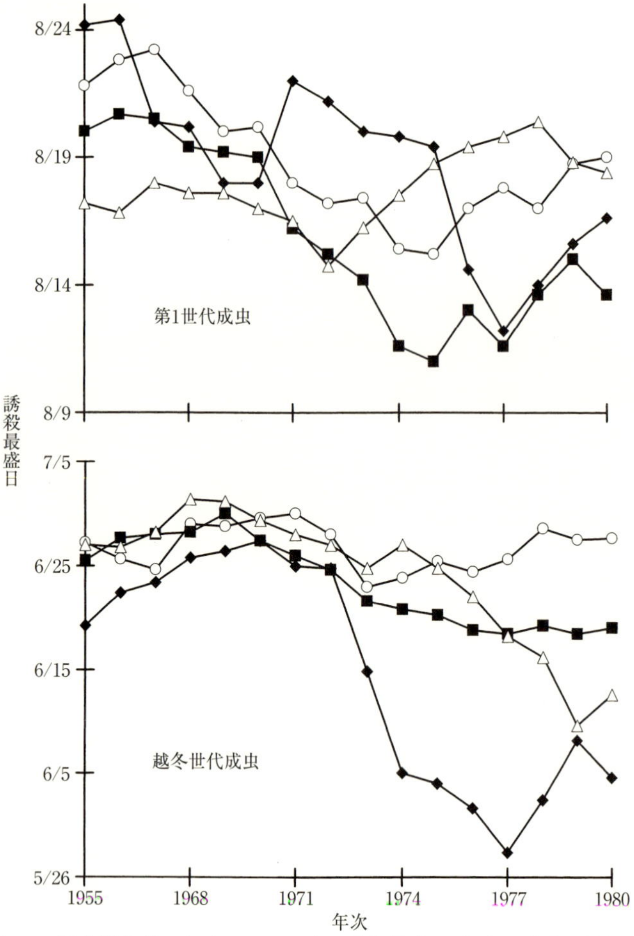

図 3.6　岡山県南部におけるニカメイガ誘殺最盛日（5 年の移動平均）の経年変化（データは岡山県農業試験場，近藤章氏から提供を受けた）.
○：井原，■：山陽町，△：高松，◆：藤田.

3.3　イネの生育と幼虫の動態

3.3.1　幼虫の動態への影響

佐賀県では前述したように，サンカメイガの加害回避の手段として，強制的な晩植栽培が行われた．しかし，1950年代に入ると九州などの西南暖地では有機合成農薬の普及にともない，早植え栽培や二期作栽培が試行されるようになった．イネの早期栽培が行われれば，これまでイネの存在しない時期に羽化したニカメイガも産卵が可能となり，第1世代成虫の出現時期が，早くなることや多発生が予想された．

橋爪・宮原（1962）は，佐賀県において，さまざまな時期に田植えを行い，第1世代の発生状況を調査している．その結果，4月中旬植え付けの水田では，第1世代成虫が，6月末に植え付けられた場合より15日早く出現した．6月上旬の植え付けの場合は，幼虫の生育にばらつきが大きく，速く成長する個体と遅い個体が混在していた．

幼虫・蛹の発生は，4月中旬または6月上旬に作付けされたイネでもっとも多く，次いで5月上旬，さらに5月中下旬が続き，もっとも少なかったのは，当時の慣行栽培であった6月末から7月初めに植え付けされたものであった．

このように，田植えが早ければニカメイガの発生が早くなり個体数が増加するという単純な関係ではないようである．そこで，イネの生育段階とニカメイガの発育との関係が解析された例を示そう．

3.3.2　幼穂形成期における幼虫の生育

筒井（1960a，1960b）は，早期栽培される熟期の異なる6品種におけるニカメイガの水田における動態を比較した．調査は三重県津市の東海近畿農試で行われた．

図3.7Aに，1957年における幼虫数の推移を示した．幼虫の数は品種によって大きく異なり，農林28号，栄光，藤坂5号（栄光グループ：黒の記号）では幼虫の密度は高く，ピークでは100株あたりおおむね100頭以上の幼虫がみられるのに対し，農林17号，タケフトリ，ヤチコガネ（農林17号

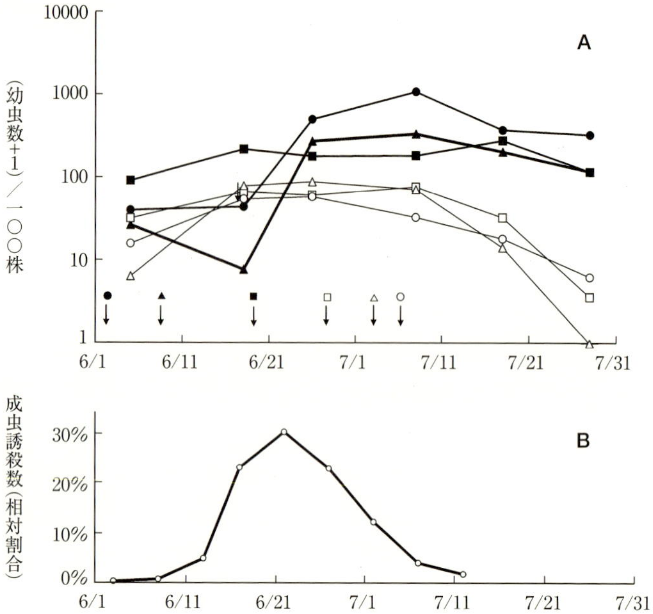

図 3.7　越冬世代成虫の発生時期と，熟期が異なるイネ6品種におけるニカメイガ幼虫数の推移（筒井，1960b より改変）．
A：水田における幼虫の発生量と，各品種の幼穂形成期．●；農林28号，▲；栄光，■；藤坂5号，○；農林17号，△；タケフトリ，□；ヤチコガネ．矢印は，それぞれの品種の幼穂形成期を示す．調査は，1957年三重県津市の東海近畿農業試験場（当時）で行われた．田植えは5月1日に実施．調査日に75株のイネを刈り取り，茎を分解し，幼虫を計数した．B：第1世代成虫の予察灯における誘殺消長（1957年三重県津市）．

グループ：白抜きの記号）では，50頭以下の低い水準であった．1956年の調査でもほぼ同じ結果が得られている．

栄光グループと農林17号グループでは，イネの幼穂形成期に大きな違いがある．幼穂形成期とは，穂の原基（幼穂）が形成される時期のことで，イネが栄養成長から生殖成長に移行する境界となる時期にあり，この時期を境にイネの生理条件が大きく変化すると考えられている（後述）．図3.7に，調査された品種の幼穂形成期を矢印で示した．すなわち，農林28号，栄光，藤坂5号は6月20日以前，農林17号，タケフトリ，ヤチコガネは6月

25 日以降に幼穂形成期を迎える．

図 3.7B に，越冬世代成虫の予察灯による誘殺消長を示した．6 月初めから 7 月中旬まで成虫がみられ，6 月 20 日過ぎが成虫発生のピークであった．つまり，幼虫密度が高かった栄光グループは，成虫発生ピークの時点ですでに幼穂が形成されているのに対し，農林 17 号グループは，成虫の出現ピークの時点では幼穂が形成されていないことになる．

ニカメイガは，産卵されたのち数日で孵化し，幼虫がイネを摂食するようになる．したがって幼虫は，栄光グループでは幼穂形成後に，農林 17 号グループではイネ茎に食入してから，幼穂形成を迎えることになる．水田でのデータは，ニカメイガの食入直後に幼穂形成期を迎える品種では，幼虫の生存率が低下することを示唆している．

さらに，筒井（1960a，1960b）は，ニカメイガに幼穂形成期前後の稲茎を無菌状態で与え，幼虫の発育を比較している．この無菌状態での飼育では，稲茎をフラスコに入れ，オートクレーブで滅菌し，そこに滅菌処理をした孵化直前のニカメイガ卵を接種する．孵化した幼虫は与えられた稲茎を食べて成長することになる．この方法により，特定のステージの稲茎のみを摂食させ，幼虫の発育成育を調査することができる．実験の結果を図 3.8 に示した．図は，横軸に餌として与えた稲茎のステージを，幼穂形成期を原点として形成期前を負の日数，形成後を正の日数で示した．幼穂形成期 14 日前の稲茎を与えた場合は，体重は重く，高い生存率であったが，幼穂形成期当日のものでは，生存率は半分に，形成期 7 日後では，さらに生存率は低下した．別の品種でも，幼穂形成期直前の稲茎では，高い生存率を示すが，幼穂形成後は，その生存率は稲茎のステージが進めば進むほど低下した．このように，ニカメイガ幼虫にとって，幼穂形成期前は良好な餌であるが，幼穂形成期直後のイネは不適な餌となる．

この幼穂形成期にはイネの有機酸含量が多くなるが，そのうちもっとも多量に存在するシュウ酸は，ニカメイガ幼虫の成育を阻害する働きがある．このシュウ酸の存在により，幼虫の生存率は低下するのではないかと筒井（1960b）は考察している．一方，イネの窒素含有量が多いほうが幼虫の発育は良好であり，この窒素含有量は田植え後活着して分げつ（イネの茎が枝分かれすること）が始まってから分げつ最盛期に最大になり，その後しだい

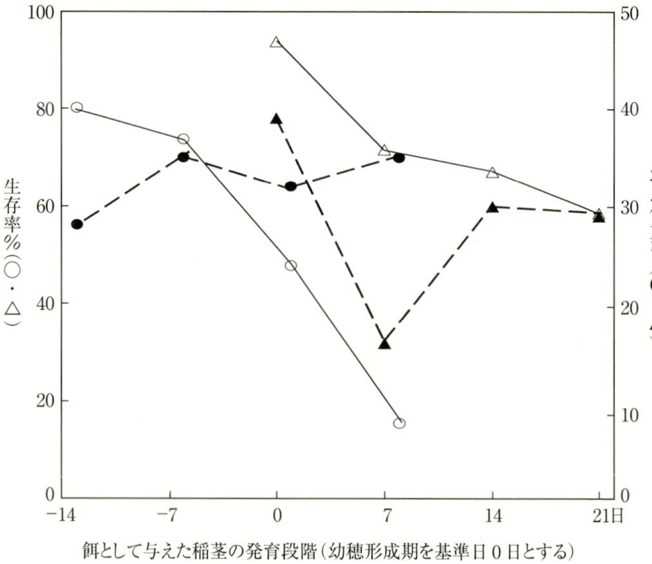

図 3.8　異なるステージの稲茎を餌とした場合のニカメイガ幼虫の生存率と生育速度（筒井，1960b より改変）.
○：農林 17 号を餌として与えた場合の生存率，●：農林 17 号を餌として与えた場合の幼虫体重，△：栄光を餌として与えた場合の生存率，▲：栄光を餌として与えた場合の幼虫体重.

に低下し，分げつ最盛期を過ぎてしばらくすると，幼穂部を除き茎部の栄養価は著しく低下する（平野，1964a；Hirano，1964）．したがって，栄養素からみても幼穂形成期のイネは，ニカメイガにとって好適な餌ではなくなるようである（第 12 章参照）.

このように食入期が，イネの幼穂形成期に重なると，幼虫の生育は悪化する．したがってイネの発育ステージとのタイミングにより，幼虫の生育は異なると考えられる.

3.3.3　早期栽培が越冬後幼虫の発育におよぼす影響

越冬後羽化を早く迎え，早い時期に植え付けされたイネで生育した個体の子孫は，翌年の春もまた，早く羽化をする性質を有するのだろうか．この疑問を解決するために，佐賀県において前年の生育条件が翌年の成虫の発生時期におよぼす影響について検討された（橋爪・宮原，1962）．4月15日（早植え）と7月2日（普通作）に植え付けしたイネで発生した幼虫を採集し，実験室で飼育し，蛹化・羽化させて産卵させる．得られた卵を，早植えの場合は8月上旬に，普通作の場合は8月下旬から9月上旬に，ポット植えの普通栽培のイネに接種した．その後，野外条件で休眠誘起された幼虫を11月に回収し，その幼虫の状態とその後の発育を調査した．11月時点で，早植え由来のものは，すでに80%の雄個体の精細胞が200 μm以上に発達していたのに対し，普通作由来のものは50%にすぎなかった．さらにこれを加温して幼虫の発育を調べると，普通作由来のものに比べて早植えのものがより早く蛹化した．

また，作付けの異なる水田で発生する個体群についても検討している（橋爪・宮原，1962）．二期作水稲混合地区（A），早期作水稲近隣地区（B），普通作水稲地区（C）で幼虫を12月中旬に採集し，その体重を比較してみるとAがもっとも重かった．またこれを43日間25℃で飼育し，雄の精細胞の発達程度を比較すると，Aの発育がもっとも進んでいた．12月中旬採集後76日間25℃に加温した場合の蛹化消長を図3.9に示した（佐賀県農業試験場，1960）．加温後の日別（3日ごとに蛹化数を調査）推移において，Aの蛹化曲線は，2峰性を示す傾向があり，Aは蛹化の早い個体と遅い個体が混じっているのに対し，Cは蛹化が遅い個体のみから構成されていることが示唆された．加温後76日後の蛹化率は，AやBで採集した幼虫のほうがCで採集した越冬幼虫よりもより早く蛹化し，全体としては，A，Bで採集された幼虫の発育が速い傾向があった．以上の結果より，早植えのイネで発生したニカメイガの子孫は，翌春，より早い時期に蛹化・羽化することが示された．

3.3.4　越冬後幼虫の発育の変異

釜野（1973）は，越冬後幼虫を蛹化時期の早晩で分離し，その子孫の発育速度を比較している．すなわち，徳島県で採集した越冬後幼虫1000頭を25℃長日条件で飼育し，加温後24–30日に蛹化した個体を早期，44–46日を中期，62–66日を晩期とする3つの集団に分けた．さらに，それぞれの集団から得られた子孫の幼虫発育を，休眠させない場合とさせた場合で調べた．

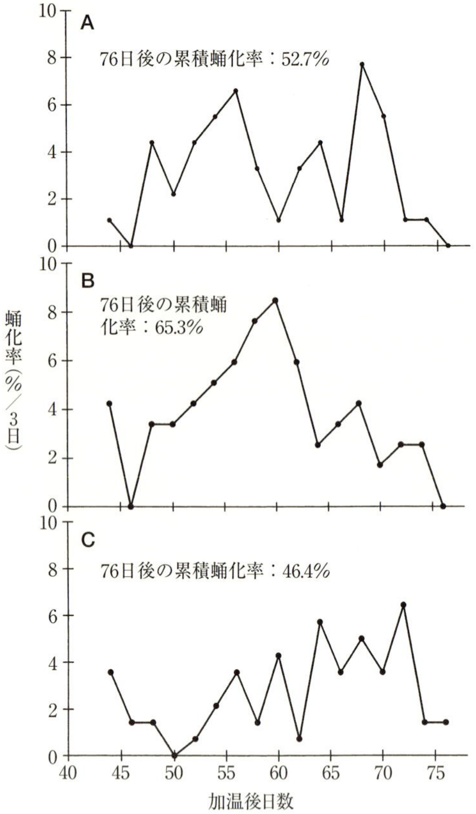

図 3.9　栽培時期が異なる水田から採集した越冬世代幼虫の蛹化曲線（佐賀県農業試験場，1960 より作図）．
A：二期作水稲混合地区より採集，B：早期水稲隣接地区より採集，C：普通作水稲地区より採集．

つまり，休眠が誘起されない長日条件で飼育する場合は，早中晩由来の 3 区の幼虫を 25℃ 16 時間日長で飼育し，蛹化率と幼虫の平均体重を測定した．また休眠が誘起される短日条件で飼育する場合は，まず，25℃ 12 時間日長で幼虫を 60 日飼育し休眠状態の幼虫を得た．そして，この幼虫を 60 日間低温処理し休眠を覚醒させた．その後 25℃ 16 時間日長条件に移し，蛹化に要する日数と幼虫の体重を調べた．その結果，休眠を誘起させた場合でも，させなかった場合でも，結果はほぼ同じで，蛹化時期の早い区から分離された子孫ほど，幼虫期間は短く（休眠が浅く），体重も軽かった．この結果は，早い時期に羽化する越冬世代成虫は，休眠が浅く小型であり幼虫発育速度が速く，遅い時期に羽化する成虫は，休眠は深く大型で幼虫の発育速度が遅くなる遺伝的形質を有していることを示唆している．

このように，越冬後羽化を早く迎え，早期に植え付けされたイネで生育した個体の子孫は，翌年の春もまた，早く羽化をする性質をニカメイガは有している可能性がある．

岸野（1974）は，越冬後世代幼虫の発育速度の地理的変異（第11章の図11.6参照）が，田植え時期の変異と類似していることを示している．この幼虫の発育速度の変異が生じたのは，上記のような遺伝的変異がベースになっているであろう．しかし，羽化時期の決定には発育時の餌条件などの環境条件，遺伝的要因のいずれがより重要であるのかは明らかではない．

3.4　温暖化がニカメイガの発生におよぼす影響

これから懸念される地球規模の気候変動により，ニカメイガの発生パターンはどう変わっていくであろうか．筆者らは，温暖化後のニカメイガの全国における発生世代数予測モデルを作成した（Morimoto *et al*., 1998）．これは，アメダス観測地点においてそれぞれ光温図（第11章参照）を作成し，それをもとに年間世代数を推定するものである．現在の気温で世代数を推定したところ，高知の一部で3世代，南東北以南で2世代，それより北では1世代であり，現時点での世代数の分布が再現された．平均気温が2℃上昇した場合の世代数は，関東以南の太平洋沿岸から瀬戸内海沿岸および四国・九州では年3世代，北陸・北関東・東北・北海道の一部では年2世代，北海道西部では1世代となると推定され，多くの地域で，現在の世代数よりも多くなることが示された．その後，山村（2001）は，3℃上昇のシナリオにもとづいた予測を行い，日本のすべての地域で現在の世代数をほぼ1世代ずつ増加すると述べている．

ただし，これらのモデルは，イネの作付け時期の変化を考慮していない．温暖化によりイネは高温障害を起こして収量が低下する可能性がある．そのためイネの作付け時期は，収量を最大にするように変化すると考えられる．

そこで，イネの生育モデルを用いた作付けの変化の予測が行われている．Horie ら（1995）が作成したイネの生育モデルを用いた場合，50 年後は田植えが現在より，福岡県筑後，茨城県つくばで，それぞれ 4 日と 10 日早まると予測されている（鳥谷ら，1999）．一方，出穂後 40 日間の気温と日射量との関係から得られた収量予測モデルを用いた場合，東北地方以南では 2060 年ごろは，現在よりおおむね 1 カ月田植えが遅くなるとの結果が得られ（林，2003），前者と逆の結論となっている．このように，温暖化よりイネの作期がどのように変化するのかの予測はむずかしいが，温暖化にともないイネの作期がどのように変化したとしても，生活史の可塑性に富むニカメイガは，気候とイネの作付けの変化に適応し，その発生を変化させていくであろう．

4　発生予察法の改善
——フェロモントラップの利用

近藤　章

ニカメイガの性フェロモンを発生予察に利用することへの期待は，既知の2成分（*Z*）-11-ヘキサデセナールと（*Z*）-13-オクタデセナールの同定（Nesbitt *et al*., 1975；Ohta *et al*., 1976）に加え，雄成虫の誘引力を高める第3の成分（*Z*）-9-ヘキサデセナールが発見されたこと（Tatsuki *et al*., 1983）を契機に高まり，1987年には農林水産省による「ニカメイチュウの発生予察方法の改善に関する特殊調査」（1987-91年）が計画された．この特殊調査は，従来の予察灯を主体とした発生予察方法を設置や調査が簡便なフェロモントラップによって改善し，防除時期や防除要否の判定に利用することを目的としており，岩手，秋田，新潟，長野，埼玉，岐阜，島根，岡山の8県の参加のもと，多くの成果を収めてきた（農水省植物防疫課，1994）．本章では，この特殊調査で得られた成果の概要を紹介する．なお，以下の試験では誘引源として，上記3成分の混合物0.6 mg（混合比48：6：5）に酸化防止剤0.06 mgを加え，天然ゴムキャップに吸着させたものを用いた．

4.1　トラップの誘殺数に影響する要因

フェロモントラップを発生時期や発生量の予察に利用するにあたっては，まずトラップの誘殺数に影響する諸要因を明らかにし，その誘殺特性をよく理解したうえで，適切なトラップの設置条件を設定しておくことが重要な前提条件となる．

4.1.1　トラップの種類と設置の高さ

トラップの種類については，7県において水盤式（武田型など），粘着式，

表 4.1　フェロモントラップの設置高別の誘殺数の比較（長野県）（農水省植物防疫課，1994 より改変）．

	設置高（cm）	圃場 1	圃場 2
越冬世代	0	478（29.9a）	364（22.8bc）
	50	627（39.2a）	757（47.3a）
	100	350（21.9a）	426（26.6b）
	150	165（10.3b）	102（ 6.4c）
第 1 世代	0	89（ 6.6ab）	182（14.0a）
	50	163（12.5a）	327（25.2a）
	100	88（ 6.8ab）	188（14.5a）
	150	42（ 3.2b）	39（ 3.0b）

（　）：半旬ごとの誘殺数の平均値で，同一英字間には 5% 水準で有意差がないことを示す．

ファネル式での誘殺数の比較が行われた（トラップの形状については桑澤，1996 を参照）．水盤式（武田型）と粘着式との比較では，同等か水盤式のほうが誘殺数が多く，粘着式とファネル式との比較では，同等か粘着式のほうが多い傾向を示した．水盤式（武田型）とファネル式との比較では，水盤式のほうが多かった．どのトラップでも誘殺消長の把握が可能であり，種類によって両世代のピーク時期に大きな違いはなかった．ただし，その後の調査によって，ファネル式では粘着式に比べピーク時期がやや遅れる傾向があることが示されている（神田・中村，1995）．以上の結果から，いずれの種類でも利用できるといえるが，実際の使用にあたっては，誘殺効率のほかに，設置や維持の難易性，調査労力，経費なども異なるため，調査目的に応じて選択する必要がある．

トラップの設置の高さについては，3 県で検討された．長野県では，地上 0，50，100，150 cm の高さで誘殺数を比較した結果，誘殺数は越冬世代，第 1 世代とも地上 50 cm でもっとも多い傾向がみられた（表 4.1）．この傾向は島根県や岡山県でも同様であり（田中ら，1990；Kondo and Tanaka, 1991），両世代ともトラップの種類にかかわらず，地上 50 cm 近くで誘殺数が多くなることが示された．これらの結果から，トラップは両世代を通じて地上 50 cm の高さに設置すればよいといえる．

4.1.2　設置場所の環境

設置場所の環境としては，トラップ周辺の発生源や地形の影響が検討された．マコモ群生地に近い水田では，マコモ由来の体の大きい個体とイネ由来の体の小さい個体が同時に誘殺される（第5章参照）．島根県では，マコモ群生地とそこから100，400，1400 m離れた水田内にトラップを設置し，誘殺消長を比較した．その結果，マコモ群生地での越冬世代のピーク時期は5月下旬でほかの地点より早く，第1世代のピーク時期は9月中旬でほかの地点より遅かった．100 mの地点では9月中旬にもピークが認められたが，400，1400 mの地点では認められなかったことから，少なくともマコモ群生地から400 m以上離れた場所にトラップを設置すれば，その影響がなくなると考えられた．

果樹や野菜などでは，敷藁を被覆資材として使用することが多く，その周辺の水田での主要な発生源となっている．長野県では，3地点のトラップを中心に半径100，200 mの範囲の果樹園の作付け面積と越冬世代の誘殺数との相関関係を検討したところ，誘殺数はトラップから少なくとも半径200 m以内の果樹園の面積に影響された．岡山県では，モモ園と水田とが混在する地域に19台のトラップを設置し，トラップからもっとも近いモモ園までの距離と誘殺数との関係を検討した結果，誘殺数は両世代ともモモ園から100 m以内の地点では多かったが，それ以上離れると明らかに減少した（近藤・田中，1994a）．以上の結果から，水田以外の発生源が発生予察上重要な場合には，そこから100 m以内の場所にトラップを設置する必要があると考えられる．

地形の影響については，新潟県において地形が異なる3地域での誘殺数と被害株率との関係が検討された（詳細については4.3.2項を参照）．その結果，両者のあいだにはそれぞれの地域で相関関係がみられたが，両者の量的関係は地域ごとに異なった（小嶋ら，1996）．また，一定の精度を確保するための必要トラップ数も山間地域では風通しのよい平坦な地域に比べ多くなった．これらは，トラップの誘殺効率や誘殺範囲が地形によって異なることが原因として考えられた．

4.1.3　誘殺特性の世代間差

フェロモントラップの誘殺特性は世代によって異なり，世代ごとの誘殺数に大きく影響することが，8県（1987−91年），菅野ら（1984，1985），中野

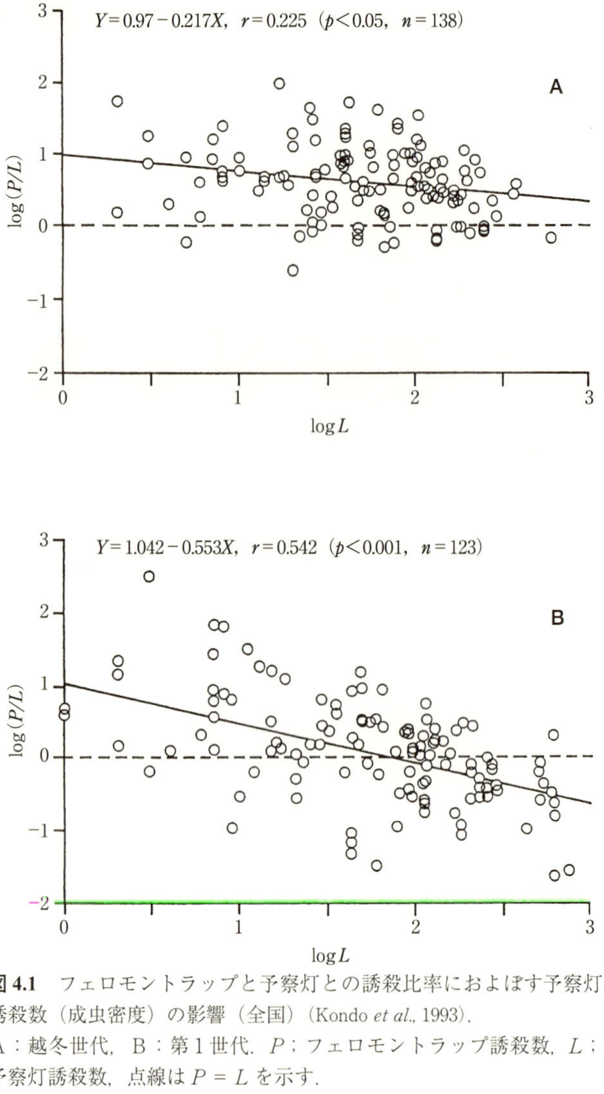

図 4.1　フェロモントラップと予察灯との誘殺比率におよぼす予察灯誘殺数（成虫密度）の影響（全国）（Kondo *et al*., 1993）.
A：越冬世代，B：第1世代．P；フェロモントラップ誘殺数，L；予察灯誘殺数，点線は $P = L$ を示す．

ら（1986）の予察灯との比較データを解析することによって明らかにされた（Kondo *et al*., 1993）．予察灯の誘殺数が野外の成虫密度を正しく反映している（Harukawa *et al*., 1935；深谷・中塚，1956；宮下，1982）と仮定し，8県のデータを用いて予察灯の誘殺数（成虫密度：L）に対するフェロモントラップと予察灯との誘殺比率（P/L）を世代別にプロットしたところ，両世代とも予察灯の誘殺数が増加するにつれてこの比率が有意に減少した（図4.1）．したがって，両世代とも成虫密度が高まるにつれてフェロモントラップの誘殺効率は低下するといえる．しかし，第1世代での回帰直線の傾きが越冬世代よりも急で，しかも $P = L$ の直線と交わっていることは，第1世代のほうが成虫密度の影響を受けやすく，ある値以上に成虫密度が高まるとフェロモントラップの誘殺数が予察灯よりも少なくなることを示している．越冬世代成虫の主要な羽化場所は水田外で，雌成虫はそこで交尾した後，水田に飛来する可能性が高い（田中ら，1987）．一方，第1世代成虫の羽化場所は水田内である．このような場合，水田内個体群の処女雌の比率は第1世代のほうが越冬世代よりもおしなべて高くなると推察される（Kondo and Tanaka, 1994b）．したがって，第1世代では雄をめぐって処女雌とトラップとの競合が起こりやすく，その結果としてフェロモントラップの誘殺効率の低下は越冬世代よりも大きくなるものと考えられる．なお，潜在的な雄成虫の飛翔能力と性フェロモン感受性には世代間で違いがみられなかった（Kondo *et al.*, 1993）．

4.1.4　有効範囲と誘殺範囲

フェロモン源の有効範囲（雄成虫にフェロモン源への定位を起こさせるフェロモンの広がり；中村，1984）と，これに雄成虫の飛翔効果を含んだトラップの誘殺範囲とは区別して扱う必要があるが，どちらも誘殺数に影響する．フェロモン源の有効範囲について，長野県では裸地において第1世代の雄成虫を入れた網ケージを移動させ，フェロモン源から一定距離ごとに雄成虫の性的反応を観察することで，有効範囲を20–30 mと推定した．岡山県では，裸地においてフェロモン源から距離別に網ケージを設置し，雄成虫の性的反応と風速との関係を検討したところ，有効範囲の風下側最大長は平均風速0.36 m/sのとき36.8 mと推定され，世代間で差はなかった（Kondo and Tanaka, 1994a）．以上の結果から，フェロモン源の有効範囲は40 m以内と考えられる．

トラップの誘殺範囲については，5県で検討された．長野県では，越冬世代についてリンゴ園（敷藁が発生源）から5 mと200 m離れた地点での誘殺数に差がなく，リンゴ園に近接した地点とそこから 10，30，50，70 m 離れた地点でも誘殺数に差がみられないことから，越冬世代の誘殺範囲は 100-200 m 以上と推定した．新潟県では，水田から 0，10，20，50，70，100 m 離れた地点での誘殺数を比較し，両世代とも 70，100 m の地点でも十分な誘殺がみられることを示した．岐阜県では，マコモ群落が点在する平坦地に 11 台のトラップを設置し，雄成虫の頭幅の頻度分布から推定したマコモ由来個体の割合ともっとも近いマコモ群落までの距離との関係を両世代で比較したところ，この割合は第 1 世代でより急激に低下したことから，誘殺範囲は第 1 世代のほうが狭いと考えられた（Tsuchida and Ichihashi, 1995）．島根県では，越冬世代についてマーク虫を水田内に放飼し，放飼点の四方（100，300，400 m）に設置したトラップでの誘殺状況を調査したところ，いずれの距離でもマーク虫が誘殺されたことから，越冬世代での誘殺範囲は 400 m 程度と考えられた．岡山県では，水田内の放飼点からマーク虫を放飼し，そこから半径 8，16，32，64，128，256 m の同心円上に 4 台ずつトラップを設置してマーク虫と野外虫の誘殺状況を調査した（Kondo and Tanaka, 1994a）．その結果，マーク虫の 1 晩あたりの飛翔距離は，越冬世代では 112.0 m，第 1 世代では 18.8 m で，第 1 世代のほうが明らかに短かった．また，野外虫の誘殺数とトラップ間隔との関係から，誘殺数が平衡に達する（トラップ間の競合がなくなる）までの間隔を推定したところ，越冬世代では 200 m 以上，第 1 世代では約 100 m であったことから，誘殺範囲は越冬世代では 100 m 以上，第 1 世代では約 50 m と推定され，岐阜県での傾向とよく符合した．以上の結果から，誘殺範囲は越冬世代では 100-400 m，第 1 世代は 50-100 m と推定される．したがって，複数のトラップで発生量の予察を行う場合は，トラップ間の競合を避けるため，少なくとも 200 m 以上の間隔をあけてトラップを設置する必要がある．

4.1.5　風速・光源

風速はフェロモンの流れに直接影響することから，気象要因のうちでもとくに誘殺数への影響が大きいと考えられる．岡山県では，両世代について 19 時にマーク虫をトラップの風下約 30 m の場所から放飼し，マーク虫の誘殺数を翌朝調査した．マーク虫の多くは放飼してから短時間のうちにトラップに誘殺されたと考えられたため，19–20時の平均風速とマーク虫の捕獲率との関係を検討した．両世代をまとめて両者の関係をみたところ，捕獲率は風速によって大きく影響され，平均風速が0.36 m/sのとき捕獲率が最大（41.2％）となる1山型の曲線を示した．このことは，前記のフェロモンの有効範囲が風速0.34 m/sで最大となったこととよく符合した．

市街地などでは住宅地のなかに水田が点在することも多く，誘殺数が街灯などの光源によって影響されることが考えられる．長野県では，トラップを予察灯（白熱灯）から1，20，40，60，80 m離れた地点に設置し，各地点での誘殺状況を調査したところ，両世代とも予察灯に近いトラップほど誘殺数が少なくなる傾向があり，20–40 mの地点でその傾向が強かった．岡山県では，街灯（ナトリウム灯）から近い地点（4，20 m）と遠い地点（46，58 m）にトラップを設置して誘殺数を比較したところ，両世代とも光源に近いトラップで明らかに少なかった（近藤・田中，1994b）．また，照度との関係から光源が誘殺数に影響する距離は27–30 mと推定された．以上の結果から，発生量の予察を行う場合には，トラップを光源から30–40 m以上離して設置する必要がある．

4.2 発生時期の予察

ニカメイガの発生予察は従来から予察灯を主体として行われてきた．したがって，予察灯からフェロモントラップに切り替えるためには，両者の整合性を検討しておく必要がある．発生時期の予察については，フェロモントラップと予察灯とのピーク時期の比較が重要で，両者が一致すれば防除適期の予測など，これまでの予察法が適用できることになる．

4.2.1 予察灯との誘殺時期の比較

8県が4–5カ年にわたり，予察灯とフェロモントラップでの誘殺消長を比較した．秋田県と岩手県の年1世代発生地帯では，両者の誘殺消長は同様であることが多く，最盛半旬（誘殺ピーク）もほぼ一致した．年2世代発生地帯においても両者の誘殺消長は同様の傾向を示し（たとえば，図4.2；神田，1996），最盛半旬は両世代ともほとんどの地点で一致した．ただし，越

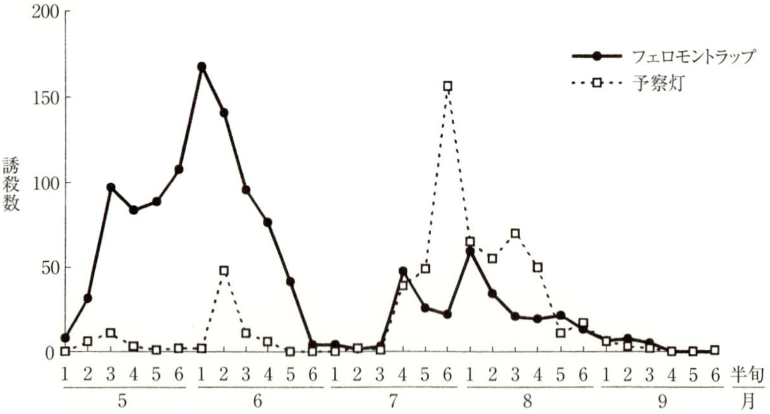

図 4.2　フェロモントラップと予察灯との誘殺消長の比較（埼玉県）（神田，1996）.

冬世代に比べ第1世代では両者の誘殺ピークのずれがやや大きい傾向がみられた．このように，両者の誘殺ピーク時期が両世代とも半旬単位でほぼ一致することは，平均して5日のずれしかないことを示しており，従来の予察灯による予察法を適用するうえで実用的に十分な精度といえる．

4.2.2　防除適期の予測

これまでに，ニカメイガの防除適期については，予察灯の各世代の誘殺ピーク日を起点として，第1世代幼虫を対象とする場合はその10–14日後，第2世代幼虫を対象とする場合はその約7日後であることが明らかにされている（石倉・小野，1959）．前項の結果から，フェロモントラップの場合でも予察灯と同様に，両世代での誘殺ピークを確認した後で防除適期が決定でき，ある程度の時間的余裕をもって防除が実施できるといえる．

長野県では，実際にフェロモントラップでの誘殺消長から防除適期を推定する試験が行われた．越冬世代について，トラップでの誘殺消長と成虫の羽化消長や卵塊の孵化消長との関係を5カ年にわたって検討した結果，誘殺消長は羽化消長とおおむね一致し，卵塊の孵化最盛期は誘殺ピークの3半旬後になる年が多かった．したがって，第1世代幼虫を対象とした防除適期はこのころと考えられた．さらに，誘殺ピークから殺虫剤の散布時期を変えて防除効果を検討したところ，誘殺ピークから15–20日後の散布での防除効果がもっとも高く，卵塊の孵化最盛期ともほぼ一致した．

4.3 発生量の予察

ニカメイガが全国的に少発生となっている現在では，フェロモントラップによる防除適期予測のための発生時期の予察もさることながら，不要な殺虫剤散布を削減するための発生量の予察がとりわけ重要となる．そのためには，予察灯との誘殺特性の違いをよく知ったうえで，誘殺数と被害量との関係を明らかにし，両者に密接な関係が認められる場合には，誘殺数にもとづく要防除水準の設定について検討する必要がある．

4.3.1 予察灯との誘殺数の比較

4.1.4 項での解析に用いたデータから，まず，フェロモントラップと予察灯との誘殺数を世代別に比較したところ，越冬世代ではフェロモントラップのほうが予察灯よりも明らかに誘殺数が多い傾向があったが，第 1 世代ではフェロモントラップのほうが多い場合と少ない場合がみられた．この傾向は図 4.1 からも読み取ることができる．つぎに，世代別の誘殺数をフェロモントラップと予察灯のそれぞれで比較したところ，予察灯では両世代の誘殺数が同等であったのに対し，フェロモントラップでは第 1 世代の誘殺数が越冬世代よりも少ない傾向がみられた．予察灯での誘殺消長は両世代とも野外での羽化消長をよく反映しており（宮下，1982），誘殺数は各世代の成虫密度の指標として全国的な密度変動の解析などに用いられていることなどから (Ishikura, 1955；Utida, 1958)，誘殺効率は世代によって大きな違いはないと考えられる．これに対し，フェロモントラップの誘殺効率は第 1 世代のほうが越冬世代よりも低いといえる．

4.3.2 被害量の予測

フェロモントラップの誘殺数と次世代幼虫による被害量との関係は 8 県で検討された．越冬世代成虫の誘殺数と被害量との関係では 5 県で，第 1 世代成虫の誘殺数と被害量との関係では 4 県で有意な相関関係が認められ，それぞれ誘殺数から被害量の予測が可能とされた．ここでは，圃場を単位とした

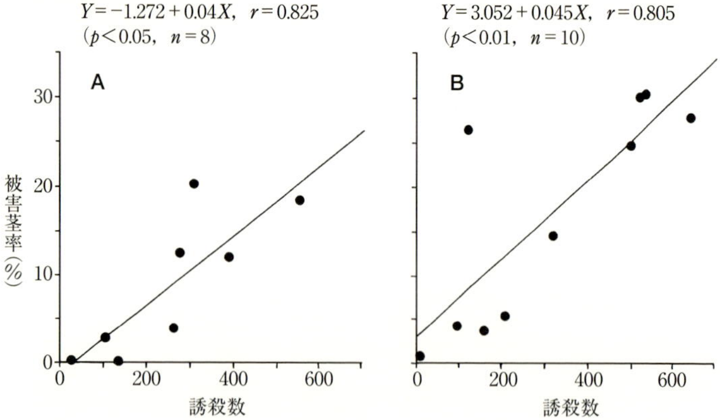

図 4.3　フェロモントラップの誘殺数と次世代幼虫による被害茎率との関係（岡山県）（Kondo and Tanaka, 1995）.
A：越冬世代成虫の誘殺数と第1世代幼虫による被害茎数，B：第1世代成虫の誘殺数と第2世代幼虫による被害茎率.

狭い範囲で誘殺数と被害量との関係を検討した岡山県の試験と，地域を単位とした広域で両者の関係を検討した新潟県の試験を紹介する.

岡山県では，ニカメイガを対象とした殺虫剤無散布の2-4 aの水田において，畦畔に設置した粘着式トラップ2-4台の合計誘殺数と被害茎率との関係を検討した（Kondo and Tanaka, 1995）．その結果，両世代とも有意で高い相関関係が得られたことから（図4.3），誘殺数から被害量の推定が可能と考えられた．なお，第1世代幼虫による被害茎率の最大値は20.5%，第2世代幼虫では30.7%ときわめて高かったこと（両世代とも被害株率は90%以上）から，両者の関係を検討するうえで問題はなかったと考えられる．トラップに誘殺される時期から被害が発生する時期までには，多くの生物的過程が存在するが，上記の誘殺数と被害茎率との関係はこれらの過程を無視して直接求めたものであり，予測上の論理性が乏しい．そこで，誘殺数と卵塊密度および卵塊密度と被害茎率との相互関係を世代ごとに検討したところ，それぞれ両世代とも有意で高い相関関係が得られ，誘殺数と被害茎率との関係の信頼性が裏づけられた.

新潟県では，地形が異なる西川（集落が点在する水田面積約1500 haの水田地帯），柏崎（地形が複雑な中山間地帯が中心で，水田面積約600 ha），

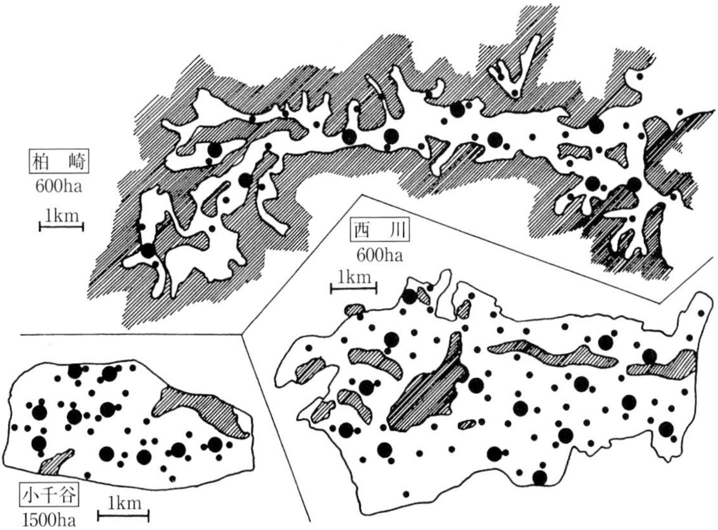

図 4.4　試験地略図（新潟県）（小嶋ら，1996）．
▨：山林や集落など，●：フェロモントラップ，•：被害茎調査圃場．

小千谷（平坦な丘陵地で遮蔽物もなく，風通しのきわめてよい約 300 ha の水田地帯）の 3 地域を選定し（図 4.4），5 カ年にわたって誘殺数と被害株率との関係を検討した（小嶋ら，1996）．水盤式トラップをそれぞれの地域で 10，10，15 台ずつ設置して誘殺数を調査するとともに，それぞれ 67，36，40 圃場について被害株率を調査した．なお，第 1 世代幼虫に対する殺虫剤散布はほとんど行われなかったが，第 2 世代幼虫に対しては殺虫剤が散布された．その結果，越冬世代成虫の誘殺数と第 1 世代幼虫による葉鞘変色茎発生株率とのあいだには，地域ごとに高い相関関係が認められ，誘殺数からその地域における被害茎発生程度の予測が可能と考えられた（図 4.5）．ただし，両者の量的関係は地域間で異なっており，一定ではなかった．これは地形の違いやそれにともなう風通しの違いなどによって誘殺効率，とくに誘殺範囲が違っているためと考えられる．すなわち，新潟県で一般的な地形である西川や柏崎に比べ，集落や林などの遮蔽物がなく，風通しのきわめてよい小千谷では誘殺範囲がより広いことがうかがえる．一方，個々のトラップでの誘殺数とその周辺圃場での葉鞘変色茎発生株率とのあいだには相関関係が

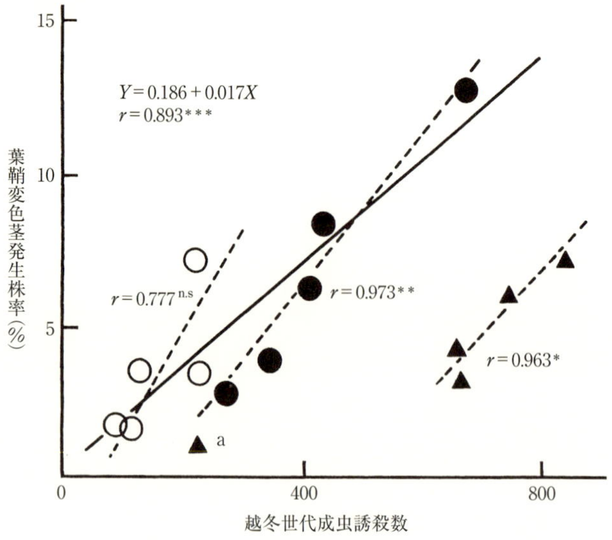

図 4.5　越冬世代成虫誘殺数と第1世代幼虫による葉鞘変色茎発生株率との関係（新潟県）（小嶋ら，1996）．
●：西川，○：柏崎，▲：小千谷（それぞれの地形については図7.4を参照）．破線は試験地ごとの回帰直線，実線は西川と柏崎をまとめて求めた直線回帰とその回帰式，aは計算から除外した．

認めにくかったことから，誘殺数による被害株率の予測には，圃場単位よりも地域単位のほうが適していると考えられた．なお，第1世代成虫の誘殺数と第2世代幼虫による被害発生株率とのあいだには，殺虫剤散布の影響によってか地域ごとの相関関係は認めにくかった．

4.3.3　要防除水準の設定

8県のうち4県において，誘殺数による要防除水準が設定された．要防除水準の設定にあたっては，世代ごとの被害許容水準を設定しておく必要があるが，これは県や地域，イネの品種や作型などによって異なる．また，これに対応する誘殺数もトラップの種類や設置条件によって違ってくる．したがって，個々の数値はあまり意味をもたず，誘殺数と被害量とのあいだに密接な関係が得られることが重要であり，その場合は県や地域ごとに要防除水準の設定が可能となる．ここでは上記と同じく，岡山県と新潟県の事例を紹介する．

岡山県では，5%の収量減を想定した被害許容水準（Kiritani, 1981）を第1世代幼虫では被害茎率5%，第2世代幼虫では被害茎率12.5%と設定した．誘殺ピークを少し過ぎた時点で防除要否を判定できることが望ましいことから，誘殺ピーク日までの誘殺数と被害茎率との関係を世代別に検討したところ，両世代とも有意で高い相関関係が得られ，各世代の被害許容水準に対応する誘殺数（要防除水準）は越冬世代では56頭，第1世代では144頭と推定された（Kondo and Tanaka, 1995）．

新潟県では，県内で一般的な地形である西川と柏崎をまとめて誘殺数と葉鞘変色茎発生株率との関係を検討したところ，有意で高い相関関係がみられた（図4.4，図4.5）．この関係を基礎として，6月10日までの誘殺数と葉鞘変色茎発生株率との関係を検討した結果，両者にも有意で高い相関関係が認められた．この予測式から，新潟県が第1世代幼虫の被害許容水準として地域単位で設定している葉鞘変色茎率20%に対応する6月10日までの誘殺数（要防除水準）を求めたところ，800頭と推定された（小嶋ら，1996）．この方法は，一定時期までの誘殺数で防除要否が判定でき，ピーク時期の確認が不要となることから，岡山県の場合よりも省力的であるといえる．さらに，地域ごとの平均誘殺数を10–20%の誤差で推定するのに必要なトラップ数が1地域10台程度であることも明らかにされた．

かつて日本における主要な水稲害虫であったニカメイガは現在ではその地位を失い，全国的にマイナー害虫となっていることは事実であり，西日本各地で局地的な多発生がみられた1978–80年以降には（福田，1981；坪井ら，1981；杉浦，1984），大部分を占める少発生地域のなかに局地的な多発生地域が分布する発生様相となった（たとえば，平井，1994）．こうした状態は1996年ごろまで続いたが，それ以降はニカメイガに卓効を示す殺虫剤が普及し，現在ではこうした局地的な多発生地域さえほとんどみられなくなっている．しかし，近年においてもイネの品種や栽培条件などのわずかな変化によって発生量が増加した地域があったように（江村，1994；近藤，1994；吉武，1994），ニカメイガは増殖に好適な環境条件さえ整えばいつでも多発生する生態的特性を有した害虫であり，今後もその発生動向に十分注意する必要がある．以上のような現在のニカメイガの発生様相に対処し，かつ将来の多発生に備えるためには，地域ごとのよりきめ細かな発生予察が必要であり，設置や調査の簡便なフェロモントラップの発生予察における重要性は今後さらに増してくると考えられる．具体的には，フェロモントラップの利用によって，防除が必要な地域において適時・的確な殺虫剤散布を実施するとはもちろんのこと，大部分を占める少発生地域において不要な殺虫剤散布を削減することがとくに重要な課題になるといえよう．

5 マコモ寄生とイネ寄生

田付貞洋

5.1 「マコモメイガ」の歴史

5.1.1 ニカメイガの寄主植物

ニカメイガの寄主としては古くからイネのほかにマコモ，ヨシ，ジュズダマ，アワ，キビ，イヌビエ，ガマなど多くの植物が記録されている（たとえば，田中，1928；井上ら，1982）．しかし，幼虫は越冬の前後などに本来の寄主ではない雑草の茎などに潜る習性があるため，幼虫が潜入していただけでただちに寄主植物と断定することはできない．イネ以外で幼虫の寄生が頻繁に観察され，確実に世代を繰り返すことができる寄主はマコモだけだと思われる（宮下，1982）．また，マコモではとくに越冬世代の生息密度が非常に高くなることが多い．

5.1.2 マコモについて

マコモ属（*Zizania*）はイネ族（Oryzeae）に属しイネ属（*Oryza*）と系統的に近い．本属は北米の東部から中部にかけてと東アジアに分布圏があって，北米に3種，東アジア（日本，中国など）にマコモ（*Z. latifolia*）1種が分布する（図5.1；中村，2000）．マコモの外形はイネに似ているが，ずっと大型で草丈が2 mを超える多年性の挺水植物である．冬季は茎葉部が枯れ，翌春地下茎から芽吹く．全国の河川，湖沼，ため池，用水路，休耕田などに自生し，また近年では中国や台湾から食用マコモ（マコモ黒穂菌 *Ustilago esculenta* が寄生しており，本菌によって花茎の下部がふくらみ白色の菌瘿（きんえい）を生じる中国原産の栽培品種．菌瘿は「マコモタケ」と称され，和

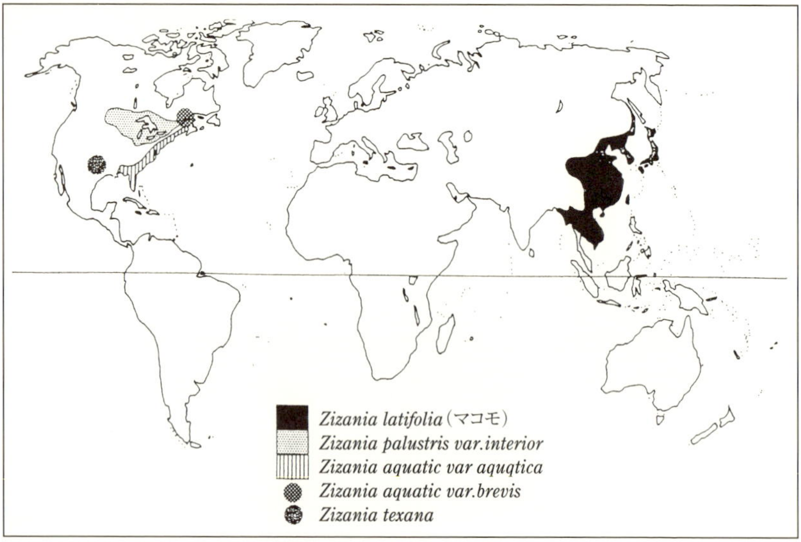

図 5.1　世界におけるマコモ属植物の分布（中村，2000 より改変）

図 5.2　マコモ（食用マコモ）（1997 年 11 月，茨城県潮来町）（原図）

洋中いずれの料理にも合う美味な食材である［玄・石井, 1998；中村, 2000]）が各地の休耕田などに導入されている（図 5.2）. また, 近年では水質浄化機能も注目されているが, そもそもマコモは古代から人類にとって重要な植物であった. イネ栽培が普及するまでは中国でも日本でも種子が穀物として珍重された（玄・石井, 1998；中村, 2000；なお, 北米でもマコモ属の種子は先住民によって穀物として利用されてきた歴史があり, 現在では栽培化され健康食品「ワイルドライス」として日本でも普及している）. わが国で古謡にも歌われ, 伝統的な宗教儀式に神仏の別を超えて利用されていることはマコモが古代より神聖な植物とされてきた証であろう（中村, 2000）.

5.1.3 「マコモメイガ」の登場と種の問題

マコモにニカメイガが寄生することは早くから認識され（田中, 1928）, イネのものとは形態や生態に違いがあるため「マコモメイガ」ともよばれた（丸毛, 1930 など）. 「マコモメイガ」のおもな特徴は, イネのニカメイガより体が大きいこと, 越冬世代の羽化が 1 カ月以上早く始まることで, そのためニカメイガと同じ種かどうかに古くから関心がもたれたようである. しかし, 丸毛（1930）は, 幼虫, 蛹, 成虫（雄交尾器を含む）の形態および幼虫の食入行動を詳細に観察し, 体サイズ以外に差が認められなかったことから両者を同一の種と結論づけた. 栗原（1930）も染色体の形態と数（$n=29$）がイネのニカメイガ（Kurihara, 1929）と変わらないことからやはり同種とした. その後, 幼虫の餌をたがいに換えてもよく生育することや交雑して子孫ができることもわかって, 今日に至るまで両者は同一種として取り扱われてきた.

5.1.4 イネ個体群とマコモ個体群には交流があるか

イネを寄主とするもの（以下「イネ個体群」）とマコモを寄主とするもの（以下「マコモ個体群」）が同種となると, たがいに行き来があるかどうかに関心がもたれた. マコモでは越冬世代の生息密度が高くなるため, マコモ個体群がイネを加害する個体の供給源になる可能性が懸念されたのは当然であった.

交流を示唆する研究

マコモ個体群の雌がイネに産卵するのかどうかは，マコモとイネのあいだでの産卵選好性の有無が鍵になる．これを明らかにするため，イネとマコモを入れたケージなどに雌を放飼し，産卵量を比較する産卵選択実験が行われた．結果は，イネ個体群はイネに，マコモ個体群はマコモに多く産卵する傾向がみられた場合もあるが（高野ら，1959；昆野，1998），差がまったく認められなかったという報告もあって（高崎ら，1969；小池ら，1981），両者には明瞭な産卵選好性はなく，いずれの植物にも産卵可能であろうとの考えが支配的だった．そしてマコモの除去が有効な被害防止策の1つとして推奨された．ただし，ニカメイガには容器やケージのような小空間内では食草がなくても容易に産卵する習性があるので，かりに選好性が存在したとしても小空間での産卵選択実験でそれを正確に検出することは困難であったと思われる．

幼虫の寄主選好性も調べられた．イネとマコモに産まれた卵から生まれた幼虫にそれぞれ逆の食草を与えたが生育にはまったく問題がなく（牧・山下，1956），産卵選択試験で異なる食草に産まれた卵は孵化後そのまま食入して生育した（高崎ら，1969）．幼虫にイネとマコモを選択させる実験でも明確な選好性は示されなかった（Samudra，2001）．以上からは，食草が枯渇した場合などにはイネとマコモのあいだで幼虫が移動することが十分考えられる．

両個体群の個体が交雑して子孫を残せるという実験結果も両者の交流を示唆した．小池ら（1981）は，イネとマコモから得た雌雄の成虫を正逆の組み合わせで腰高シャーレに入れて交雑させ，いずれからも正常なF1，さらにF1同士の交配からF2を得た．Samudra *et al.*（2002）も両個体群の正逆交雑によりF1，F2を得ている（ただし正逆で交尾率が異なり，イネ個体群雌×マコモ個体群雄ではほかの組み合わせより明らかに交尾率が低かった）．また，配偶者選択実験では2割強の個体群間交尾がみられた（昆野，1998）．これらの結果は，野外条件下でもイネ個体群とマコモ個体群のあいだで交雑が起こりうることを示すものである．

隔離を示唆する研究

高井（1970）は，①誘蛾灯に捕獲されたニカメイガの頭幅頻度分布曲線が2つのピークをもち，それぞれがイネおよびマコモから得たものの頭幅平均値とほぼ等しいこと，②イネおよびマコモから得たものの頭幅頻度分布はそれぞれ正規分布すること，③捕獲虫による2峰性の頭幅頻度分布曲線は2つの正規分布曲線が合成されたものと認められたことから，捕獲虫で頭幅が小さなグループはイネ個体群，大きなグループはマコモ個体群と推定した．そして，マコモとイネのあいだで寄主転換すると，マコモ個体群はやや小さく，イネ個体群はやや大きくなるとした牧・山下（1956）の結果を考慮すると，2つの個体群の頭幅頻度分布が正規分布と認められたことは，各個体群に産卵選好性があり，たがいに異なる寄主には産卵していない，すなわち行き来はないことを示すものと考察した．

宮下（1982）はマコモにニカメイガが大発生して周辺の水田に被害が出た兵庫県の事例を考察し，水田での生息密度はマコモ群落からの距離が離れると急激に低くなっており，本種の飛翔可能距離からして周辺水田への影響は意外に小さく，狭いと指摘した．また，イネのニカメイガが衰退後，マコモ群落では多くの寄生がみられるのに周辺水田で被害がみられない事例が多くあり，これは両個体群が行き来をしているという考え方からは理屈に合わないとも述べている．筆者自身も茨城県守谷市で同様の事例を観察し，マコモ個体群の雌は容易にはイネに移動，産卵しないのではないかとの印象を強くもっている．

「有機リン剤抵抗性のニカメイガが発生する水田に隣接するマコモに有機リン剤感受性のニカメイガがいる」というきわめて興味深い話が第8章にある．これはイネ個体群で示された殺虫剤抵抗性という遺伝的現象がとなりのマコモ個体群では生じていないということで，両個体群間の遺伝的隔離を示唆している．実際に両者のあいだにはスミチオン（フェニトロチオン）などに対する感受性，分解酵素の酵素活性ならびにアイソザイムパターンに顕著な差異がみられた（第8章；Konno and Tanaka, 1996）．このことから両個体群の関係に興味をもった昆野・田中（1996）は，両者の交尾時間に約5時間もの差があるというきわめて重要な発見をした．生殖隔離要因になりうる交尾時間の差は両個体群の隔離を強く印象づけた．その後筆者らを含めていくつかのグループが異なるアプローチで両個体群間の隔離の問題と取り組むことになったのである.

5.2　活動時間とフェロモン

5.2.1　交尾時間帯の違い

昆野・田中（1996）は交尾時間の差異を岡山県産の個体群で見出した．筆者らの研究室ではインドネシア人留学生 I Made Samudra がこの問題に取り組み，茨城県守谷市産のマコモ個体群と埼玉県熊谷市産のイネ個体群を用いて交尾時間を調べ（この時点では両個体群をともに採集できる場所がみつからなかったため，約 60 km 離れた両地点の虫を使用した），同様の差異を確認した（Samudra *et al.*, 2002；図 5.3）．用いた虫は両個体群ともにイネ芽だしを飼料として飼育したものなので，交尾時間の差異に餌の影響はないこともわかった．同様の交尾時間の差異は，その後，岐阜県（Ishiguro *et al.*, 2006），新潟県（Ueno *et al.*, 2006）など国内各地や中国江蘇省（戴華国，私信）の個体群で観察され，普遍的な現象と考えられる．Samudra *et al.*

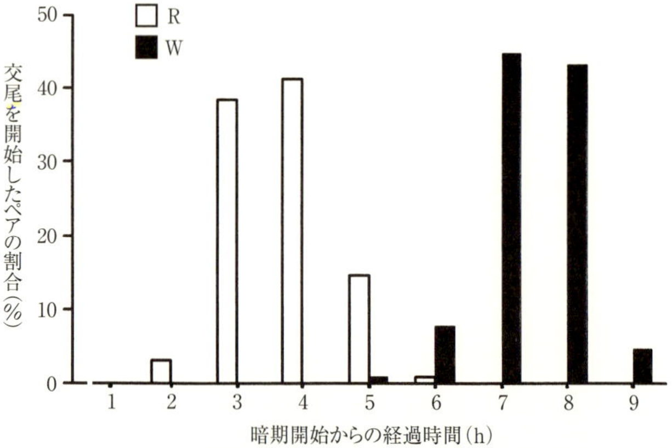

図 5.3　マコモ個体群（■）とイネ個体群（□）の交尾開始時間の差異（実験室の条件：15L−9D，23℃）（Samudra *et al.*, 2002）.

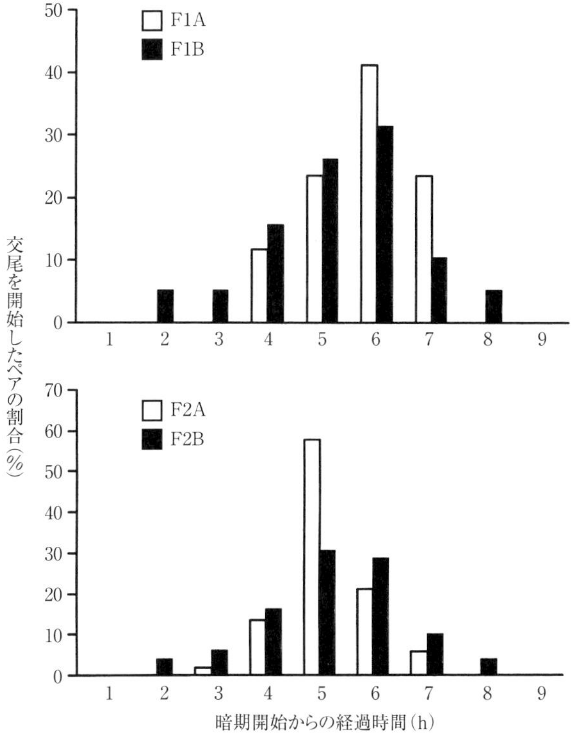

図 5.4　マコモ個体群（W）とイネ個体群（R）の交雑第1代（F1A，F1B）と第2代（F2A，F2B）の交尾開始時間（F1A □：W♀ × R♂，F1B ■：R♀ × W♂；F2A □：F1A♀ × F1B♂，F2B ■：F1B♀ × F1B♂，実験室の条件：15L−9D，23℃）(Samudra *et al.*, 2002).

(2002) は交雑実験でF1は両個体群の中間の交尾時間を示したが，F2の交尾時間は分離せずF1と似たパターンを示したことから交尾時間はポリジーンに支配される形質であるとした（図5.4）．最近，岡山大学を中心に，交尾時間の違いには体内時計が関連しているのではないかとの考えから時計遺伝子に注目した研究が進められており，今後の進展が期待される．

5.2.2　性フェロモン関連形質の差異

Samudra (2001) は雌性フェロモンに関連したいくつかの形質で両個体群

間の比較を行い，以下に示す興味深い差異を見出した．

本種の雌性フェロモン成分（(*Z*)-11-ヘキサデセナール，(*Z*)-13-オクタデセナール，(*Z*)-9-ヘキサデセナール）のブレンド比はすでにイネ個体群で48：6：5と報告されていた（第9章；Tatsuki *et al*., 1983）．両個体群のブレンド比を比較したところ，イネ個体群の比率は上の値に近い77：13：10であったが，マコモ個体群では65：31：4であり，この差は有意であった．ただし雄成虫にはこの程度の差は識別できないようで，イネ個体群のブレンド比にもとづく市販の性フェロモン剤にはマコモ個体群も多数捕獲される（Tsuchida and Ichihashi, 1995；Ishida *et al*., 2000；Ueno *et al*., 2006）．性フェロモン以外の要因で個体群間の隔離が進んでいるために，ブレンド比に小さいけれども有意な差が生じたものと思われる．

雌性フェロモンの含有量にも両個体群間で顕著な差が存在した．意外にも体の大きなマコモ個体群雌がもつフェロモン量は，小さなイネ個体群雌のもつ量の約4分の1しかなかった．興味深いことに，これと並行的な差異が雄の性フェロモン感受性にもみられた．フェロモンに対する反応を触角電図（EAG）法で記録すると，処女雌抽出物，合成性フェロモン成分，いずれに対してもマコモ個体群雄のEAG反応値はイネ個体群雄の6割から8割程度であった．体が小さなイネ個体群で雌のフェロモンの量が数倍多く，雄の反応性も大きいという結果は両個体群の生態を比較する際に重要なヒントを与えてくれるが，この点は最後に触れたい．

5.3　形態的差異の再検証

マコモ個体群はイネ個体群より体サイズが大きいがそれ以外の形態的差異はないとされてきた．筆者らの研究室ではSamudraの後を引き継いだ松倉啓一郎が多変量解析によってあらためて両個体群の形態を比較した．

雄成虫の交尾器8形質と交尾器以外10形質，計18形質の測定値（長さ）を用いた主成分分析で，第1，第2主成分スコアに両個体群で有意差があった．第1主成分はサイズ要因，第2主成分はプロポーション要因と考えられたので，形態の差はサイズだけではないことが示された．さらにこの違いは交尾器形質だけで検出できたことから，雄交尾器形態にプロポーションの違いが存在することが示された（Matsukura *et al.*, 2006）．生殖関連の形態にサイズとは別の違いがあることは両個体群の分化を支持する．両個体群の形態をくわしく比較した丸毛（1930）は雄交尾器に形態的差異を認めていないが，それはプロポーションの違いは多変量解析によって初めて認識できる程度だからなのであろう．

つぎに，正規性が得られた12形質を用いて判別分析を行ったところ，94%の高精度で両個体群の判別が可能であった．簡便化のためステップワイズ判別分析を行うと，交尾器4形質だけで89%が正しく判別できた．前翅長1形質（サイズ要因）では81%の判別率であったので，4形質を用いる簡便法は雄の個体群識別に有用と思われる（Matsukura *et al.*, 2006）．

5.4　マコモ個体群とイネ個体群の遺伝的関係

岐阜大学を中心とするグループは集団遺伝学および分子遺伝学的手法によって両個体群の遺伝的関係を明らかにする研究に取り組んでいる．生殖隔離により両者間の遺伝子流動がどの程度制限されているかを知るためアロザイム分析が行われたが，遺伝子流動が妨げられていることを示すデータは得られなかった（Ishiguro *et al.*, 2006）．進化的に中立な遺伝マーカーであるマイクロサテライト遺伝子座（Ishiguro and Tsuchida, 2006）やミトコンドリアの遺伝子を用いた解析も試みられたが，これらによっても両個体群の分化を説明できる結果は得られていない．この点についても後に考察を加える．

5.5　その他の課題

5.5.1　休眠関連形質と発生消長

マコモ個体群の越冬世代羽化開始はイネ個体群より著しく早いが，この現象には休眠性の違いが大きく影響するはずである．イネ個体群における休眠の生理や生態に関しては膨大な知見がある（第11章，第14章，第15章）のに対し，マコモ個体群についての研究はほとんどない．松倉はこの問題にも取り組み，両個体群を比較して以下の結果を得た．①非休眠条件下での発育有効積算温量，発育ゼロ点には有意差がない．②マコモ個体群のほうが休眠誘導の臨界日長が15分短く，休眠覚醒時期も約1カ月早い．③後休眠発育もマコモ個体群のほうが明らかに速い．これらのうち，②と③が春先の羽化時期に大きな違いをもたらし，さらにその後の発生消長の違いにも影響する主要因と思われる（松倉，2008）．マコモ個体群が年に3化する可能性は古くから示唆されていたが（たとえば，田中，1928；丸毛，1930；牧・山下，1956），筆者らはフェロモントラップに捕獲された雄に対して前述の判別分析を行って，マコモ個体群の年3化を示すことができた（松倉，2008）．

5.5.2　マコモ個体群のミステリー——第1世代はどこへ？

マコモの群落では越冬世代の幼虫密度に比べると第1世代の幼虫密度が著しく低い，という奇妙な現象が指摘されてきた（たとえば，阿部・宮原，1969；小池ら，1981；Ishida *et al.*, 2000）．筆者らの茨城県守谷市の調査でも，春まで高密度で越冬世代幼虫が存在するマコモ群落で次世代の幼虫はまれだった．佐賀県のクリークに繁茂するマコモで調査を行った古賀・宮原（1973）によれば，第1世代幼虫は水面に浮遊しているマコモでは生育できたが，定着したマコモでは生育を完了できなかったという．この結果は興味深いが，「浮遊マコモ」が普遍的ではないので，一般化はむずかしいと思われる．小池ら（1981）は上記の現象の原因を，マコモで生育した越冬世代の雌がイネに，イネで生育した次世代の雌がマコモに産卵するように寄主転換が行われるためではないかと考察した．これは現象をうまく説明しており魅力的だが，その後の隔離を示す一連の研究結果とは相容れない点がある．近年，Ishida *et al.*（2000）は岐阜県の調査でマコモ上の第1世代卵塊が高率でズイムシヤドリコバチとタマゴコバチ属（*Trichogramma* spp.）の寄生を受けていることを見出し，これが夏まで幼虫密度を低く抑える原因と考えた．これは現象の一端を説明するものの，マコモ由来と考えられる大型の雄が7月後半から増加した理由はわかっていない．マコモ個体群がマコモとイネ以外の未知の寄主間で寄主転換していればこの問題が解決するかもしれないが手がかりはなく，この問題は依然として未解決の部分を含んだままだ．

5.6 展望——2種への道

最後にこれまでに明らかになったイネ，マコモ両個体群の関係に関する知見を整理し，そこから導くことのできる仮説を提示して今後を展望する．

5.6.1 分化のストーリー

最近の研究成果とこれまでの知見を総合すると，両個体群がある程度隔離されて別の道を進みつつあることは間違いない．しかし，種々のレベルで交流を示唆する研究結果があることももちろん考慮しなければならない．実際，幼虫はイネ，マコモを選り好みせずどちらの食草でもよく生育するので，条件によっては幼虫の異種食草間の移動があるだろう．交尾時間には明らかな差がみられるが重複部分もあり，しかも性フェロモンの差異は雄に認識できない範囲だから，多少の交雑の機会はあるかもしれない．交雑実験では雑種ができ，F1はもちろんF2にも妊性がある．アロザイムや遺伝子の分析からは両個体群の遺伝子流動が制限されていることを示す結果は得られていない．

にもかかわらず両者は交尾時間に明らかに異なる遺伝的制御を受けているのだ．このような状況は，両者の分化が進化的にみて始まったばかりであり，そのきっかけとなった「最近の」インパクトが「稲作の普及」であったと考えると納得がいくように思われる．以下，この考えに沿って，細かい部分は推測で補いながらストーリー（仮説）を考えてみる．

> ニカメイガはもともとマコモを寄主としていたと考えられる．この考えは古くからあった（丸毛，1930；宮下，1982）．マコモは相当高密度の寄生を受けてもイネと違って容易に枯れず外観からは被害がわかりにくいが，このことも両者の長い関係を思わせる．
>
> 最近の数千年間に稲作が普及した．低湿地を利用する水田の近くにはたいがいマコモ群落が存在したであろう．マコモに寄生していた個体群の一部に産卵選好性のごくわずかな変異が生じてイネに産卵するものが現れた．イネを食う能力は前適応として備わっていたので，寄主転換に特別のコストをかけずに資源量が圧倒的に大きなイネを利用できること

は非常な利点であった．不利な点はイネが一年草で利用期間が限られることと気象や人為の影響を受けやすい不安定な資源であることだが，前者に対しては変動幅の大きな休眠性を利用してイネのフェノロジーに同調した「2化」を定着させることで，後者については移動性を高めることで適応した．自然生態系にあるマコモ群落では天敵や競争者の影響が強く働いて活動時間帯が制限され交尾時間は明け方近くになるが，人工生態系にある水田では制限がゆるまり，早く交尾するものが有利となって交尾時間が早まった．交尾時間の差はもとの個体群との障壁として働き分化を促進する機能を果たした．茎の細いイネでは体の小さなものが有利なので小型の個体が選抜される一方，2次元的に広がる水田への進出によって行動範囲が広がり，雌雄交信には高濃度の性フェロモンを放出できる雌と高感度の感覚器をもつ雄が有利になった（高濃度の性フェロモンの放出を可能にした原因には水田では天敵や競争者の影響が小さいこともあっただろう）．こうしてイネ個体群が形成されていった．イネで生まれてマコモ群落に移動して交尾する雄，あるいはイネからマコモに移動する幼虫の子孫は交尾時間に関して淘汰を受け，やがてマコモ型に落ち着く．マコモ個体群は通常は定着的な生活を送り，マコモからイネへの移動は雄成虫を除き大発生時以外はまれである．雄成虫は水田に移動しても時差によりイネ個体群雌とは交尾しにくいが，交雑した場合，子孫は上と同じようにやがてイネ型の交尾時間に向かう．産卵選好性の変異は低頻度で出現が続いており，イネ個体群を補完することもある（最近，筆者らはイネに寄生しているにもかかわらず配偶行動の時間帯がマコモ個体群に近い個体群を発見した．マコモからイネに寄主転換してまもない個体群である可能性が考えられる［遠藤康之，未発表］）．こうして両個体群の隔離は徐々に深まり，同所的種分化が進行してやがては独立した2種になる．

以上は本章で示した疑問の多くに答えを提示していると思う．また，このストーリーはそれ自体が害虫化のモデルを提供するものでもあり，仮説の検証は応用昆虫学的にも重要な研究課題である．

5.6.2　今後の展開

仮説が正しいとすれば両個体群が分化した直接のきっかけは雌の産卵選好性のわずかな変異である．しかし5.1.4項で書いたように，両個体群間での産卵選好性の違いはこれまで検出されていない．この理由は実験法のむずかしさに起因するものであろう．容器内では寄主植物なしに産卵してしまうニカメイガも野外条件下では正確に寄主を探しあてて産卵する．野外での寄主選択ではおそらくつぎつぎに目標と行動パターンを変えながら何段階かの探索を経て正しい寄主を認識しているものと推察できるので，これを再現できる新たな生物検定法の開発が課題である．寄主転換を異なる視点から研究する道も示されている．ショウジョウバエ類*Drosophila*属ではにおい物質結合タンパク質遺伝子の変異（機能喪失）がきっかけとなり，新たな寄主植物を利用できるようになって新種が形成されたと考えられることが示されており（Matsuo *et al.*, 2007），そこには重要なヒントが含まれているように思われる．

北米の稲作害虫にニカメイガと同属の*Chilo plejadellus*がいる．この虫が“ワイルドライス”の害虫でもあることを北米のマコモ属の権威であるミネソタ大学教授Oelke氏の講演で知った．この種にもイネとワイルドライスのあいだでなんらかの分化が生じているのかどうか，日本よりも稲作の歴史がはるかに短い地域だけに大いに興味がもたれる．日本でも中国でもマコモタケ栽培ではマコモ個体群によるとみられる被害がある．ワイルドライスと違って可食部が被害を受けるので問題は大きい．日本では「新害虫」でもあり，マコモタケ栽培の普及に向けて個体群の確認，生態，殺虫剤感受性，防除法など新しい研究に取り組む必要がある．

6　個体群動態
——大発生と潜在的害虫化

桐谷圭治

6.1　大発生の引き金要因と時間・空間的広がり

6.1.1　サンカメイガに代わったニカメイガ

わが国には稲茎の内部を加害するいわゆるズイムシといわれるものに２種類ある．ともに熱帯アジアの原産で本州の北端まで分布するニカメイガと，和歌山県南部と淡路島までを北限とする西南暖地に発生するサンカメイガ *Scirpophaga incertulas* である．サンカメイガはイネしか食べない単食性で，幼虫が稲穂の根元を食いちぎるため，大発生すると収穫間際の田んぼが白穂で真っ白になる．日本では普通年３回発生するのでこの名が付けられている．戦前は田植えを７月ごろまで遅らすことによって春に発生したガのイネへの産卵を回避して防除をしていた．戦後は行政の統制力がなくなったうえ，イネの早植えも加わり作期が乱れ，サンカメイガの激増を招いた．移植期の変更に代わる有力な防除手段として BHC が出現した．BHC は水田で全生活環を送る本種には効果も高く，1955 年には西日本の太平洋沿岸一帯から姿を消した（於保，1964；桐谷，1986）．現在は日本国土からは絶滅に近い状況で被害の報告も発生の確認もない．農薬が害虫を絶滅した数少ない例である（図 6.1）．

サンカメイガに代わって増加したのがニカメイガである．本種の増加は，戦後の窒素肥料の解禁による施肥量の増加，作期の乱れによるイネの栽培期間の延長などが考えられるが，殺虫剤による卵寄生蜂の寄生率の低下，また西日本ではサンカメイガとの競争圧の減少なども無視できない（於保，1964；野里・桐谷，1976）．しかしニカメイガも 1960 年ごろから漸減の兆候

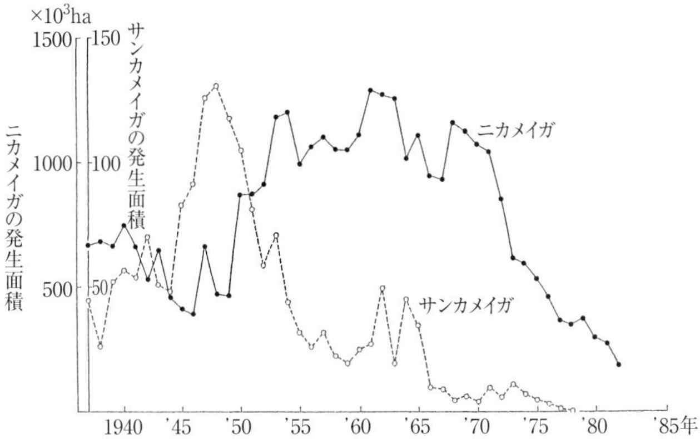

図 6.1 日本におけるサンカメイガとニカメイガの発生面積の年次変動．ニカメイガはサンカメイガの 10 分の 1 の縮尺で描いた．

が現れ，1970 年ごろから急速に減少しだしている．その原因については後述する．

6.1.2 ニカメイガの大発生機構

「大暑期に炎天が続くと，二化螟虫の被害が軽くなる」「もしくは第 2 世代幼虫の発生が少ない」という事実は経験的に知られていた．ニカメイガの大発生は，漸進大発生型で 2 年間にわたって続く．越冬世代成虫の羽化が低温のため遅れると，羽化期が移植後になるため本田への産下卵数が増える．さらに 7 月中下旬に低温と日照不足が重なると，水温が低いために第 1 世代若齢幼虫の生存率を高め，第 1 世代成虫の発蛾量が多くなる（深谷，1950a；石倉，1950；常楽，1971；石黒，1997）．これによって子世代の第 2 世代幼虫が大発生する．さらに翌年の第 1 世代の多発生をもたらし，同時に幼虫寄生率が高まり大発生は終息する（Utida，1958；内田，1998；宮下，1982）．

内田は戦前のニカメイガの誘殺成績を利用して，この虫の大発生機構や平衡密度とその維持機構をロジスティック理論（一定の環境条件下では密度効果により個体群密度はその平衡値を中心に振動するという考え）との関連で分析を試みた．要約すると，7 月の低温・多雨は第 1 世代幼虫の生存率を高め，漸進大発生の引き金となること，世代間増殖率の変化に密度依存性がみられることから，個体群は平衡密度を中心に変動していること，卵・幼虫期の寄生蜂が密度制御にもっとも大きな働きをしていることをみた（Utida, 1958；内田，1998）．

6.1.3　大発生の空間的広がり

害虫の大発生の継続期間，個体群密度，被害についての報告に比べ，その空間配置については，漠然と行政的区画で示唆される場合が多い．しばしば気候的条件が引き金となって起こる大発生は広域にまたがる．そのため個々の独立メタ個体群が共通の気象条件に反応した結果なのか，あるいはそれぞれの地域の特殊条件によって反応は異なるのか，また個々のメタ個体群の相互関係や占有空間など不明な点が多い．

日本の南西部で1953年にニカメイガの広域大発生がみられた．この大発生に先立って1950–52年の3カ年の7月は低温であった．これに加えて，化学肥料が終戦とともに使用解禁になり，施肥量の増加がニカメイガの増殖力を高めたことも大発生の一因と考えられる．Kiritani and Oho（1962）は九州各地の30カ所から誘蛾灯の誘殺成績を集め，1953年大発生の空間的広がりと，高密度にともなうニカメイガ個体群の質的変化を調べた．

佐賀平野の中心に位置する城田での誘殺数は，早くも1950年第1世代成虫から1953年越冬世代成虫にかけていわゆる漸進大発生のパターンを示しながら増加し，誘殺数は1950年の200頭前後から1952年第1世代では100倍の20000頭を超え，翌年53年の越冬世代では23000頭を記録したのち，同年第1世代に大発生は崩壊し，誘殺数も300頭前後に激減している（図6.2）．これより城田や佐賀市では1952年第2世代幼虫による大きな減収がみられた．また幼虫は集団移動して，通常の寄主植物ではないサトイモ，メダケ，タカナ，ダイコンまで加害した．

この大発生の発祥地，城田と佐賀市では1953年越冬世代の誘殺数をピークとして同心円状に発生のピークが周辺地域に時間的遅れとピーク誘殺数の減少をともないながら拡大している．ピーク世代はほとんどの場所が越冬世代で，それに次ぐ誘殺数は，前年またはその年の第1世代である．したがって，大発生はその終息世代も入れると通常3世代にわたる．1953年大発生は，長崎県平戸（佐賀から西へ70 km）で3年遅れの1956年越冬世代のピークを最後に終息している．大発生の進展は，山岳部の北部への広がりより

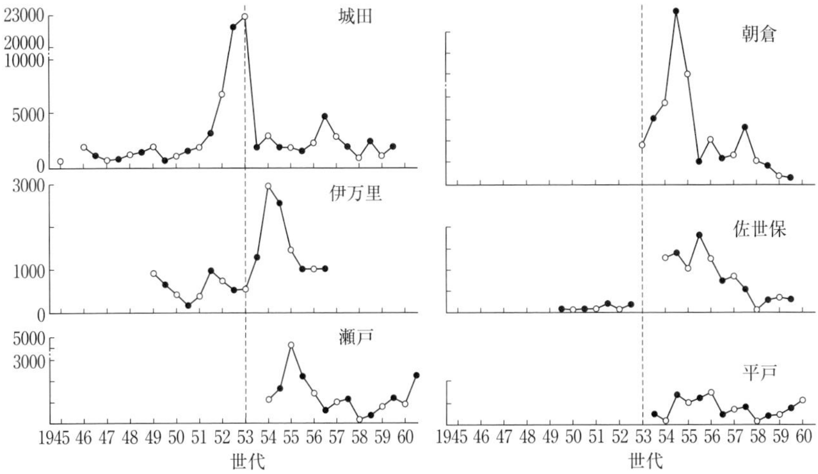

図 6.2　1953 年九州北西部におけるニカメイガ大発生時にみられた誘殺数の遠心的発生のずれ（Kiritani and Oho, 1962 より改変）.

も，地形的に抵抗の少ない有明海沿岸沿いの南下がより顕著である（図 6.3）．大発生にともなって雌性比（♀／♀＋♂）の変化もみられた．大部分の場所で連続 2 世代以上，大発生の終息世代もしくはその前後の世代の雌性比が平年値に比べ有意（$p < 0.001$）に高くなり，この高い雌性比も大発生のピークの同心円的遅れに随伴していた．

この大発生を九州のほかの地域でみると，壱岐（長崎県；ピークは 1952 年越冬世代），鹿児島市（同 1954 年越冬世代），福江（五島列島，長崎県；大発生なし），大分市（大発生なし），宮崎市（大発生なし）と大発生年度がずれているか，まったくみられていない．1953 年の大発生は，九州全域ではなく，佐賀，福岡，長崎，熊本の 4 県の地域に限られて起こったものである．

これらの事実から，ニカメイガの大発生の原因を気候条件だけでは説明できないこと，気候条件が大発生を引き起こす可能性を高めても，実際に増殖に有利な条件が 2 世代以上継続することが必要なことが明らかになった．大発生の地域的広がりは地形的制限を受け，1953 年の大発生では 4 県にまたがる直径 150 km の範囲に限定されていた．この大発生はその地域内で同時的に起らず，時間的遅れをもって波状的に拡大し，性比の変化もそれにとも

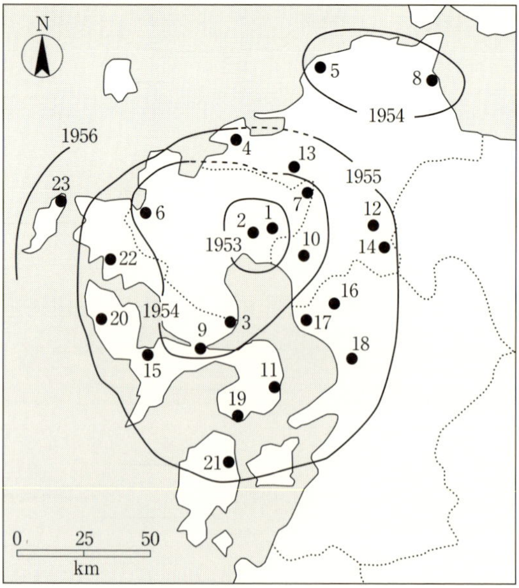

図 6.3　1953年佐賀県城田（1），佐賀市（2）を中心としたニカメイガの大発生が遠心的同心円を描いて周辺地域に波状的に広がった（Kiritani and Oho, 1962より改変）．
1：城田，2：佐賀，3：太良，4：糸島，5：宗像，6：伊万里，7：鳥栖，8：行橋，9：諫早，10：筑後，11：島原，12：朝倉，13：二日市，14：浮羽，15：時津，16：菊池，17：玉名，18：熊本，19：口之津，20：瀬戸，21：天草，22：佐世保，23：平戸．

なって起こっていることは，高密度にともなう成虫の集団飛翔による周辺地域への侵入移動があったことを示唆する．また幼虫の食性の変化も観察された．ニカメイガの大発生時の密度の上昇は平年時の数倍から十数倍の範囲といわれている（Utida, 1958；宮下，1982）．1953年の大発生では100倍の異常な発生であり，バッタ類やアワヨトウ *Mythimna separata* でみられる相変異に該当する変化が起こったとも考えられる．

6.2 ニカメイガの潜在的害虫化

6.2.1 意図しなかったニカメイガのIPM（総合的害虫管理）

戦後のニカメイガの化学的防除は，殺虫剤抵抗性の発達，ツマグロヨコバイ *Nephotettix cincticeps* などの潜在的害虫の害虫化（リサージェンス），アキアカネ *Sympetrum frequens* やタガメ *Lethocerus deyrollei* など「ただの虫」の激減，食品への残留問題などをもたらした．他方，「米一俵増産」運動に動員された早植えなどの一連の耕種技術が予想外のニカメイガの低密度化をもたらした．この減少は東北などの東日本は1965年前後に，西日本では1970年前後から始まっている（桐谷，1973，1975，2005；桐谷・中筋，1977）．

ニカメイガの減少をもたらした最初のきっかけは，1955年ごろから普及しだしたイネの早植え栽培と穂重型（株あたりの穂数は少ないが，1穂あたりの籾数が多い）から穂数型への品種の転換である（第10章参照）．戦後の農業ではコメの増産が至上命令であった．そのため各種の技術がつぎつぎと導入され，それがニカメイガの減少に貢献した（表6.1）．以下に個別技術のニカメイガへの影響をみてみる（桐谷，1973；Kiritani，1977b，1988）．

6.2.2 殺虫剤

1950年代にパラチオンがニカメイガ防除に導入されたが，人畜毒性が高いうえ，ニカメイガに抵抗性が発達したので，1960年代からはBHCに代わった．このBHCも1969年に高知県での使用禁止措置をきっかけに，1971年には全国的に使用禁止になった．代わって日本で開発されたフェニトロチオン（スミチオン），カルタップ（パダン）が使われた（宮下，1982；桐谷・中筋，1977；第8章参照）．

殺虫剤の効果は，全国で広く実施されていたニカメイガの集団防除の事例にみることができる．静岡県袋井市では1953年からニカメイガの第1，第2世代ともパラチオンによる集団防除を10年間実施した．誘蛾灯での誘殺数をみると集団防除を始めるまでは年平均4000頭台であったのが，1000頭台の約4分の1に減少している（Miyashita，1971）．「消毒する」という言葉

表 6.1　ニカメイガの減少をもたらした耕種的要因（Kiritani, 1977b, 1988 より改変）.

耕種的要因	影響を受けた世代・発育段階	導入年
イネの早期栽培	第 2 世代越冬幼虫の発育不良	1955
穂重型から穂数型への転換	第 1, 2 世代の幼虫生存率	1955
BHC 粒剤の使用	第 1, 2 世代の幼虫生存率	1960
ハウス栽培への敷藁利用	第 2 世代越冬幼虫の生存率	1960
中生稲の収穫期の 2–3 週間の早期化	第 2 世代越冬幼虫の生存率	1960
ケイカル施用量が 2–3 倍に増加	第 1, 2 世代の幼虫生存率	1965
コンバイン収穫機と稲藁の焼却	第 2 世代越冬幼虫の生存率	1965
機械植えと農薬の苗箱施用	第 1 世代の幼虫生存率	1970

が定着したのはパラチオンの目を見張る殺虫効果のせいであったが，これほど強力な殺虫剤を頻繁に撒布してもこれ以上その発生を抑えることができなかった．

6.2.3　早期栽培と多収性品種の導入

戦前までのニカメイガの被害を避ける唯一の方法は，移植期を遅らして産卵を避けることであったが，収穫期の冷害・台風による減収のリスクもあった．したがって，イネの早植えは農家の悲願であった．そこでビニールで苗代を被覆して育苗する「保温折衷苗代」が開発され早植えが可能になった．被覆を取った後の苗代へのニカメイガの産卵は，農薬によって防いだ．その結果，増収効果は 1953 年度に比べ 1956 年度には 26.3％上がった（飯島，1958）．しかし早期栽培ではニカメイガ越冬世代の羽化最盛期が移植後になるため，本田への飛来数ひいては産卵数も多く，早植えで大きく生育したイネは幼虫の成育にも好適なため被害が増大した．そのため本田における農薬による徹底した集団防除が行われた．なお，全面早期地帯では 8 月末ないし 9 月初めに刈り取られるため，第 2 世代成虫の産卵は回避され発生を抑える．その結果，長期的にはニカメイガの発生量の低下をもたらした（土山，1958a，1958b）．

多肥料は収量も増えるがニカメイガの集中産卵を招き，幼虫の栄養条件もよくなるため，被害を大きくする（平野，1973）．ビニールと殺虫剤によって多肥・早植え栽培が可能となると，イネの品種は茎数の多い穂数型が有利になる．一般に茎の太い穂重型の品種は茎あたりの幼虫数が多く，被害も大きい．穂数型は幼虫数も少なく被害も軽い．また，幼虫の侵入で茎が枯れても新しい茎が出て補償力が大きい（渡辺，1960）．穂数型では，株あたりの茎数も増える代わりに，茎が細くなる．細茎では幼虫の侵入数も少なく，体重も軽くなり越冬死亡率が高まり，結果的にはニカメイガに不利になる（第10章参照）．

6.2.4 その他の耕種条件

土壌改良剤のケイ酸カルシウム（ケイカル）の施用量の増加（稲茎のケイ酸含量が高くなると幼虫の咀嚼顎が磨滅し生存率が下がる；Sasamoto, 1961；第12章参照），機械植えによる苗の集中管理と苗箱への農薬の施用，また稲藁のマルチ利用や焼却処理，さらには収穫作業の機械化によってバインダー（稲茎束ね機）やコンバインハーベスターが導入されたが，これらはすべてニカメイガの生存には不利に働いた．歩行式バインダー刈りによる搬送部での幼虫圧死率は48.4%に対し，手刈りはわずか4.2%である（京都府立農研，未発表）．コンバインハーベスターを使用すればより死亡率は高くなると思われる．また1960年代には，果菜類の施設栽培が西日本で急速に拡大した．1反（10 a）の施設栽培では水田10反分の藁を敷きこむため，高知県では藁を県外から購入していた．ハウス栽培も藁内で越冬しているニカメイガ幼虫の死亡率を高め，その減少を加速した（桐谷，1973）．このように農薬以外はすべて米の増産技術として導入されたが，意図していなかったにもかかわらず，その総合作用で最大の害虫も「ただの虫」に近い潜在的害虫にまでなった．

6.2.5 東アジア共通の減少

ニカメイガの減少は日本だけではない．日本での減少開始年を1962年とすると，韓国1968年，台湾1971年，中国広州では1980年からその減少が始まっている．これらの地域に共通することはイネの早植えがその減少の開始の動機となり，その後に省力化のための機械化が進められてきたことである（Kiritani, 1990）．注目されることは，いずれの地域においても発生ピーク年から発生が最低のレベルになるまでの期間が12–14年を要していることである．

新潟県小千谷市では1975年から8年間，17 haの水田でニカメイガに影響があると思われる殺虫剤の使用を一切とりやめた．しかし全調査期間にわたって，隣接の慣行防除地区との発生量に差がみられなかった（江村・小嶋，1979；江村，1981）．ニカメイガの低密度化をもたらした各種の耕種的手段は密度独立的な働き方をする．それにもかかわらずサンカメイガのような絶滅を免れているのは，なんらかの密度依存的要因が働いている可能性を示している．

6.2.6　寄生性天敵

詳細は第7章に譲るが，ニカメイガ卵には数種の卵寄生蜂が記録されている（安松・渡辺，1965）．もっとも普通にみられる種は，ズイムシアカタマゴバチ *Trichogramma japonicum* である．ニカメイガの卵は，常用濃度のDDTやBHCでは死なないが，卵寄生蜂はこれらの殺虫剤を撒布した植物体上を這っただけでも死亡する．また本種の重要な代替寄主であるフタオビコヤガ *Naranga aenescens* の卵も完全に殺卵される（弥富，1951）．そのため，広島県の調査では，1950年代前半には60%内外を示していたニカメイガの卵寄生率も1965年以降ではほとんどみられなくなっている（野里・桐谷，1976）．渋谷・弥富（1950）は1934–36年の3年間に毎年，全国19県から第1世代卵を発蛾最盛期に100卵塊集め，ズイムシアカタマゴバチによる寄生率を調べた．平均卵粒寄生率は19.7 ± 19.1%，卵塊単位では50.3%であった．

青森県の水田が全面的に農薬散布を受けるようになった1962–64年には，各種のアカネ類（赤とんぼの類）が平野部で急激に減少した（桐谷，2004）．ニカメイガの幼虫寄生蜂相も，1964年ごろまでは，単寄生性で主としてニカメイガに寄主が限られている年2回発生のキバラアメバチ *Temelucha biguttula*（ヒメバチ科 Ichneumonidae），普通は2化性だが，ニカメイガの1化地帯では1化性のムナカタコマユバチ *Chelonus munakatae*（コマユバチ科 Braconidae），同じく1化性のアオモリコマユバチ *Hygroplitis russata*（コマユバチ科）が優占種であった．1964–65年を境に寄主範囲が広く，多寄生性（1寄主あたり20–30頭が羽化する），多化性（年4–5世代）のメイチュウサムライコマユバチ *Cotesia chilonis*（コマユバチ科）に置き換わっている（日高，1965；土岐ら，1974）．この置き換わりは全国的にみられ，西日本では1950年代後半に，東日本では1960年代前半に起こっている．この数年の遅れは，水田での農薬散布の強度が西日本のほうが高かったためと考えられる（桐谷，1975）．

メイチュウサムライコマユバチは，福岡県では1955–61年間の集団防除下の調査でも数%から35%の高い寄生率を記録している（立石，1962）．福井県では本種による幼虫寄生率は70–80%になることも少なくない（今村，1976）．ただ寄生率は変動が大きく，調査地点，時期，世代などでその値は振れる．10県25地点での幼虫寄生率の経年調査から，越冬前の第2世代幼虫では，複数種の幼虫寄生蜂による寄生率は13.3 ± 10.8%に対し，置き換わり後のメイチュウサムライコマユバチによる寄生率は11.0 ± 6.6%で寄生者相は変わっても，寄生率には大きな差がなかった（土岐ら，1974；湖山・菊地，1965；今村ら，1974；大矢，1964，木幡・井上，1964；片山，1971；行徳，1960）．ただ次項で述べるように寄主密度に対する反応が違ってきた．また戦前は卵期と幼虫期の寄生蜂による寄生率は，全国平均で平年時でもそれぞれ30%に達していたことがわかる．

6.2.7　2つの平衡点をもつ個体群システム

Vôute（1946）は，森林昆虫の大発生時の密度は平年時の数千，数万倍に達するが，潜在期間に害虫を低密度に抑制しているのは，多食性の捕食者であろうと述べた．大発生時には寄主特異的な天敵がその密度制御に働くが，寄主が低密度のときは寄主特異的な狭食性の天敵よりも，寄主の低密度でも代替寄主（餌）で生き残れる多食性天敵が有利である．このような状況を想定して，Takahashi（1973）は2つの平衡点をもつ増殖曲線を提案した．その可能性は水田におけるツマグロヨコバイとキクヅキコモリグモ *Lycosa pseudoannulata* 間の相互作用システムでも示された（Kiritani，1977a）．

現在はニカメイガが全国的に低密度であるため，採集も困難で卵・幼虫の寄生率などの調査もまったく行われていない．そこでニカメイガの1化地帯である青森県黒石市で1957–79年にわたって調べられた，ニカメイガの誘殺数と幼虫寄生蜂による寄生率の資料（土岐ら，1974；土岐，私信）を使って検討した（図6.4；桐谷，2005；第7章の図7.7参照）．1964年までは年間のニカメイガ成虫の誘殺数は1700頭（1957–64年間は2389 ± 615）を超え

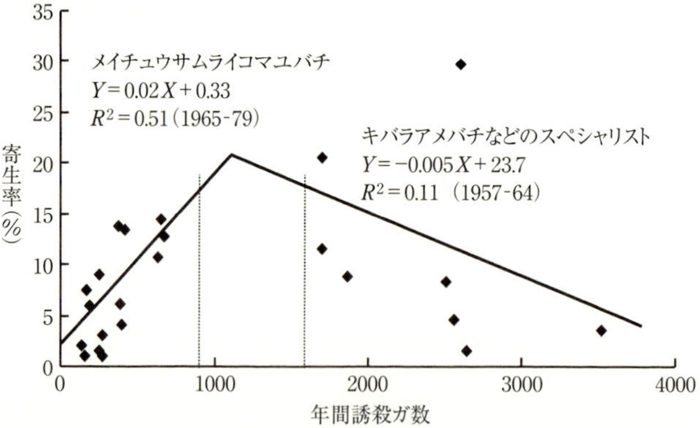

図 6.4　ニカメイガ年間誘殺数と越冬幼虫の捕食寄生性蜂群による寄生率の変化（青森県黒石市）（桐谷，2005 より改変）．

ている．1965 年以降は 700 頭以下で，1965−71 年は 519 ± 151，1971 年以降では 236 ± 88 頭となり，最盛期の 10 分の 1 に減少している．同時に単寄生性で年 1−2 世代の 3 種の種特異的な寄生蜂相が，急激に多食性，多化性，多寄生性のメイチュウサムライコマユバチに変わった．さらにニカメイガの多発期における誘殺数と寄生率の関係は，弱いながらも合計寄生率が密度逆依存的である．寄主範囲の広いメイチュウサムライコマユバチが優占種となった少発生期では，寄生率は密度依存的に変化し密度制御機構が働いていることがうかがえる．

誘殺数で 1700 と 700 頭のあいだに境界領域がみられた．この境界領域を組み入れて出生率（産卵数）と死亡率（寄生率）の関係から描いたニカメイガの仮想的増殖曲線を示した（図 6.5；桐谷，2005）．ここでは高低 2 つの平衡点がみられる．各種の耕種的条件でニカメイガの環境収容力が小さくなって現在の低密度がもたらされている．それが絶滅することなく低密度で存続しているのは，メイチュウサムライコマユバチの働きによると考えられる．おそらく，メイチュウサムライコマユバチはニカメイガの低密度条件では，マコモのメイチュウなどの代替寄主でその個体群を維持し，ニカメイガの密度が上昇すると多寄生性と多化性の特性を生かして即座に密度依存的な数の反応を示すことができると考えられる．

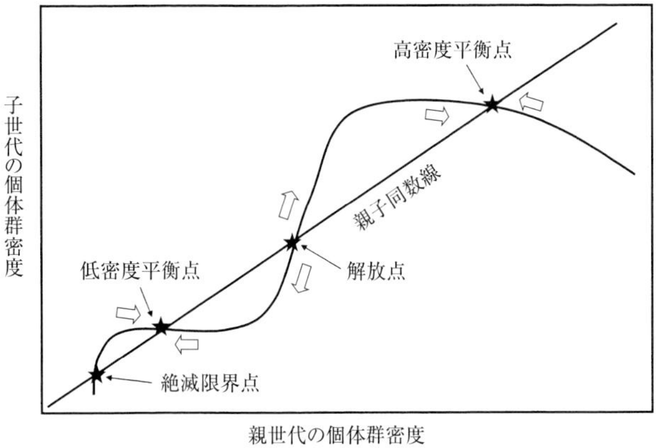

図 6.5 2つの安定平衡点をもつニカメイガの増殖曲線（桐谷, 2005）.

6.3 ニカメイガの未来と教訓

6.3.1 地球温暖化の影響――「サンカメイガ」になるニカメイガ

気候変動に関する政府間パネル（IPCC）によれば，2060 年には CO_2 濃度は現在の 2 倍になると予測されている．このときの日本全体の年平均気温は温暖化前（1952–86 年）に比べ 3℃の上昇が予測される．台湾産の非休眠系統から得た発育ゼロ点（T_0 = 9.3℃）および有効積算温量（K = 859 日度；Tsumuki *et al*., 1994）を用いて，2060 年におけるニカメイガの年間世代数を推定したところ，日本のすべての地域で現在の世代数をほぼ 1 世代ずつ増加することが予想された（山村，2001）．また水戸市における過去 50 年間のニカメイガの年間誘殺数を分析した結果，ある年の誘殺数は前年 11 月からその年の 4 月までの平均温度と有意な正の相関（p = 0.043）を示し，2060 年には温暖化によって誘殺数，すなわち個体群密度が 1.6–1.8 倍に増加すると予測された（Yamamura *et al*., 2006）.

現在，低密度で生息するニカメイガは，温暖化によってその害虫としてのポテンシャルは高まる．他方，夏の低温・多雨がニカメイガの大発生をもたらすため，この場合は地球温暖化はニカメイガにとっては不利に働く．このような正負の気候的影響とニカメイガに有利な飼料作物としての超多収性品種（第10章参照）の栽培などの各種の耕種条件の将来の動向，さらに本種の低密度維持に貢献していると考えられる幼虫捕食性寄生蜂の反応を注意深く見守る必要がある．

6.3.2　戦術的IPMから戦略的IPMへ

われわれはニカメイガの非意図的IPMの成功から多くのことを学ぶこととなった．戦後の「米一俵増産」運動に動員された一連の耕種技術が予想外のニカメイガの低密度化をもたらした．なかでもイネの早植えがその減少開始の動機となり，韓国，台湾，中国でも，日本より数年ないし十数年の遅れをともなって起こっている．また発生ピークから最少になるまで12-14年を要している．大害虫の防除には耕種的な手段と長期的な取り組みが必要なことを教えてくれる．増産技術が必ずしも害虫問題を誘発し重大化するとは限らず，両立する可能性も示された．

IPMの重要な要素として，各種の防除手段の統合的利用，経済的被害許容水準（EIL）の農薬防除への採用（第2章参照），害虫個体群の密度を長期的にEIL以下に維持管理することがある．ニカメイガの生物的防除の試みは成功しなかったが（弥富，1951），ある閾値以下に個体群密度が低下すると，天敵が有効に働くこと，すなわちIPMの耕種的防除手段などの統合的利用の有効性が示された．しかしこれまでのIPMは防除の経済性を重視する個々の圃場を対象とする農薬中心の短期的・局地的な戦術的IPMが主流であった．広域の害虫個体群密度を長期的にEIL以下に制御することを視野に入れた長期的・広域的な戦略的管理の視点に欠けていたことを反省する必要がある．

低密度平衡点から高密度平衡点への移行の要因としては，通常は気候条件が考えられる．ニカメイガの場合は7月の低温・日照不足の気象条件がこれにあたる．しかし現在の耕種条件とニカメイガの低密度では，局地的な多発生があっても，移行領域を越えることはできないと思われる．ただ有力な密度依存的要因である卵寄生蜂や寄主特異的な各種の幼虫寄生蜂が極端に少なくなっているため，いったん越えた場合はシステムとしての復元性が小さい可能性は否めない．地球温暖化はこれを助長する可能性もある．

現在，ニカメイガは地域によっては絶滅が危惧される状況にある．害虫の密度をEIL以下かつ絶滅閾値密度以上に保持管理する総合的生物多様性管理（IBM）（桐谷，1998；Kiritani，2000；桐谷，2004）の視点に立てば，もはや害虫ではないニカメイガの絶滅を防がなくてはならない．そのためには，メイチュウサムライコマユバチの保護を積極的に進めることが必要と思われる．

II

IPMとその展開

7 天敵と生物的防除

広瀬義躬

7.1 天敵の発見と利用の歩み

7.1.1 天敵の発見と利用の時代的背景

どの昆虫にも天敵は存在するが，それらの天敵を発見することは必ずしも容易でない．ニカメイガにも多くの天敵が知られているが，それらの天敵は明治時代から今日まで長い期間に少しずつ発見されてきたものである．一般に昆虫の天敵には微生物はもちろん天敵昆虫でも微小なものが多い．そのため天敵の同定には困難が多く，わが国で昆虫の分類学が未発達であった第2次世界大戦前には，天敵昆虫，とくに寄生蜂の同定の困難さがいかに多くの害虫の天敵の発見を遅らせ，また天敵の利用を阻害したかは明らかである．

一般に昆虫の天敵が発見された歴史的経緯をみると，技術的な進歩によって初めて発見が可能となった天敵がある．そして，新たな天敵の発見が害虫防除への天敵の新たな利用を促進することもある．また天敵の発見や利用の時代的背景としてはたんに技術的な面だけでなく，社会的な状況や世界的な天敵利用の動向なども関係する．

そこで，第1章のニカメイガの研究史と重複する部分もあるが，この章では，まずわが国でのニカメイガの天敵の発見と利用の歩みをたどってみたい．以下，明治–大正期，昭和前期（第2次世界大戦以前），昭和後期（第2次世界大戦後），平成期の4期に分けて述べる．なお，この項で卵寄生蜂の利用についてはごく簡単に述べ，別に項を設けて詳述する．

7.1.2　明治-大正期

今日わが国で知られるニカメイガの天敵のなかで，もっとも早く発見されたのは卵寄生蜂であり，天敵としての利用がもっとも早く提案され，実施されたのも卵寄生蜂であった．それは卵寄生蜂が体長わずか1 mmにもおよばない微小な昆虫にもかかわらず，寄主ニカメイガの卵塊が人の目によく触れるものであり，寄主卵塊から羽化するハチが目撃される機会も自然と多かったためであろう．ニカメイガの卵寄生蜂の存在がいつごろから知られたかは明らかでないが，1898（明治31）年，卵寄生蜂の保護的利用のため，その保護器が公表された以前であったことは確かである．

ニカメイガの卵寄生蜂を初めて記載したのは，1900（明治33）年，当時，東京西ヶ原の農事試験場技手であった中川久知である．彼はこの年に刊行した「本邦産昆虫卵寄生蜂図説　第一集」で，わが国のニカメイガ卵寄生蜂を代表する2種にズイムシアカタマゴバチとズイムシクロタマゴバチという和名を付け（図7.1），その成虫形態を詳細に記載して寄主の種類，国内の分布なども記録した．この図説は収録種数がわずか7種とはいえ，世界初の昆虫卵寄生蜂の図説であり，当時としては高く評価できる出版物であった．しかし，図説は和文で発表されたため，海外に知られることはなく，また一部の種は新種としても記載されたが，上記の卵寄生蜂2種については残念ながら学名の特定までに至らなかった．ズイムシアカタマゴバチは図説刊行の4年後，アメリカのAshmead（1904）により日本産の新種として *Trichogamma japonicum* という現在の学名で記載されたが，その記載でも寄主は種不明の鱗翅目の卵としか記述されなかったのである．一方，ズイムシクロタマゴバ

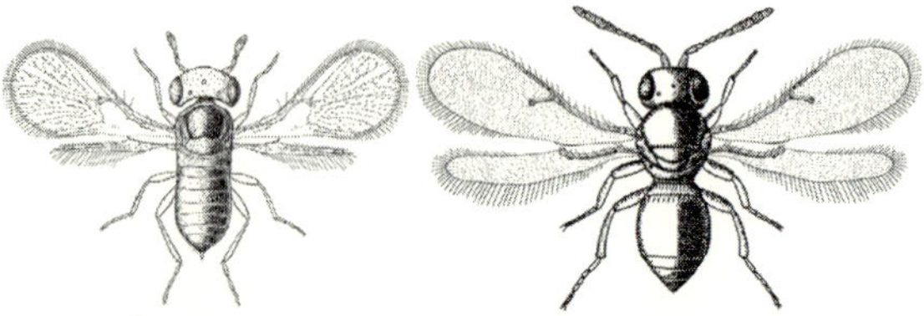

図7.1　ズイムシアカタマゴバチ（左）とズイムシクロタマゴバチ（右）の雌成虫．両種雌成虫の大きさをその平均体長の相対的な大きさとして示す．

図 7.2 ニカメイガ幼虫に産卵中のメイチュウサムライコマユバチの雌成虫（梶田泰司氏提供）.

チの学名はその後，インドネシアからサンカメイガ *Scirpophaga incertulas* の卵寄生蜂として記載された *Phanurus beneficens* として長年，扱われていた．しかし，実際には，この種はズイムシクロタマゴバチとは別の種であり，ズイムシクロタマゴバチは 1925 年にフィリピンから記載された *P. dignus* にほかならぬことが判明すると同時に，その学名も今日，使用される *Telenomus dignus* に改められたのは，中川の図説刊行から 50 年後のことであった（Yasumatsu，1950）.

ニカメイガの幼虫寄生蜂の発見は卵寄生蜂の発見よりやや遅く，1899（明治 32）年に名和昆虫研究所の名和梅吉によって報告されたが，発見されたハチはイネノズイムシ寄生蜂とよばれただけで和名も付けられなかった．しかし，報告に添えられた雌成虫の図とごく簡単な形態の記載から判断し，のちにズイムシキイロコマユバチ *Bracon onukii* とよばれる種であることはほぼ間違いない．この最初の幼虫寄生蜂発見から 13 年後の 1912（明治 45）年，青森県立農事試験場が出版した「青森県に於ける二化螟虫」と題する，当時としては詳細なニカメイガの研究報告書のなかで，幼虫寄生蜂 6 種が新種として記載されたが，この記載の意義は大きかった．なぜなら，これら 6 種にはムナカタコマユバチ *Chelonus munakatae*，メイチュウサムライコマユバチ *Cotesia chilonis*（図 7.2），アオモリコマユバチ *Hygroplitis russata*，キバラアメバチ *Temelucha biguttula*（以上 4 種のうち，ムナカタコマユバチは寄生の最初，ニカメイガ卵に産卵し，厳密には卵・幼虫寄生蜂とすべきものであるが，便宜上，従来どおり幼虫寄生蜂として扱う）などが含まれており，この記載発表によって今日，知られているニカメイガの幼虫寄生蜂主要種が一挙に出そろうことになったからである．ところが，この報告書は執筆者の個人名でなく，青森県立農事試験場という機関名で発表されたため，上記6種のハチの学名で命名者の判定をめぐる混乱が生じ，その混乱が今日まで続いているのは不幸なことである．この論文の執筆者が棟方哲三であったことは，その2年後，彼がほぼ同じ内容の論文を実名で別に発表していることからも明らかである（棟方，1914）．混乱のくわしい経緯は省略するが，誤解しないでほしいのは，この混乱に棟方自身の責任はまったくないことで，報告書の機関名による発表も当時の官僚主義のせいであろう．彼は報告の出版から2年も経たぬうち27歳で夭折するが，彼の記載がなければ，主要な幼虫寄生蜂の存在確認はもっと遅れたと思われる．

ニカメイガの捕食者としてもっとも早く発見されたのも，寄生蜂と同様，卵塊を攻撃するものだった．1898（明治31）年，名和昆虫研究所の名和靖はクビナガゴミムシ *Ophionea indica* がニカメイガ卵の捕食者であることを報告した（名和，1898a）．1913（大正2）年には彼の後継者である名和梅吉がアオバアリガタハネカクシ *Paederus fuscipes* をニカメイガの幼虫，とくに孵化幼虫の有力な捕食者として記録した．名和（1914）はまた，セスジマキバサシガメ *Nabis ferus* をヒゲボソサシガメの名で記録し，幼虫捕食者として，その保護の重要性を指摘している．その後，名和（1917）はアオゴミムシ *Chlaenius pallipes*，スジアオゴミムシ *C. costiger*，セアカゴミムシ *Calathus helensis* などオサムシ科の6種をニカメイガ幼虫の捕食者として保護すべきであると主張した．したがって，大正年間にはニカメイガ幼虫の天敵として種々の捕食性昆虫の存在が認識され始めていたといえよう．

ニカメイガの病原微生物の存在は1919（大正8）年，福岡県立農事試験場の吉田末彦の先駆的な研究によって初めて認識された（吉田，1919）．彼は福岡県下で病原微生物によるニカメイガの病気には3種類あるといい，それぞれ黄きょう病菌，*Aspergillus* sp.，病原不明のもの，が原因であるとして，黄きょう病菌についてはくわしく報告したが，種の特定には至っていない．彼の報告の翌年，愛媛県立農事試験場の桜井（1920）は，イネの藁積から羽化したニカメイガの成虫と藁の内部で死亡した幼虫のなかに白きょう病菌（学名については後述）に侵されたごく少数の個体を観察したことを報告した．このように，ニカメイガの病原微生物のうち，糸状菌の存在は大正年間にようやく知られることとなった．

7.1.3 昭和前期（第2次世界大戦以前）

害虫の生物的防除で害虫の原産地など海外から天敵を導入して放飼し，永続的効果を期待する，いわゆる導入天敵の永続的利用は当時，海外で大きな成果を上げていた．日本でも1925（大正14）年，中国から導入されたシルベストリコバチ *Encarsia smithi* によるミカントゲコナジラミ *Aleurocanthus spiniferus* の防除の成功によって，ニカメイガの防除に，この方式の天敵利用を試みる気運が急速に生まれたようである．そこで，当時，農林省農事試験場に所属し，シルベストリコバチの導入にも関与していた石井悌は1929（昭和4）年にフィリピンへ派遣され，ニカメイガの天敵を探索した．彼はルソン島でニカメイガ卵に寄生していたタマゴコバチ属 *Trichogramma* の1種を発見，生きたハチを日本にもち帰った．このハチは石井小蜂とよばれ，その後，増殖されて日本国内で放飼されたが，その放飼は失敗に終わった（渋谷・山下, 1936；この利用の詳細は別項で述べる）．石井は後年，日本産のタマゴコバチ属の分類を総括する論文を発表し（Ishii, 1941），そのなかで石井小蜂を *Trichogramma chilonis* という新種として記載したが，その論文で彼はこの種が土着種として日本に以前からいた種であることに気づいたと述べている．タマゴコバチ属の種はすべて昆虫，とくに鱗翅目の卵寄生蜂であるが，この属は形態による種の分類が特別に困難で，当時，世界的にもその分類は混乱していた．上記の石井の論文は当時，世界的にもほとんど行われていなかった雄交尾器の形態にもとづく分類を試みたもので，意欲的な先行研究としてたいへん注目すべきものであった．しかし，後年，雄交尾器の形態的特徴によって世界のタマゴコバチ属の一部既知種の再記載を試みたNagarkatti and Nagaraja（1971）が述べたように，雄交尾器を描いた石井の論文の図には，重要な種間差が明確に示されていない，など重大な欠陥があり，残念ながら今日，彼の論文の利用価値は低い．石井はこの論文の発表の3年前，ニカメイガ卵に寄生する種として

T. australicum（原文では *T. austricum*）を初めて日本から記録し（石井，1938），この種が岩手県と新潟県のニカメイガ卵から採集されたことを1941年発表の前記の論文でも報告した（Ishii，1941）．Nagarkatti and Nagaraja（1971）はこの種を日本産の種として認め，オーストラリアや日本を含む東洋に広く分布する種としたが，*T. chilonis* として記載された石井小蜂の存在は無視した．しかし，1979年になって彼らは1971年に彼らが *T. australicum* とした種を *T. chilonis* と扱うことが正しいと結論した（Nagarkatti and Nagaraja，1979）．今日では石井小蜂は *T. chilonis* としてインドから東南アジアを経て日本にまで広く分布する種であり，以前から当時，日本統治下の台湾でサトウキビ害虫の卵に寄生しメアカタマゴバチの名前でよばれていたものと同種だと認められている．Pinto *et al.*（1982）が指摘しているように，*T. australicum* はもともとオーストラリアから記載された種で，その分布はオーストラリア地域に限定される．では，石井が日本のニカメイガの卵寄生蜂として *T. chilonis* と区別し *T. australicum* と同定していた種の正体はなにであろうか．石井が所蔵していた標本も調べられたが，いまのところ，その正体はまったく不明である．

メアカタマゴバチの利用が失敗に終わった後，引き続きズイムシアカタマゴバチの生物農薬的利用の研究が着手されたが，その詳細についても別項に譲る．

石井はメアカタマゴバチを採集したフィリピンで，同時にニカメイガ幼虫から採集したコマユバチ科の *Spathius helle*（当時は *S. fuscipennis* と誤同定）を日本にもち帰り，増殖したハチを3年後の1932（昭和7）年に神奈川県で，1933年には愛知県で放飼したが，この幼虫寄生蜂は定着せず，利用は失敗に終わった（石井・水谷，1934；Ishii，1953）．

1930–40年，ニカメイガの天敵研究は活発で，相次ぐ新しい天敵の発見があった．1930（昭和5）年，静岡県沼津市の郊外でニカメイガ幼虫から採集された線虫はズイムシヘンチュウ *Amphimermis zuimushi* という新種として記載されたが（Kaburaki and Imamura，1932），この寄生虫は成虫が水田土壌中に生息して産卵，孵化幼虫が寄主幼虫に寄生して発育する異色の天敵である（今村，1932）．ほぼ同じころ，ムクドリの食性調査で，この鳥がニカメイガ幼虫をかなり捕食することが判明し（小島，1929），トノサマガエルなどカエル類によるニカメイガ成虫の捕食も観察された（岡田ら，1934）．また，注目すべきは名和（1941）によるニカメイガの捕食者としてのクサキリ *Ruspolia lineosa* の発見であろう．それまでクサキリはイネの害虫として記録されていたが，イネの茎を齧るのは，その内部にいるニカメイガ幼虫を捕食するためで，イネの被害は無視できるという．後年，ササキリ類がニカメイガ卵の捕食者であることも判明したが（野里・桐谷，1976；Koyama，1977），クサキリ類やササキリ類はイネの害虫ではなく，ニカメイガの天敵として認識する必要がある．

7.1.4　昭和後期（第2次世界大戦後）

第2次世界大戦とその直後の混乱で一時中断していたニカメイガの天敵の研究が再開されたころ，ニカメイガの捕食者として新たに発見されたのはズイムシハナカメムシ *Lyctocoris beneficus* である（図7.3）．1951（昭和26）年，佐賀県全域でのニカメイガの大発生は，県内にある板紙工場の原料用巨大藁積がニカメイガ越冬世代の発生源であるとして，周囲の町村から問題にされ，佐賀県農業試験場の於保信彦が現地で調査した際に発見したのが，この天敵であった（於保，1954）．ズイムシハナカメムシは当初 *Euspudaeus*

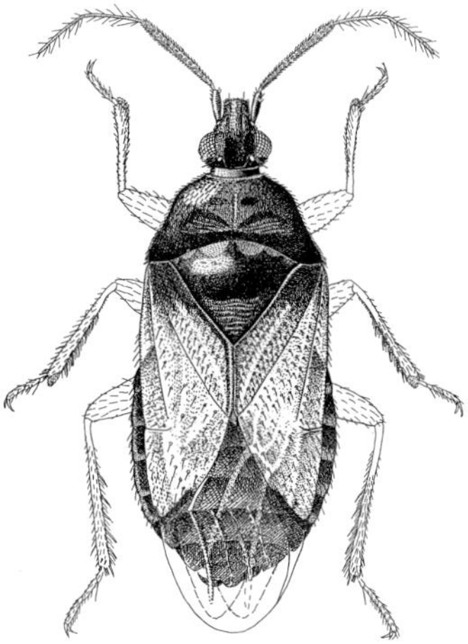

図7.3　ズイムシハナカメムシの成虫
（日浦，1957）．

sp. として報告され，のち新種として *E. beneficus* の名で記載されたが（日浦，1957），その後，現在の学名に落ち着いた．このハナカメムシの発見当初はニカメイガの羽化成虫に対する捕食が注目されたが（於保，1954），その後の研究では，成虫より幼虫の捕食者として位置づけられている（於保，1955；Chu，1969）．この天敵の発見までニカメイガの捕食者の記録場所はイネ生育期の水田に限定されていたが，板紙工場に限らずイネの収穫後の水田にも藁積は存在し，そこにニカメイガは越冬するのであって，そのようなニカメイガの特異な生息場所で捕食性天敵の存在を確認したことにズイムシハナカメムシ発見の意義があった．なお，その後，類似の捕食者としてアシブトハナカメムシ *Xylocoris galactinus*（安永［2001］によれば，過去，日本で *X. galactinus* とされてきたものはクロアシブトハナカメムシ *X. hiurai* であるという）の存在も報告された（Chu，1969）．

すでに大正期，吉田によって先鞭をつけられていたニカメイガの病原微生物としての糸状菌の研究は，福岡県農業試験場の立石碧らによって継承された．彼らの研究結果は1951（昭和26）年から1958（昭和33）年につぎつぎと発表されたが，最終的には黄きょう病菌（学名については後述），赤きょう病菌 *Paecilomyces fumosoroseus*，*Hirsutella* sp.，緑きょう病菌 *Nomuraea rileyi*，*Sterigmatocystes* sp. の5種が特定された（立石・村田，1958）．このうち，*Hirsutella* sp. はのちに鮎沢（1966）によって報告された *H.*

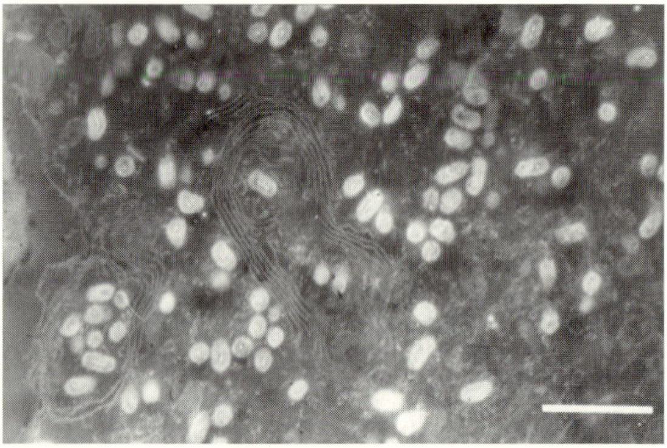

図 7.4　ニカメイガ顆粒病ウイルスの封入体（河原畑勇氏提供）．図中のスケールは1 *μm*.

*satumaensis*であったかもしれない．一方，病原微生物としてのニカメイガのウイルスの発見も第2次世界大戦後の電子顕微鏡の発達によって容易となり，顆粒病ウイルス（図7.4；Aizawa and Nakazato, 1963；Steinhaus and Marsh, 1962），虹色ウイルス（Fukaya and Nasu, 1966）の発見が相次いだ．さらに，その後，核多角体病ウイルス（Martignoni and Iwai, 1981）も発見された．

7.1.5　平成期

1990年代，平成に入ると，ニカメイガの発生はますます少なく，その天敵を研究しようとしても，その材料の入手に事欠くようになり，ニカメイガの新しい天敵の発見も望めなければ，天敵を利用してニカメイガを防除する動機さえ失われる時代となった．しかし，1998（平成10）年，平井一男とウクライナの研究者Fursovにより日本産タマゴコバチ属の新種として記載された*Trichogramma yawarae*は，ニカメイガの新しい卵寄生蜂として注目されるものであった．彼らが記載に用いたのはヨトウガ卵を寄主とし室内で飼育した個体であったが，それは茨城県谷和原村の水田でニカメイガの卵塊から採集された個体に由来していたからであった（Hirai and Fursov, 1998）．この記載発表は記載が不十分なだけでなく，発表直後にタイプ標本が紛失するなど，問題の多いものであったが，ニカメイガの第4番目の卵寄生蜂の発見としての意義はある．この卵寄生蜂の発見によって生じた1つの問題は，生理・生態などの過去の研究においてズイムシアカタマゴバチとして扱われたデータの信憑性であろう．メアカタマゴバチは黄色味の強い体色で，外見から容易にズイムシアカタマゴバチと区別できる場合が多く，日高（1965）が後者の黄系統とよんだものも，おそらく前者であろうが，過去の研究でハチの体色によって種が同定された場合，*T. yawarae*がズイムシアカタマゴバチと混同されてきた可能性は高い．

7.2　主要天敵の生態と評価

7.2.1　寄生蜂

1つの地域で1種の昆虫に多数の種の寄生蜂が記録されることはめずらしくないが，ニカメイガの場合，日本に限っても卵寄生蜂は4種，幼虫寄生蜂は15種，蛹寄生蜂は1種，合計20種が記録され（Watanabe，1966b ほか），そのうち主要な種は，表7.1に寄生特性を示した卵寄生蜂2種と幼虫寄生蜂5種の計7種である．これらの種について以下，その生態と天敵としての評価を述べるが，種によってはまだ不明な点が多い．

卵寄生蜂

ズイムシアカタマゴバチとズイムシクロタマゴバチ（以下，この項では両種をそれぞれ，アカ，クロとよぶ）の2種が主要な卵寄生蜂で，両種とも単寄生であるが，アカは多寄生になる場合がある（詳細は後述）．クロのニカ

表7.1　日本におけるニカメイガの主要寄生蜂の寄生特性．年間世代数はニカメイガの2化地帯のものであるが，場所によっても異なることに注意．

寄生蜂の種類	産卵する寄主発育ステージ	発育する寄主発育ステージ	寄生様式	年間世代数	代替寄主
ズイムシアカタマゴバチ	卵	卵	原則として単寄生	15–16世代[1]	フタオビコヤガ[2]，サンカメイガ[2]，イネタテハマキ[2]，イチモンジセセリ[2]，ウラナミシジミ[2]，ヒゲナガヤチバエ[3]
ズイムシクロタマゴバチ	卵	卵	単寄生	8–9世代[1]	
ムナカタコマユバチ	卵[4]	幼虫	単寄生	2世代[4]	
メイチュウサムライコマユバチ	幼虫	幼虫(3–4齢)[5]	多寄生	4–5世代[6]	ヨシツトガ[5]
ズイムシキイロコマユバチ	幼虫	幼虫	多寄生	4–5世代[7]	イネヨトウ[8]，フタオビコヤガ[8]
アオモリコマユバチ	幼虫	幼虫	単寄生	2世代[9]	
キバラアメバチ	幼虫	幼虫	単寄生	2世代[10]	コブノメイガ[11]

1：岡田ら（1934），2：南川（1964），3：永富・櫛下町（1965），4：牧（1930），5：Kajita and Drake（1969），6：今村ら（1974），7：Yasumatsu（1967），8：Watanabe（1966a），9：日高（1965），10：立石・行徳（1953），11：酒井ら（1942）．

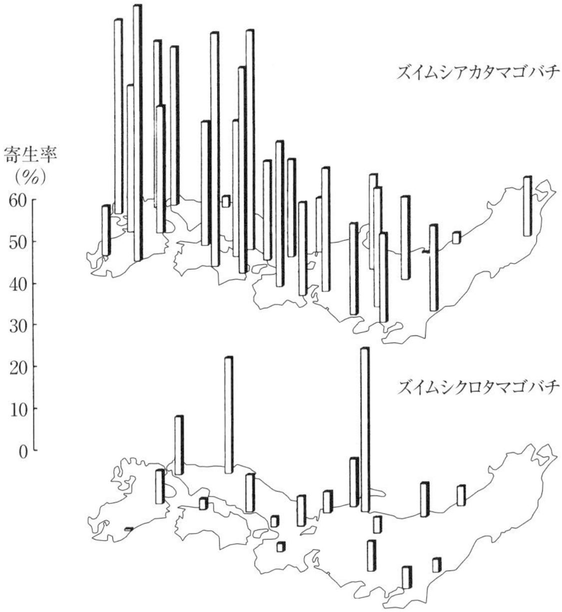

図 7.5　ズイムシアカタマゴバチとズイムシクロタマゴバチの国内分布（宮下，1982 のデータから描く）．

メイガ以外の寄主はわが国では知られておらず，ニカメイガに依存し生活環を維持するが，アカの寄主範囲は広く，わが国だけでニカメイガ以外に水田に生息する 5 種の鱗翅目と 1 種の双翅目の寄主が報告されている（表 7.1）．両種とも日本国内に広く分布するが，アカは山陽および四国地方で寄生率が高く，クロは山陰および北陸地方で寄生率が高い（図 7.5）．この理由はよくわかっていないが，渋谷（1938）は全国的にアカの寄生率を調査し，年平均の気温と湿度の組み合わせが寄生率と密接に関係することを報告しており，少なくともアカでは，なんらかのかたちで気候要因がその分布に関与している可能性はある．

アカの場合，寄生率の季節的な変化は苗代期については繰り返し調査されてよくわかっており（たとえば，深谷，1941），寄生率は寄主密度の低い初期には低いが，以後，寄主密度の上昇とともに増加し，苗代末期には 40％以上に達するのが普通である．この寄生率の増加はアカの 1 世代（25℃で 9

日）が短く世代を繰り返し増殖するためで，アカより1世代（25℃で16日）が長いクロでは寄生率が一時は増加するが，その後は減少傾向を示す（岡田・牧，1934）．本田移植後は一時，両種の寄生率は低下するが，アカの寄生率はその後，回復するという．ニカメイガは第1世代より第2世代で密度が低いため，後者でアカの寄生率は低下するという報告がある一方（園山，1939），普通の年では両寄主世代の寄生率に大差なく，通年でも最高72%の寄生率を示し，アカによるニカメイガの繁殖抑圧を強調する別の報告もある（弥富，1955）．なお，アカとクロの種間関係は興味をひくが，この関連ではアカとクロで1つの寄主卵塊中での寄生の様式に大きな違いがあることは興味深い（大竹，1955）．アカでは卵塊のサイズ（総卵数）にかかわりなく最大30卵ほどにしか寄生しないのに対し，クロの被寄生卵数は，同一卵塊サイズで大きな変異はあるものの，卵塊サイズとともに増加する傾向を示す（図7.6）．

幼虫寄生蜂

日本での主要な幼虫寄生蜂5種の寄生特性は表7.1に示したとおりであるが，ほかの生態的諸特性については，5種のうちメイチュウサムライコマユバチ以外の種はほとんどわかっていない．それはニカメイガの幼虫寄生蜂の生態について日本で本格的な研究が開始された1960年前後から他4種の幼虫寄生蜂の個体数が減少し，それらは研究対象になりにくかったためであろう．実際，メイチュウサムライコマユバチによるほかの主要4種の置き換わりが，西日本では1950年代後半に，東日本では1960年代前半に起こっている（桐谷，1975）．具体的な例で示すと，東日本の青森県でその置き換わりが観察された（図7.7）．すなわち，1963年ごろまでは寄生蜂の種類構成はキバラアメバチ，ムナカタコマユバチ，アオモリコマユバチの3種で構成され，1957年はキバラアメバチ，1958–62年はムナカタコマユバチ，1963年にはアオモリコマユバチと優占種は徐々に変化したが，1964年からはそれまでまったく越冬幼虫に対する寄生を認めなかったメイチュウサムライコマユバチ1種に変わった．

これはニカメイガの1化地帯での観察だが，同様なメイチュウサムライコマユバチによる置き換わりはニカメイガの2化地帯である福井県（今村ら，

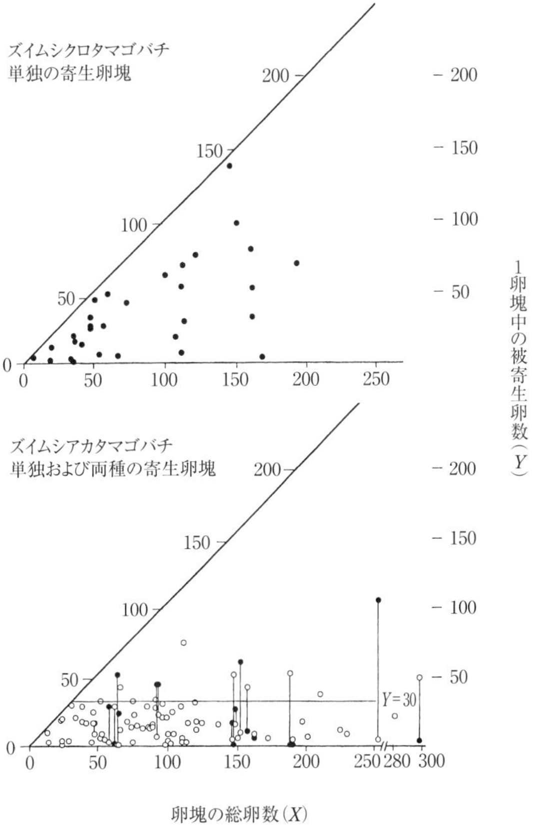

図 7.6　ニカメイガの卵塊内でのズイムシアカタマゴバチとズイムシクロタマゴバチの寄生様式（大竹，1955 より改変）．白丸はズイムシアカタマゴバチの寄生卵塊，黒丸はズイムシクロタマゴバチの寄生卵塊，両種が寄生した卵塊は直線でつないで示す．ズイムシクロタマゴバチ単独の寄生卵塊では，大竹（1955）は統計的検定を行っていないが，卵塊のサイズ（X）に対する寄生率（Y/X）の過分散付きロジスティック回帰を求めると，回帰の傾きは有意でない（$p>0.631$）．したがって，この場合には，1 卵あたり寄生率は卵塊サイズに無関係に一定であり，その結果として，寄生された卵の総数は卵塊サイズに比例して増加する傾向があるといえる．

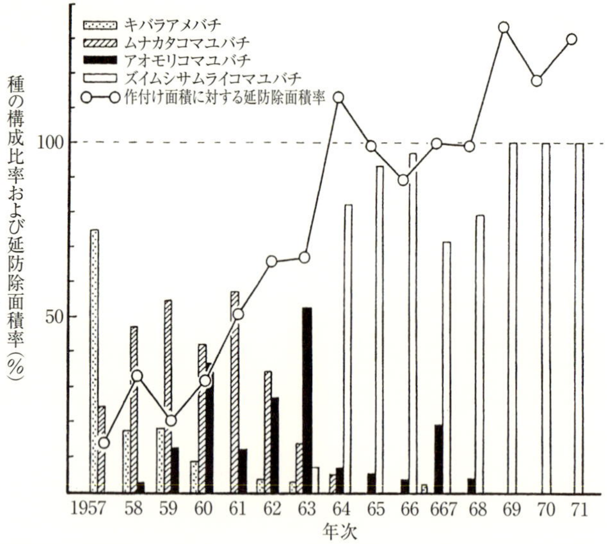

図7.7　青森県におけるニカメイガ越冬幼虫の寄生蜂の年次的変遷（土岐ら，1974）.

1974）や福岡県（行徳，1960）でも観察され，その時期は福井県では青森県とほぼ同じ，福岡県では青森県より数年だけ先行していた．この置き換わりには，農薬散布の影響が最大と考えられ，青森県の場合，メイチュウサムライコマユバチ1種に変化した1964年にはニカメイガに対する防除面積率が著しく増加し，散布回数が2回になったためである（図7.7）．土岐ら（1974）は2回目の農薬散布がメイチュウサムライコマユバチ以外の寄生蜂の寄生活動を抑制し，さらにフタオビコヤガ *Naranga aenescens* の第3世代の幼虫をも併殺して，この寄主に寄生していたメイチュウサムライコマユバチの寄主転換を招く結果になったと推論したが，このハチはフタオビコヤガには寄生しないので，寄主転換の推論は正しくない．今村・山崎（1973）によると，福井県ではニカメイガ防除を主体に農薬散布をした場合，イネドロオイムシ *Oulema oryzae* とニカメイガ第1,2世代の防除適期はメイチュウサムライコマユバチの成虫期をいずれも回避し，農薬散布の悪影響はなかったという．この寄生蜂が年4,5世代と顕著な多化性を示して増殖力が高いため，多少，農薬散布の悪影響を受けたとしても，年2世代の寄生蜂の種より個体群を回復しやすい可能性はある．なお，この種の寄生率の変動については第6章にも詳述されている．

キバラアメバチにはニカメイガ以外の寄主としてコブノメイガ *Cnaphalocrocis medinalis* が知られているが（表7.1），基本的にはニカメイガに依存して世代を経過し年2世代であり，ニカメイガとほぼ同調した発生を示す（立石・行徳，1953；牧ら，1956）．ムナカタコマユバチやアオモリコマユバチもニカメイガ以外の寄主は知られておらず，これら3種が年2世代で増殖力が低く，農薬散布を含む環境の攪乱に弱いことは考えられる．

7.2.2 捕食者

ニカメイガの3化地帯で卵のササキリ類による捕食率は15–48%（野里・桐谷，1976），ニカメイガの2化地帯で第2世代卵のヒメクサキリ *Homorocoryphus jezoensis* による捕食率は14%であった（Koyama，1977）．卵寄生蜂の密度が低下した状況下では，これらの天敵の働きが注目される．

水田に生息するオサムシ類はニカメイガの，とくに幼虫の捕食者として重要な天敵と考えられるが（名和，1917；土生・貞永，1962；日高，1965），残念なことに，その捕食程度を調べた研究はほとんどない．ニカメイガ第1世代でヤマトトックリゴミムシ *Lachnocrepis japonica* が5–6齢の幼虫と蛹を捕食し，捕食による蛹の死亡率は16.2%という記録はある（Koyama，1977）．

ニカメイガの捕食者としてのズイムシハナカメムシとアシブトハナカメムシの評価については，Chu（1969）がおもに室内実験によりくわしく検討した．室内実験の結果，彼が得た成虫1頭のおおよその日あたり捕食量は前者で0.32頭，後者で0.24頭であったが，彼はこの値が捕食者や餌の密度などで変動するもので，於保（1954）が報告したズイムシハナカメムシの捕食によるニカメイガの死亡率が90%にも達するような状況は特別な場合であろうとしている．このハナカメムシが藁積では有力な捕食性天敵であることは間違いないが，藁積があまりみられない最近の状況では，その有効性は発揮されない可能性がある．

ムクドリは雑食性であるが，その食餌中，昆虫はもっとも重要で，愛知県での冬季の食餌調査では胃内容物のほとんどをニカメイガ幼虫が占めていた（深谷，1950a）．また小島（1929）の胃内容物の調査でも，鱗翅目中，ニカメイガ幼虫がもっとも多く，6胃から計218頭，1胃から最多で76頭が検出され，秋冬季に水田の切株中のニカメイガ幼虫を捕食する天敵としてムクドリは注目してよい．

7.2.3　病原微生物

ニカメイガの越冬幼虫の死亡要因を福岡県下で8年間にわたり調査した行徳（1960）によれば，死亡個体の90.7%が寄生菌や原因不明のもので，ニカメイガ越冬世代の成虫発生量におよぼす最大の環境抵抗は寄生菌であり，なかでもそのほとんどが黄きょう病菌であった．立石・村田（1958）も福岡地方で見出された寄生菌はほとんどが越冬幼虫からのもので，そのなかでも黄きょう病菌が最多で，病原性も最強であったと報告している．また，ニカメイガ越冬世代に白きょう病菌がよく発生し高率の幼虫死亡が起きるという記述もある（たとえば，深谷，1950a）．これら過去に黄きょう病菌といわれた菌と白きょう病菌といわれた菌のいずれも現在では *Beauveria bassiana* と考えられており（青木，1971；青木ら，1975），*B. bassiana* がニカメイガ越冬幼虫の有力な天敵であることは間違いない．この菌が室内実験でニカメイガ幼虫に対し高い殺虫力をもつことから，菌を室内で増殖し野外に散布して生物農薬的に利用できる可能性は高い（伊藤ら，1994）．

ニカメイガ幼虫のウイルスのうち，顆粒病ウイルスについてはおもに経口感染し，感染後，病徴発現までの潜伏期間なども判明しており，人為的に増殖して野外で散布し，ニカメイガ幼虫の防除に利用できる可能性も示唆されているが，実用的な感染率を得る散布濃度から判断すると実用性に乏しいという（岡田・後藤，2004）．虹色ウイルスについては，発見後，寄主範囲や感染病理など生理・生化学的研究は広範に行われたが（大庭，1984），野外での自然感染率は低いようで（深谷，1968），天敵としての評価は低い．

ニカメイガ越冬世代の沼津市での5年にわたる調査では，ズイムシシヘンチュウの寄生率は5%の年を除くと54–77%もの高率であったが，ニカメイガ第1世代の寄生は認められなかった（弥富・山田，1938）．この線虫は土壌条件による局地的な天敵だが，特定の場所ではニカメイガ越冬世代の天敵として無視できない．

7.3　卵寄生蜂による生物的防除

7.3.1　永続的利用

すでに述べたように，1929（昭和 4）年にフィリピンから導入されたメアカタマゴバチは静岡県立農事試験場で増殖され，1931（昭和 6）年には山口県の 1 カ所，1932 年には愛知県の 2 カ所と静岡県の 2 カ所，1933 年には静岡県の 2 カ所と長崎県の 1 カ所で放飼試験が行われた．その結果，ほとんどの試験でメアカタマゴバチの寄生率はズイムシアカタマゴバチのそれをはるかに下回り，放飼は失敗に終った（渋谷・山下，1936）．利用が失敗した最大の理由は，さきに述べたように，海外から導入したはずのメアカタマゴバチがじつは日本土着の種であり，しかも日本での本来の生息場所が水田ではなく畑地であることにあった．タマゴコバチ属の種は寄主範囲の広いものが多いが，各種が好む生息場所が異なることは Flanders（1937）も指摘しており，上記 2 種を含む日本産のタマゴコバチ属 4 種にも生息場所の種特異性が認められる（Hirose，1994）．また，導入天敵の永続的利用は侵入害虫を対象に行うと成功率が高いことも今日では経験的によく知られており，土着害虫であるニカメイガに対し，この方式の天敵利用を適用したことも不適切であった．

7.3.2　生物農薬的利用

1930 年前後，タマゴコバチ属の卵寄生蜂が貯穀害虫のバクガ *Sitotroga cerealella* などの卵で容易に大量増殖できることが知られると，たちまちこの属のハチの放飼は世界的流行となった．農林省の委託を受けてメアカタマゴバチの利用研究を行った静岡県立農事試験場が，続いてズイムシアカタマゴバチの利用研究を開始したのは 1934（昭和 9）年からで，当初は渋谷正健が担当したが，1937（昭和 12）年以降は弥富喜三に引き継がれた．このズイムシアカタマゴバチの利用研究は，結果的には今日でいう天敵の生物農薬的利用の可能性を検証することにもなった．渋谷と弥富の研究成果は弥富（1943）と渋谷・弥富（1950）にまとめて報告されているが，1935（昭和 10）年から開始されたハチの放飼試験のうち，1937 年から 1940 年までの放

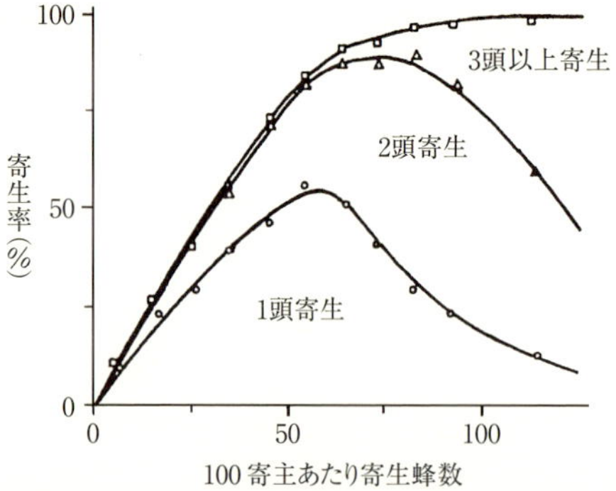

図 7.8　ニカメイガ卵に寄生したズイムシアカタマゴバチの寄主あたりの寄生蜂数と寄生率の関係（弥富，1943 より改変）.

飼試験の結果とこのハチの生態的諸特性についての実験的・理論的研究を詳述した弥富（1943）の報告が，以下に述べるように注目される.

彼の研究結果を詳細に述べるにはとうてい紙数は足りないが，要約すれば，ズイムシアカタマゴバチを大量に放飼しても放飼の効果は一時的であり，その効果を持続し，また寄生率を高めようとして大量に放飼すれば過寄生が起こるので，たえず補給のために放飼が必要となり，現実的には防除の成功達成は困難であるというものである．ニカメイガ卵にこのハチが寄生する場合，寄主あたりのハチ密度が低いと単寄生が一般的であるが，寄主あたりのハチ密度が高いと2頭寄生や，さらには3頭以上の寄生も起こり，いわゆる多寄生の頻度が高くなる（図 7.8）．多寄生の程度が高まると，次代のハチは体が小さくなり，産卵能力の劣った個体も増え，発育途中で死亡する個体や羽化しても翅が伸びず飛べない個体も出現する．これが，いわゆる過寄生の状態で，このようなハチ個体群への悪影響を過寄生効果という．過寄生はズイムシアカタマゴバチの生物農薬的利用の成功が困難な理由としては，かなり説得力のある説明である．しかし，弥富（1943）の論文は和文で書かれ，その後に似た内容を述べた彼の英文摘要つきの和文論文（弥富，1950）も英文論文（Iyatomi，1958）も，発表した掲載誌の関係などもあって実際には海外にほとんど知られていない．事実，世界的なタマゴコバチ属の生物農薬的利用についての総説で，古くは Stinner（1977），近年では Smith

(1996) や Thomson *et al.* (2003) でも弥富の研究はまったく引用されなかった．Smith の総説でも過寄生が問題として論じられるのは，室内でハチを大量増殖する際に過寄生が起きないように注意する，ということだけである．タマゴコバチ属の生物農薬的利用において過寄生が海外で問題とされないのは，過寄生が問題にならない程度の個体数のハチを適切な間隔で繰り返し放飼して実際に成功する場合があるためだと考えられる．たとえばズイムシアカタマゴバチでも，弥富（1943）の放飼試験よりも少ない放飼数で 90%近い寄生率を達成し，ニカメイガの被害を 80%減少させた中国での実例もある（Li, 1994）．実際，実用上の観点からすれば，弥富（1943）の放飼試験でのハチの放飼数は過剰であった点に問題があるようだ．なぜなら，この放飼試験は 1 a の苗代に毎日 5000 - 10 万頭のハチを 20 日間，また同面積の本田に毎日 10 万 - 100 万頭のハチを 15 - 16 日間，連日放飼し続けたもので，1 ha 換算では放飼したハチの総数は苗代で 1000 万 - 2 億頭，本田で 1600 万 - 1 億 6000 万頭もの莫大な数に上る．この値は海外で実施されたタマゴコバチ属の多くの放飼試験のハチの総放飼数に比較して 1 桁も 2 桁も高く（Smith, 1996），必要以上に過剰なハチの連日放飼の結果，過寄生効果を生ずる試験結果となった可能性がある．ともあれ，タマゴコバチ属の生物農薬的利用の成功が非常に困難なことは事実である．1920 年代からこの生物農薬的利用の萌芽があり，すでに 100 年近くを経過して，一部の種は販売され世界的にも広く利用されているにもかかわらず，天敵として商業的に明らかな成功とされているのは，トウモロコシを加害するアワノメイガ属 *Ostrinia* の害虫などごくわずかの種の防除に利用された場合にすぎない（Smith, 1996）．

なお，ほとんど知られていないが，わが国での卵寄生蜂によるニカメイガの生物的防除の研究で，静岡県立農事試験場の幅野三津平（旧姓，金子）の功績は特筆されるべきであろう．木下・深谷（1941）も指摘したように，世界に先駆けて貯穀害虫によるタマゴコバチ属卵寄生蜂の大量増殖を試みたのは幅野であり，彼は 1925（大正 14）年に当時はコナマダラメイガとよばれたスジマダラメイガ *Cadra cautella* を用いて試験を実施した．貯穀害虫のバクガを用いてこの属のハチの大量増殖を試みた Flanders（1930）が研究に着手したのは 1926 年というのに，この年すでに幅野は簡単ながら報告を発表していた．ただし，この報告は 1926 年と 1927 年に静岡県立農事試験場業務報告という出版物に機関名でしか発表されなかった（静岡県立農業試験場，1926a，1926b，1927a，1927b）．しかし，彼が実名で発表した論文をみれば（金子，1924），彼が 1921（大正 10）年以来，農商務省に委託されてタマゴコバチ属卵寄生蜂の研究を続け，日本では最初の天敵の野外放飼や大量増殖を試みていたことは明らかである．後年，静岡県立農事試験場で彼の後継者が行ったメアカタマゴバチやズイムシアカタマゴバチの放飼試験も，彼の先行研究なしには実行できなかったと思われる．

7.3.3　保護的利用

野外の害虫に対し自然に起こっている天敵の働きを人間が手を貸してさらに強化しようとする天敵の保護的利用は，これまで述べた卵寄生蜂によるニカメイガの生物的防除の 3 つのタイプの天敵利用中，もっとも早く提案され，また実施されたが，この利用の中心となったのは卵寄生蜂の保護器であった．この保護器が 1898（明治 31）年に向坂幾三郎，嶺要一郎，名和靖の 3 名により独立に考案し発表され，しかも前 2 者がともに福岡県人であったという事実にはまったく驚くほかはない．ただ，彼らの保護器の基本的構造は共通で，2 重の容器の内側に採集したニカメイガの卵塊を保存し，羽化した卵寄生蜂は自由に脱出できるが，ニカメイガの孵化幼虫は外側の容器に入っている水と油に落ちて死ぬ仕組みであり，その後もいろいろと改良は加えられたようである（図 7.9）．この保護的利用がわが国で実施された地域の範囲や期間は不明であるが，1901（明治 34）年以降，各県の試験場から出版された報告や防除要覧に保護器使用の説明があり，1921（大正 10）年の農商務省農務局によるニカメイガ駆除予防奨励指針にも保護器の紹介とその普及についての細かな注意もあって，一時期は政府も奨励し，地方でも普及していたらしい．福岡県では 1926（大正 15）年から 1930（昭和 5）年までの小学生なども動員してのニカメイガの採卵作業で毎年，福岡式改良保護器と指定したものを 6000−8000 台使用した記録がある（福岡県内務部，1932）．しかし，保護器の防除効果の試験結果は，保護区（保護器の設置区）が採卵区や放任区より寄生率が平均約 20% 高く，保護区から 24 m 以内では寄生率を約 10% 高める効果があった程度で（岡田ら，1934），驚くほどの効果ではない．この保護的利用の1つの問題は，ムナカタコマユバチが天敵として活躍する地域では採集したニカメイガ卵を保護器に入れ卵寄生蜂を保護しても，採集卵に産まれていたムナカタコマユバチの卵を殺す結果，この幼虫寄生蜂の活動を抑制する可能性である．実際，1930年代の三重県松坂市では例年，ムナカタコマユバチの活動がめざましく，1932（昭和7）年には前年のニカメイガの大発生の結果，ニカメイガ第1世代の卵密度は高かったが，ムナカタコマユバチの活躍により，その後の被害は少なかったという（村田，1939）．

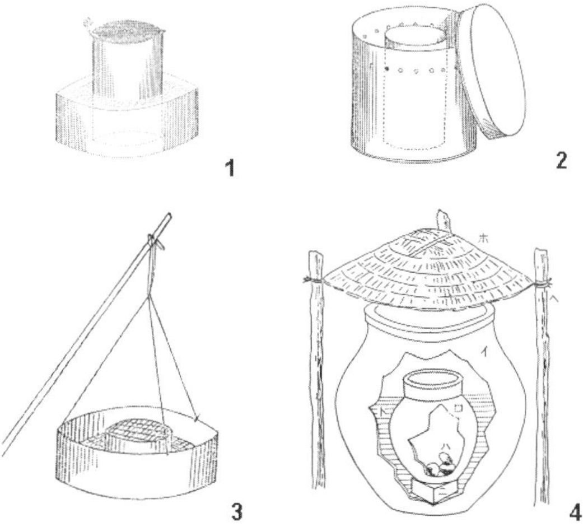

図 7.9　卵寄生蜂の保護器のいろいろ（本文も参照のこと）．1は向坂（1898）が考案したと同じタイプと思われるもの（佐藤，1899）．2は嶺（1898）が考案したもの．3は名和（1898b）が考案したものを多少，改良したと思われる保護器を使用中の状態で示す（山形県農事試験場，1902）．4は岡田ら（1934）が卵寄生蜂の保護効果の試験に使用したもので，大がめ（イ）の内部には台（ニ）に載せた，採集ニカメイガ卵投入用の小がめ（ロ）があり，その周囲を水（ト）で満たし油を滴下，底に浮上防止用の小石を置いて大がめは雨や日光の防止用の笠（ホ）で覆い，杭（ヘ）を水田内に立てた保護器を使用中の状態で示す．

7.4　天敵研究の今後

これまで天敵としての評価も述べてきたが，ニカメイガの個体数を自然制御するうえでの天敵の役割については言及を避けてきた．それはニカメイガの生命表の解析なしには，その評価は不可能だからである．これまでニカメイガの生命表は予備的なものが作成されただけで（Koyama, 1977），本格的な生命表研究は行われてこなかった．第6章ではメイチュウサムライコマユバチが現在のニカメイガの低密度条件下で，この害虫の密度を制御しているとされているが，これはあくまで仮説の域を出ていない．通常，日本では2化するニカメイガなのに，1化地帯でのデータによる解析であることも難点の1つであるが，今後，詳細なニカメイガの生命表を日本各地で作成し，その解析を行って密度制御要因の特定とその制御機構を明らかにするなかで検討したいものである．現在，さまざまな捕食者や病原微生物によるニカメイガの死亡率の多くは不明なままであるから，生命表の作成ではとくにこの点に留意して調査すべきであろう．

一方，寄生蜂についても今後の研究課題は多い．たとえば年間の世代数がメイチュウサムライコマユバチに匹敵するズイムシキイロコマユバチは，明治末期から昭和前期までは岐阜県（名和, 1913b）や九州地方（末永, 1933）でニカメイガの寄生蜂としてもっとも普通な種であったらしいが，なぜ第2次世界大戦後にこのハチが減少してしまったのかは謎である．広瀬（1966）が福岡市近郊の蔬菜栽培地帯で採種用に栽培されて散在する9つの小さなニンジンの花畑に集まる寄生蜂相を1961年と1962年に調査したところ，半数近い花畑でズイムシキイロコマユバチの成虫を多数採集することができたが，これはこの寄生蜂成虫の寄生活動に食餌として花蜜が必要なことを示すものである．今後，水田周辺のこのような食餌源の有無も考慮しながら，このハチの生態や行動，農薬感受性などを調べれば前記の謎が解けるかもしれない．また，第6章でメイチュウサムライコマユバチは，現在のニカメイガの低密度条件下ではマコモのメイチュウの代替寄主でその個体群を維持していることが考察されているが，具体的な証拠はなく，この寄生蜂を含めマコモでの天敵の活動は卵寄生蜂以外には知られていないので（Ishida *et al.*, 2000），今後の研究課題といえよう．さらに卵寄生蜂では *T. yawarae*

の存在も気になるところで，既知の寄主からみて（Honda *et al.*, 2006），この種はズイムシアカタマゴバチ同様，水田を生息場所とする可能性が高く，両者の関係も今後，明らかにされる必要がある．

最後に付け加えたいのは，ニカメイガには多食性の天敵も多いので，ニカメイガとその天敵の関係を理解するため，天敵がニカメイガ以外の水田の生息者とどうかかわっているかを十分に把握する必要性である．これまでも水田でニカメイガを含む群集研究がまったく行われなかったわけではないが，今後は現在の低密度条件下での群集の調査を食う者と食われる者の関係に十分，配慮しながら行う必要があるだろう．

8　農薬に対する抵抗性

昆野安彦

8.1　有機合成農薬に対する抵抗性発達の歴史

パラチオン，BHC，DDT などの有機合成物質に殺虫作用があることが発見されたのは昭和 10 年代のことだったが，1945（昭和 20）年に第 2 次世界大戦が終わって世の中が平穏になると，これらの有機合成物質が農薬として使用されるようになった．いわゆる有機合成農薬の世界市場への登場である．わが国の稲作に最初に農薬登録されたのもこれら有機合成農薬だが，BHC は 1949（昭和 24）年，パラチオンは 1952（昭和 27）年にそれぞれ水田での使用が開始されている．当時の水田害虫の主役はなんといってもニカメイガだったが，両薬剤とも使用当初はニカメイガ防除に劇的な卓効を示したため，またたくまに農薬使用が日本の稲作に普及したのである．桐谷（2004）は当時の劇的な卓効ぶりを示す逸話として，農薬によって害虫がいなくなり，職を失うのではとひそかに心配した研究者がいたことを紹介している．

いまでこそ昆虫の殺虫剤抵抗性はごくあたりまえの現象になったが，有機合成農薬が使われだした昭和 20 年代には抵抗性の発達事例はまれで，衛生害虫や貯穀害虫でわずかに確認されているにすぎなかった．こうした状況のなかで「記念すべき」と書いたら語弊があるが，いずれにしても農業害虫の殺虫剤抵抗性として最初に確認されたのは，やはりニカメイガだったのである．それは 1960 年に確認された香川県産個体群のパラチオン抵抗性であったが（尾崎，1962），その後は堰を切ったように抵抗性事例発達の報告が相次いだ．

表 8.1 は，代表的な有機合成農薬に対するニカメイガ発達の歴史をまとめ

表 8.1 有機合成農薬に対するニカメイガの抵抗性発達の歴史.

出現年次	対象農薬	抵抗性比	出現地	引用文献
第 1 期（パラチオン・BHC に対する抵抗性発達）				
1960	パラチオン	5 倍	香川県	尾崎（1962）
1965	BHC	4 倍	香川県	伊藤・尾崎（1966）
1967	BHC	24 倍	奈良県	上住ら（1970）
1969	BHC	10 倍	岡山県	平松ら（1973）
第 2 期（四国における低毒性有機リン剤に対する抵抗性発達）				
1968	バイジット	5 倍	香川県	尾崎ら（1971）
1969	スミチオン	6 倍	香川県	尾崎ら（1971）
1975	バイジット	30 倍	香川県	佐々木ら（1976）
〃	スミチオン	21 倍	香川県	佐々木ら（1976）
〃	バイジット	11 倍	愛媛県	別宮ら（1976）
〃	スミチオン	12 倍	〃	別宮ら（1976）
第 3 期（本州における低毒性有機リン剤に対する高度の抵抗性発達）				
1981	スミチオン	59 倍	岡山県	田中ら（1982）
1984	スミチオン	29 倍	新潟県	小山ら（1987）
1998	スミチオン	51 倍	山形県	佐藤ら（1999）

抵抗性比はそれぞれの文献をもとに筆者が計算した値を示した.

たものである．この表では抵抗性発達の段階を経時的・トピック的に 3 段階に分けてある（便宜上，一部の年代が重複している）．第 1 段階は前述のパラチオンと BHC に対する抵抗性発達の段階で，両剤とも香川県で最初の抵抗性発達が報告され，のちに BHC に関しては岡山県と奈良県でも報告されている．その後，BHC については 1971 年，パラチオンについては 1972 年にそれぞれ使用が禁止されたので，抵抗性比は最大でも BHC の 24 倍とそれほど高くないが，もし両剤が使用禁止にならなかったら，抵抗性比はもう少し上昇した可能性がある．なお，その後，わが国の水田で BHC のような有機塩素系の合成農薬が使われることはなく，有機塩素系農薬に抵抗性を発達させた数少ない農業害虫の例としても，ニカメイガはその名を歴史に残したのである．

第 2 段階はパラチオンや BHC に代わる農薬として導入されたスミチオン（フェニトロチオンあるいは MEP ともよばれる）やバイジット（フェンチオンあるいは MPP ともよばれる）などのパラチオンに比べれば毒性の低い有機リン剤に対する抵抗性発達である．表 8.1 をみると，1968 年から 1975

年にかけて香川県と愛媛県において両薬剤に対して5–30倍，感受性を低下させた個体群がみつかっている．スミチオンは現在もなお水田で使用されている息の長い殺虫剤だが，当時の導入直後におけるニカメイガの抵抗性発達は，ある意味では防除上の大問題であったはずだが，スミチオン抵抗性に関する研究報告はそれほど多くない．これはなぜだろう．

桐谷（2004）は，1970年以後，ニカメイガの発生面積が急速に減少していることを指摘しているが，水田の最重要害虫としての地位を失ったことと，あるいは関係があるのかもしれない．1970年前後はニカメイガよりもウンカ・ヨコバイ類が水田害虫の主役になったため，ニカメイガの抵抗性問題を扱う研究者は少なかったのだろう．

8.2　岡山県における大発生と高度の有機リン剤抵抗性

1970年以後の急速な減少以後，ニカメイガはイネに被害を与える害虫としてよりも，なぜ急速に減ってしまったのか，どちらかというと消えゆく昆虫として話題になることが多かった．こうしたニカメイガを取り巻く微妙な情勢のなかで，再びイネの大害虫としてのニカメイガを認識させる事態が勃発したのは1970年代後半のことであった．舞台は岡山県である．

岡山県でも1970年前後からニカメイガは減少傾向にあったわけだが，1978年，突如としてニカメイガの大発生が県南西部を中心に起きたのである（図8.1A–D）．このことを最初に報告した田中ら（1981）の論文には，「被害の激甚な圃場では，ほぼ全株が枯死倒伏し，10 a当たりの収量が60 kgといった例もあった．1978年から1980年にかけて本県と同様の事例が西日本の数県においても報告され，今後の発生動向が注目される」と書かれ，当時の防除担当者の驚きと困惑が示されている．

図8.2はその岡山県のニカメイガ多発地帯において被害がとくに多かった地域を3カ年にわたってまとめたものである．これをみると被害茎率は30%以上あり，各年の最大値は60–90%と高い値になっている．これ以前は多発年（1950–60年）でも被害茎率は15–30%であり，また1977年までの数年は5%以下の小発生が続いていたので（田中ら，1981），1978–80年の多発生がいかに突出していたかがわかる．さらに田中ら（1982，1983）は多発

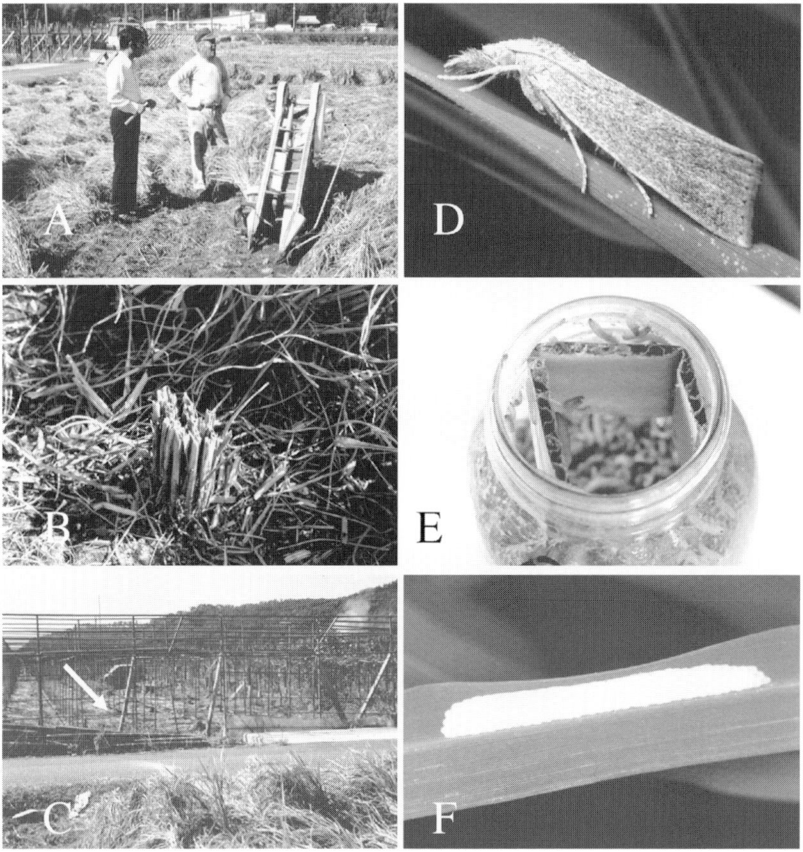

図 8.1 A：岡山県の被害圃場で農家の方（右）から聞き取り調査をする田中福三郎氏（左），B：イネの切株には多数の幼虫が潜んでいた（岡山県），C：岡山県では水田（手前）に隣接したブドウ畑の地面に稲藁が敷かれており（矢印），これが越冬源の1つになっていた，D：岡山県産有機リン剤抵抗性ニカメイガ（♂），E：イネ芽だしでの飼育．蛹化はダンボールの穴に行われる，F：イネ葉上の大きな卵塊．

地帯のニカメイガがスミチオンやバイジットなどの有機リン剤に対して著しく抵抗性化していることを明らかにし，岡山県における大発生の要因の1つとして有機リン剤抵抗性の関与を明らかにした．表8.1ではこの岡山県に端を発した高度の抵抗性発達段階を第3段階として区別している．

ここで筆者がニカメイガに取り組むことになったきっかけについて触れておこう．筆者は1982年に農業技術研究所（つくば市）に入ったが，同研究

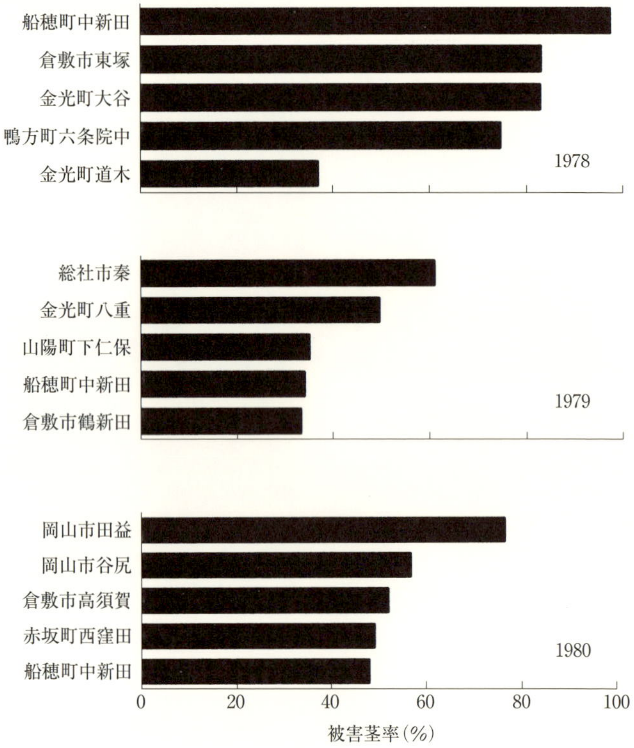

図 8.2　岡山県のニカメイガ多発地帯における３カ年（1979-81 年）の稲藁被害茎率（%）．田中ら（1981）を改変し，もっとも被害の大きかった上位5 市町村のデータを示した．

所では農薬科の農薬化学第一研究室に配属された．この研究室は３人体制で殺虫剤を扱っており，室長は殺虫剤代謝研究の宍戸孝氏であった．筆者は宍戸氏の下で仕事を始めたが，宍戸氏が筆者に与えた研究テーマが岡山県で問題になっていたニカメイガの有機リン剤抵抗性だったのである．そして宍戸氏は準備万端，研究に必要な事柄はすべて整えてくださった．ニカメイガの現物については岡山県農業試験場の田中福三郎氏に連絡をとってくださり，その後，田中氏からはニカメイガ幼虫が入った稲藁を段ボール箱で何度も送っていただくとともに，岡山の現地被害圃場にも２度ほど案内していただい

表 8.2　岡山県産抵抗性（R）および埼玉県産感受性（S）ニカメイガ各5齢幼虫の各種有機リン剤に対する感受性．（昆野，1987 より改変）．

有機リン剤の化学構造による分類群	LD_{50}（μg/g）		
	S系統	R系統	R／S比
$(CH_3O)_2P(S)O$−芳香族			
スミチオン	1.8	75.3	41.8
メチルパラチオン	0.9	18.9	21.0
$(C_2H_5O)_2P(S)O$−芳香族			
エチルスミチオン	10.1	60.7	6.0
パラチオン	2.6	49.6	19.1
$(C_2H_5O)(C_6H_5)P(S)O$−芳香族			
EPN	0.7	22.7	32.4
CYP（シアノフェンホス）	6.4	130.0	20.3
$(C_2H_5O)(C_3H_7S)P(S)O$−芳香族			
プロチオホス	20.1	187.1	9.3
$(CH_3O)_2P(O)O$−芳香族			
スミオクソン	1.2	41.3	34.4
メチルパラオクソン	0.5	7.2	14.4
$(CH_3O)_2P(O)O$−非芳香族			
ジメチルビンホス	0.3	0.6	2.0
モノクロトホス	2.2	6.9	3.1
$(CH_3O)_2P(S)S$−非芳香族			
マラソン	1.5	1.7	1.1
ジメトエート	3.1	2.3	0.7

た．ニカメイガの飼育法に関しては，当時，理化学研究所におられた田付貞洋氏の研究室に出向き，臼井健二，栗原政明，内海恭二の各氏から人工飼料や稲の芽だしを使った飼育法を学んだ．また，これはもちろんのことだが，宍戸氏からは代謝研究の基礎と応用を教えていただいた．こうしてその後15年の長きにわたって複数系統のニカメイガを農技研の5階の片隅にあった農薬科の1室で飼育したが，多いときで月間2万個体の幼虫を1人で飼育していた．飼育の基本プロセスを紹介すると，採卵は手製の大型ケージに成虫を放してポット植えのイネ株に自由に産卵させ，卵塊から4齢幼虫までは人工飼料，4齢幼虫以降はイネ芽だしを使って飼育し，蛹化はイネ芽だしの入ったガラス瓶上部のダンボール穴のなかに行わせた．（図 8.1E，F）．このように書くと簡単そうだが，ニカメイガの幼虫は病気の出やすい虫で，順調に累代飼育を続けることはなかなかたいへんだった．なお，採卵だけは圃場にあった恒温温室棟という室温を自動制御できる広さ6畳ほどの部屋を1人

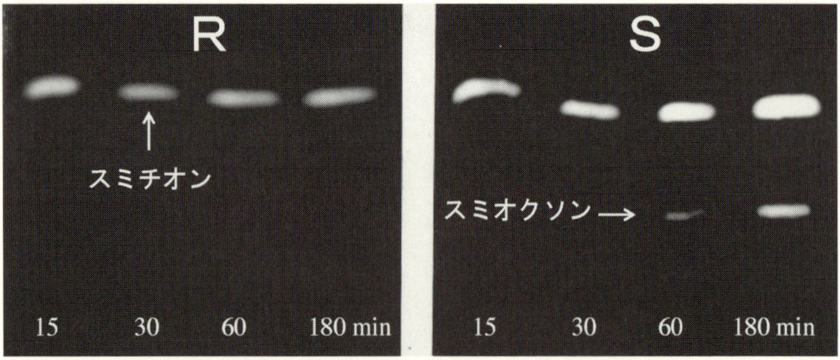

図 8.3　岡山県産有機リン剤抵抗性ニカメイガ（R）および感受性ニカメイガ（S）におけるスミチオンの代謝．各5齢幼虫の背面に ^{14}C–スミチオンを局所施用後，経時的に体内に生成される代謝物を抽出し，TLCで展開後，オートラジオグラフにて分析した．

で使っていたが，いまにして思えばぜいたくな研究環境であった．

最初に行った試験は5齢幼虫の各種有機リン剤に対する感受性試験で，1シャーレあたり10個体の5齢幼虫に薬剤を局所施用し，24時間後の生死から死虫率を求めた（昆野，1996）．表8.2は，岡山県総社市秦産の抵抗性および理化学研究所から恵与された埼玉県産感受性ニカメイガの各種有機リン剤に対する半数致死濃度を比較した結果である（昆野，1987）．これをみると，芳香族を分子中にもつ有機リン剤にはすべて抵抗性が生じることがわかる．また，P＝S型の有機リン剤は生体内でP＝O型（オクソン体）に酸化されて初めて強い毒性を生じるが，抵抗性ニカメイガはオクソン体にも抵抗性を示しており，このオクソン体の解毒が抵抗性機構の1つになっていると推測された（Konno and Shishido, 1985）．

図8.3はO–メチル基をラジオアイソトープラベルしたスミチオンを局所施用したときの代謝過程の2系統間での違いを示したオートラジオグラフである．これをみると感受性系統（S）では経時的に活性毒物体のスミオクソンが生じるが，抵抗性系統（R）ではまったく生じていない．この結果，抵抗性ニカメイガでは生体内に生じたスミオクソンを速やかに解毒していると考えられた．その後，芳香環をラジオアイソトープラベルしたスミチオンの代謝試験から，抵抗性ニカメイガでは生体内で生じたスミオクソンをジメチルリン酸と3–メチル–4–ニトロフェノールに速やかに分解することが確認

された（Konno and Shishido, 1987）.

ここまでくれば，あとは分解酵素の特定だけだが，1989 年から 1 年間，米国に滞在したため，ニカメイガの研究と飼育は一時中断せざるをえなかった．帰国後，再びニカメイガの飼育を始めたが，抵抗性の岡山県産ニカメイガは田中氏から送っていただいたものの，感受性系統の入手にはしばし時間を要した．当時，関東近辺でニカメイガが恒常的に発生している場所は少なかったからである．

話は前後するが，1987 年 5 月，筆者は田付氏に案内していただいて茨城県牛久沼のマコモ群生地を訪れ，マコモを寄主とするニカメイガの越冬幼虫を現場で観察する機会を得た．田付氏は当時からマコモを食べるニカメイガに注目されており，筆者にも興味をもたせようと案内してくださったのである．マコモの株のなかに潜むニカメイガの幼虫は驚くほど大きく，それまで扱っていたイネ由来の幼虫とはとても同一種とは思えなかったことを覚えている．ただし，そのときはとくにマコモ寄生ニカメイガについてなにかを調べようとはしなかった筆者だが，帰国後，感受性系統の入手に苦慮しているとき，岡山の田中氏の「抵抗性ニカメイガの発生する水田に隣接するマコモにいるニカメイガ幼虫は，有機リン剤に対して感受性なんですよ」というひとことが筆者にマコモ寄生ニカメイガのことを再び思い出させたのだった．

筆者はさっそく，田中氏にお願いしてマコモ寄生ニカメイガを送っていただいた．すなわち，入手に苦慮していた感受性系統としてマコモ寄生ニカメイガを使うことにしたのである．その後，さまざまな生化学試験により，抵抗性ニカメイガにおけるスミオクソン解毒酵素がカルボキシルエステラーゼであることが判明した（Konno, 1996；Konno and Tanaka, 1996）．図 8.4 は同酵素のアイソザイムパターンを α-ナフチルアセテートを基質として等電点電気泳動で比較した結果だが，抵抗性系統では等電点が 5.2 の位置に単一の強いバンドがあるのに対し，感受性系統（マコモ寄生）ではこれに対応するバンドはほとんどみられない．以上の結果，抵抗性ニカメイガでは，等電点が 5.2 の位置にみられる単一のカルボキシルエステラーゼにより，有機リン剤を速やかに解毒する能力を獲得していたと結論されたのである．

こうして岡山県で大発生したニカメイガの抵抗性機構が解明されたわけだが，岡山産のマコモ寄生ニカメイガを飼育するようになってから，遅まきな

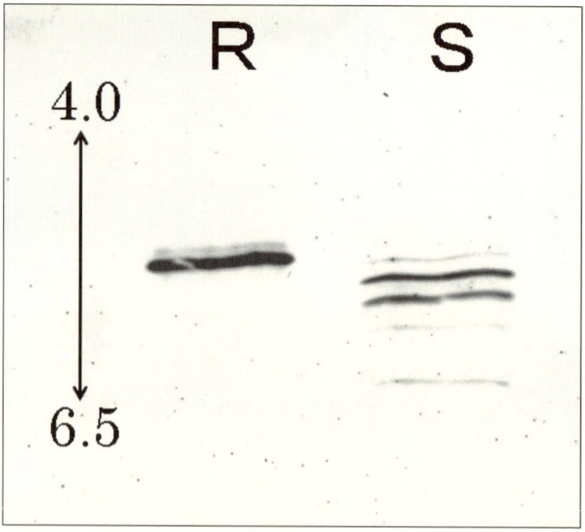

図 8.4　岡山県産有機リン剤抵抗性ニカメイガ（R）および感受性ニカメイガ（S）の各5齢幼虫から抽出されたカルボキシルエステラーゼの等電点電気泳動パターン．左軸はマーカーによる等電点の範囲を示す．

がら田付氏にいわれたイネ寄生とマコモ寄生の生態的差異についても興味を抱くようになった．学生時代にモモノゴマダラノメイガとマツノゴマダラノメイガというきわめて近縁な2種のガの交尾時刻を比較・研究した経験があり，ニカメイガについてもどうだろうと2系統の交尾時刻を調べてみたのである．かりに違ってもその差異は1–2時間だろうと思っていたが，結果は5時間ほども異なっていた（昆野・田中，1996；昆野，1998）．この予想外の事実を目の前にしたときの驚きはいまでも鮮明に記憶している．（マコモ寄生とイネ寄生については第5章も参照）

8.3　西国型と庄内型の抵抗性メカニズムとその遺伝様式

表8.1をみると，岡山県での大発生の後は，新潟県と山形県において有機リン剤抵抗性系統が報告されているだけで，抵抗性が問題になった地域はそれほど多くない．当時，有機リン剤は主要農薬として日本各地で使われており，岡山をはじめとする一部地域だけでなぜ問題になったかという疑問が残

る．この疑問に対する回答としては，小山ら（1987）が指摘しているように，抵抗性ニカメイガは実際には広範囲に分布しているものの，大発生して防除関係者の注意をひくまでは，抵抗性が顕在化しないことがあげられる．すなわち，有機リン剤抵抗性発達だけでは大発生にはすぐには至らず，抵抗性に加えて気象条件，イネ品種，天敵，使用薬剤などのほかの要因がそろうことが大発生には必要という考えである．田中ら（1982）も，岡山県における大発生は各種要因によって異常に幼虫が高密度になっていたことに加え，抵抗性発達や防除不徹底により密度を抑制しきれなかったことが大発生に結びついたのではと結論している．

では，岡山県産で筆者が解明した有機リン剤抵抗性機構は，はたして本州のほかの個体群にも共通しているのだろうか．1995年，筆者は農業技術研究所が改組された農業環境技術研究所の農薬動態科でニカメイガの研究を続けていたが，室長は殺虫剤・殺ダニ剤抵抗性研究の桑原雅彦氏に代わっていた．この年の秋，山形県農業試験場から土門清氏が半年間，筆者らの研究室に研修にくることになった．ちょうど山形県でニカメイガの抵抗性が問題になっていたこともあり，桑原氏の「昆野君，ちょうどいいから山形県のニカメイガを調べてみないか」の一声により，土門氏と一緒に山形県産ニカメイガの有機リン剤抵抗性機構を調べてみることになったのである．

図8.5は，土門氏が手みやげ代わりにもってこられた山形県産ニカメイガの電気泳動パターンを岡山県産の抵抗性系統と比較した結果である．これをみるとY1–Y3の3系統は高度の有機リン剤抵抗性を示す系統だが，この3系統の泳動パターンは岡山産の抵抗性個体群と完全に一致した．ちなみにY1，Y2，Y3，およびR系統の埼玉県産感受性系統（S）と比較したスミチオンに対する抵抗性比は，それぞれ，27倍，14倍，16倍，および43倍である．以上のように山形県産の有機リン剤抵抗性ニカメイガのバンドパターンは岡山県産の抵抗性個体群と同じであり，また山形県各産地のバンドの強度は有機リン剤に対する抵抗性比とよく相関していた（昆野・土門，1998）．日本産ニカメイガは幼虫の休眠性の違いにより，休眠の深い西国型（おもに西日本）と休眠の浅い庄内型（おもに山形，新潟などの北陸–東北の日本海側）に分けられているが（石井，1982），有機リン剤に対する抵抗性機構に関しては共通している可能性が示唆された

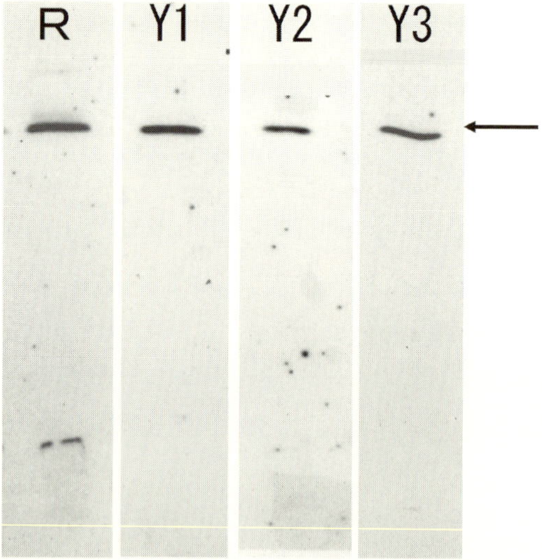

図 8.5　有機リン剤に対して抵抗性の山形県産（Y1–Y3）および岡山県産（R）ニカメイガの各5齢幼虫から抽出されたカルボキシルエステラーゼの泳動パターン．Y1：櫛引町春日山個体群，Y2：櫛引町桜ヶ丘個体群（1），Y3：櫛引町桜ヶ丘個体群（2）．矢印の位置にあるバンドが抵抗性に関与する（昆野，1998 より改変）．

最後に筆者のやった研究のうち，ニカメイガにおけるスミチオン抵抗性の遺伝様式を示そう．図 8.6 は抵抗性系統として岡山県総社市秦の個体群（R），感受性系統として理研の埼玉県産個体群（S），その F1（S × R），および F1 と R を掛け合わせた戻し交雑の BC（F1 × R）の死虫率プロビットを示しているが，これをみると F1 の感受性は S 系統のそれに近く，また BC の感受性は抵抗性が単一の主動遺伝子に支配されていると仮定した場合の理論曲線とほぼ一致していた（Konno and Shishido, 1991）．また，雌雄の組み合わせを代えて正逆交配した F1 の感受性には有意差は認められなかった．これらの結果はニカメイガのスミチオン抵抗性が常染色体上の単一の不完全劣性主動遺伝子に支配され，割合単純な遺伝様式であることを示している．おそらく，この不完全劣性主動遺伝子が図 8.4 で示したカルボキシルエステラーゼの発現に対応しているのであろう．

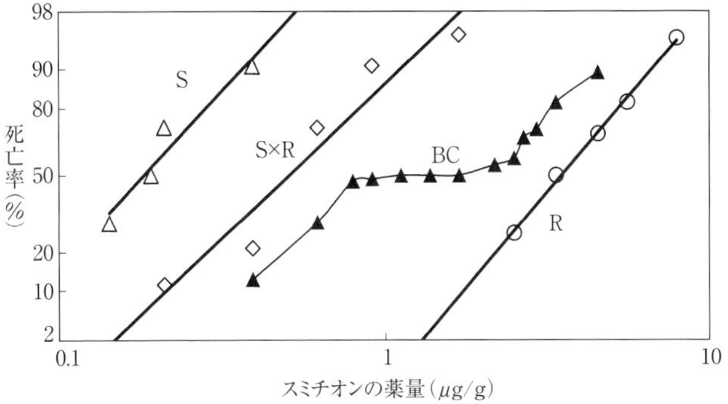

図 8.6 ニカメイガにおけるスミチオン抵抗性の遺伝様式．埼玉県産感受性（S）系統ニカメイガと岡山県産抵抗性（R）系統を交雑させて F1（S × R）をつくり，さらに R 系統との戻し交雑により BC（F1 × R）を作出し，各 5 齢幼虫のスミチオンに対する薬量−死虫率曲線を局所施用法により求めた（Konno and Shishido, 1991 より改変）．

8.4 ニカメイガの抵抗性問題の現状と将来展望

近年，有機リン剤とは作用機構を異にする新規殺虫剤が多種開発・実用化され，有機リン剤に対するニカメイガの抵抗性問題はひとまず沈静化しているようである．ただし，斑点米カメムシ対策としてカスミカメムシ類に効力のあるスミチオンが最近になって再び水田で使用される傾向にあるので，ニカメイガの発生動向については注意する必要があるだろう．

国外に目を向けると，中国での抵抗性研究が目をひく．たとえば，スミチオン，メタアミドホス，トリアゾホスなどの有機リン剤に対する抵抗性系統の出現はもとより，わが国ではあまり抵抗性発達事例のないネライストキシン系のモノスルタップやプリンス剤として近年，イネの育苗箱施用殺虫剤として多用されているフィプロニルにも抵抗性発達が報告されている（Han *et al.*, 1995；Han *et al.*, 2003；Huang *et al.*, 2005；Jiang *et al.*, 2005；Qu *et al.*, 2003）．さらに中国では Bt 組換え米の市場への導入が検討されているが，将来の Bt 組換え米に対する害虫の抵抗性化対策として中国各地から集められたニカメイガの Bt 剤に対する感受性が調べられている．それによるとニカメイガの Bt 感受性には地理的変異が大きく，Bt 組換え米の普及が進んだ場合，Bt組換え米抵抗性ニカメイガの出現の可能性が懸念されている（Meng *et al.*, 2003）.

中国におけるこれらの事例は農薬などに対するニカメイガの潜在的な適応能力の高さを示すものであり，わが国でも今後，農薬の種類や施用法，あるいはイネの品種や耕種方法が変わった場合，再びニカメイガがイネの重要害虫として登場する日がくることを暗示する．その日がいつになるかは予言できないが，備えあれば憂いなし——ということで，ニカメイガの今後の研究のさらなる発展を期待するところである．

9　性フェロモン
——利用とその展望

田付貞洋

9.1　構造決定と発生調査への利用

9.1.1　理研チームによる性フェロモンの研究

研究のスタート

昆虫フェロモンの研究はカイコガ *Bombyx mori* の雌性フェロモンの構造が決定された1959年以後活発化した．1971年は日本のフェロモン研究史を飾る記念すべき年だった．京都大学の桑原保正氏らが貯穀害虫のスジマダラメイガ *Cadra cautella* とノシメマダラメイガ *Plodia interpunctella* の，農林省農業技術研究所（農技研）の玉木佳男氏らが茶樹害虫チャノコカクモンハマキ *Adoxophyes honmai* の雌性フェロモンの構造を相次いで発表した（Kuwahara *et al*., 1971；Tamaki *et al*., 1971）．また当時はレーチェル・カーソンの『沈黙の春』（日本語版の書名は『生と死の妙薬』）をきっかけとして農薬の負の側面が社会に広く認識され，フェロモンは次世代の安全な農薬として大きな期待を寄せられていた．その前年の1970年，筆者は理化学研究所農薬部門に入所した．世界的な昆虫毒物学者であり昆虫薬理研究室の研究をリードする故深見順一氏は「選択性にもとづく新型害虫防除剤開発の基礎研究」というスケールの大きな研究構想を具体化しつつあり，そこには選択性殺虫剤などとともにフェロモン剤も含まれていた．筆者は深見氏から，「あんたは昆虫のアマチュアやからフェロモンをやりなさい」というやや理解に苦しむ申し渡しを受けた．対象はニカメイガだという．筆者はフェロモンにも天然物化学にもまったく素人だったが，深見氏の意向は固かった．

筆者は農技研に出向き玉木氏の教えを請うた．玉木氏からは親切な指導を受けることができたが，その際いわれた「構造決定には処女雌が5万匹必要だよ」が耳に残った．ニカメイガは人工飼育が困難な虫だと聞いていたので，材料の準備だけでたいへんな仕事になることはわかった．玉木氏の言葉は「その覚悟はあるか」との問いと受け取れた．ニカメイガには不安材料がほかにもあった．高名な先達が予備実験を行ったが，ついに性フェロモンを確認できなかったという話から，「性フェロモンはないのではないか」と疑う人．農林省の研究者からは，「減少した害虫のフェロモンの研究をしても無意味だ」との厳しい意見．筆者は深見氏に，「飼育が楽でフェロモンの反応がはっきりした虫で練習させてください」と頼んでみた．「ニカメイガだからやる意味がある．ほかの虫ならやらんでよろしい」が答えだった．

性フェロモンの存在

戦前の研究を調べると，東京帝国大学農学部動物学教室でニカメイガの「趨化性」に関する研究が行われていた．「雌雄が相寄るには嗅覚的な感覚が関係する」という予測のもとに，触角や口器の「ひげ」（下唇鬚）などを切除した成虫を用いた交尾実験から，「交尾には雄の触角が重要な役割をもつ」との結論が得られ（岩佐，1933），大型のMcIndoo式オルファクトメーターを用いた実験によって，雄に対する雌の誘引性が示唆されていた（鏑木ら，1939）．これらの成果は雌に性フェロモンが存在することを予測させるものであり，多少先が明るくなった感じがした．

筆者は性フェロモンの存在を明らかにするにはフィールドの観察が先だと考えた．深見氏から紹介された埼玉県農業試験場（熊谷市）の高野光之亟氏のお世話で，1970年6月，試験場の水田で観察する機会を得た．初日，理研の研究室からは大勢が応援に同行してくれたのだが，配偶行動はさっぱりみられず，交尾中の個体がイネの葉上で数対みられたのが唯一の収穫だった．そこでつぎの機会には「おとり作戦」をとった．近くの倉庫に積まれている稲藁から日没前に羽化してくる雌（未交尾なので「処女雌」とよぶ）を集め，金網ケージに入れて水田内に置いた．なにごとも起こらず待つこと数時間．しびれが切れたころに1頭の雄がケージを訪れた．雄は羽ばたきながらしつこく金網の上を歩き回り，懐中電灯の光をあてても逃げようとしない．これこそが「性フェロモン」に対する反応なのだろうと直感した（図

図 9.1　水田に置いた処女雌のケージを訪れ，羽ばたきながら金網の上を歩き回る雄成虫（1970 年 6 月 24 日，埼玉県農業試験場，吉田忠晴氏撮影）．

9.1）．同様の行動はその後数回みられた．

翌年には，やはり深見氏のつてにより，生息密度が高いという情報を得て東北農業試験場栽培第一部（秋田県大曲市）に行った．虫害研究室の腰原達雄，岸野賢一，河部暹各氏にお世話になり，試験場の水田で自製のトラップを使った誘引実験を行ってみた．すると，切り取った処女雌腹部末端の抽出物にも生きた処女雌と同じように雄が捕獲され，それによって初めて性フェロモンの作用を確認できた．

9.1.2　大量飼育と性フェロモンの生物検定法確立

理研では筆者と 3 人の若い技術者，阿津沢新二，内海恭一，栗原政明の各氏，いずれも素人の研究チームが結成された．目標は性フェロモンの構造決定である．「処女雌 5 万匹」を実現するために総がかりで「イネ芽だし飼育」に取り組んだが，非常な労力を要するうえに，糸状菌による「黒きょう病」が蔓延して飼育虫のあらかたを廃棄しなければならない事態に何度も遭遇した．

性フェロモンの室内生物検定には指標となる行動反応の設定が重要である．暗室でフラスコに入れた雄に雌抽出物を近づけると，雄は持続的に翅を振動させながら歩き回る行動をみせた．それは水田で雌ケージを訪れた雄が示した行動とそっくりで，「メーティングダンス」とか「婚礼ダンス」とよばれる性フェロモンに対する典型的な雄ガの行動反応と思われた．そこでこの行動を生物検定の指標に用いることにした．

有機化学者の太田九二氏がチームに加わった．また，科技庁の特別予算が認められてガスクロマトグラフ（GC），高速液体クロマトグラフ（HPLC）などが導入され，研究体制も整った．しかし，虫の病気などで予定どおりには進展せず，研究室のほかのメンバーからも助力を得ながら必死の飼育作業に明け暮れた．

9.1.3　主要2成分の構造決定

超微量のフェロモンを効率的に抽出できるかどうかが成功の鍵の1つと思われた．初めは処女雌を虫体ごと有機溶媒に浸し，抽出効率を上げようと長く（数週間）置いたところ，体脂肪が大量に抽出されてしまい，それを取り除くことがむずかしかった．これに懲り，以後はめんどうではあるが腹部先端の数節をはさみで切り取って抽出に用いた．

ようやくたまった約12000匹分の処女雌抽出物から，各種クロマトグラフィーによる精製と生物検定を繰り返して成分を純化していった．ところが最後にGCで精製したところ，どの分画にもフェロモン活性がみられなくなった．分解してしまったのか．不安を抑えつつ得られた画分を全部混ぜ合わせてみたら活性が復活したときはほっとした．けっきょく，2番目と4番目の分画を混ぜることが必要だった．つまり，性フェロモンは少なくとも2成分からなり，それらが混合されて初めて活性が現れることがわかった．

これらの成分は，試薬試験などから当時ガ類の主要な性フェロモンとされていた酢酸エステルではなく，アルデヒドと推定された．確認にはガスクロマトグラフ－マススペクトロメーター（GC-MS）による分析が必要だったが，理研には超微量を分析できる機種はなかった．玉木氏に相談したところ農技研の最新鋭機を使わせていただけることになり，われわれの推定が正しいことが示された．あとは二重結合の位置と立体構造を確定すればよい．ところがここで玉木氏から予想外の話を聞く．「ヨーロッパの会議でイギリスでもニカメイガの性フェロモンを研究していることを聞いた．早く結果を出して論文にしたほうがいい」．

理研では太田氏を中心に最後の構造推定に全力をあげた．そのかいあって1975年の秋には完全な構造をつきとめ，あとは推定化合物を合成してフェロモン活性を確認するだけになった．ところが，そこでわれわれの恐れていたことが起こった．年末の Journal of Insect Physiology に英国の B. F. Nesbitt らの論文が掲載され，そこにはまさにわれわれが推定した2成分と同じ（*Z*)-11-ヘキサデセナールと（*Z*)-13-オクタデセナールがニカメイガの性フェロモンとして報告されていた（Nesbitt *et al*., 1975）．

英国にはニカメイガはいない．彼女らはフィリピンにある国際イネ研究所（IRRI）と共同研究を行っていたのだ．ニカメイガの蛹を IRRI からロンドンに空輸し，羽化させたガを用いて研究していたのだ．限られた材料を効率的に使うため GC と触角電図法（EAG 法）に偏重した方法がとられていた．合成化合物の活性確認は IRRI の圃場で行われ，「2成分を5：1の比率で混合すると生きた処女雌と同等の誘引力がある」とあったが，データは示されていなかった．

思いがけぬ敵による敗北にわれわれは意気消沈した．「ニカメイガの研究で理研がイギリスに負けたのは日本として恥ずかしい」という非難の声も聞こえてきた．それでも気を取り直し，合成した2成分に活性があることを室内検定で確認して論文を投稿した（Ohta *et al*., 1976）．そして，つぎのシーズンには再び大曲で岸野氏の協力を得て合成化合物の誘引性を確認する野外試験を行った．

9.1.4 第3成分の発見

ところが大曲の結果は英国の論文どおりではなかった．どのように2成分を混合しても，施用量を変えても，合成フェロモンは生きた処女雌の誘引活性におよばなかったのである（Tatsuki *et al*., 1979）．原因として，合成フェロモンに不純物が存在することや2成分のほかに未知の成分が存在することが考えられた．化合物を高純度に精製したり，入手できるかぎりの関連化合物を2成分に加えたりしたが，活性は増強できなかった．しかし，これらの試験を通じて未知の重要成分があるという確信が強まった．

数年後，メンバーが入れ替わり，臼井健二氏と大口嘉子氏が加わった新チームでもう一度フェロモン成分を洗い直すことになった．まず抽出法の改善

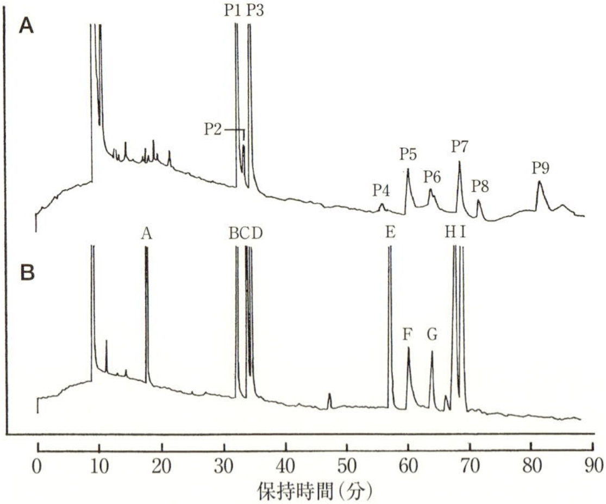

図 9.2　処女雌性フェロモン腺抽出物（A）と既知2成分を含む性フェロモン関連合成化合物の混合物（B）のキャピラリー GC クロマトグラム．P3 と P7 は既知2成分，(*Z*)-11-ヘキサデセナールと (*Z*)-13-オクタデセナールのピーク．A：BHT（酸化防止剤），B：ヘキサデカナール，C：(*E*)-11-ヘキサデセナール，D：(*Z*)-11-ヘキサデセナール，E：(*Z*)-11-ヘキサデセノール，F：(*Z*)-11-ヘキサデセニルアセテート，G：オクタデカナール，H：(*E*)-13-オクタデセナール，I：(*Z*)-13-オクタデセナール（Tatsuki *et al*., 1983 より改変）.

である．眼科手術用の特別に鋭利な小ばさみを使い，フェロモン腺をできるだけ小さく鋭く切り取った．これをごく少量のヘキサンに短時間浸漬して得られた抽出物は不純物がきわめて少なく，まったく精製することなく GC 分析ができることがわかった．これらの改良により分析効率が著しく向上した．GC には分離能が高いガラスキャピラリー（WCOT）カラムを用いた．ただし，注入するサンプルの大部分をカラムに導入できるスプリットレス導入装置はなく，微量成分まで検出するためには大半が棄てられることを覚悟で約 3000 頭分の抽出物を一度に GC に注入する必要があると計算された．それを実際に注入するときはほんとうに祈る気持ちだった．だが，幸いなことに得られたクロマトグラムはきれいな分離を示していた（図 9.2）．既知2成分のほかに数本の未知のピークが存在し，とくに，(*Z*)-11-ヘキサデセナ

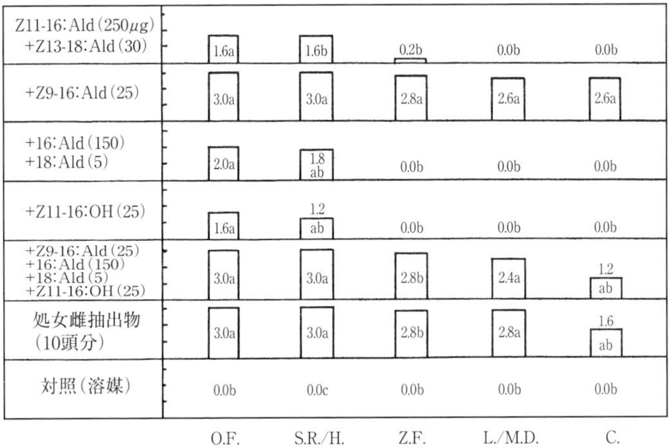

図 9.3 性フェロモンの既知 2 成分と新たに性フェロモン腺から発見された 4 成分の種々の組み合わせおよび処女雌性フェロモン腺抽出物に対する雄成虫の室内風洞における行動反応．化合物の略号は表 9.1 を参照．O.F.：風上への定位飛翔，S.R./H.：減速 / 滞空飛翔，Z.F.：ジグザグ飛翔，L./M.D.：着地 / メーティングダンス，C.：誘引源への接触．数値は 1 分間の反応スコア（5 反復の平均値）．"3"：同時に 2 頭以上の雄が反応，"2"：2 頭以上の雄が反応，"1"：1 頭の雄が反応．各行動段階で同じアルファベットのついた数値のあいだには有意差なし（$p = 0.05$, DNMRT）（Tatsuki *et al*., 1983 より改変）．

ールの直前に現れた微量成分のピーク（図 9.2 の P2）が気になった．これら成分の同定にはキャピラリーカラムを備えた GC-MS 分析が必要だったが，幸運にも東京大学農学部農芸化学科にそれが可能な新機種が導入されることになり，それを待って農薬学研究室の大学院生，新井好史氏が分析を引き受けてくれた．結果は明瞭で，上記の小ピークは（*Z*)−11−ヘキサデセナールの異性体，(*Z*)−9−ヘキサデセナールと同定された．前の GC 分析で使った充填カラムでは（*Z*)−11−と分離できない成分だ．その他，(*Z*)−11−ヘキサデセナールのアルコール類縁体，(*Z*)−11−ヘキサデセノールと既知成分の飽和体アルデヒド 2 成分が同定され，計 4 成分が新たにみつかった．これらの活性は，1982 年のシーズン終了間際に岡山県農業試験場の矢吹正氏と故田中福三郎氏の協力により急きょ行われた野外試験で実証された．結果は，新たな 4 成分を加えた 6 成分混合物には既知 2 成分はおろか処女雌をも

表9.1　性フェロモンの既知2成分と新たに性フェロモン腺から発見された4成分の種々の組み合わせおよび処女雌の野外における誘引性（Tatsuki, 1990より改変）.

誘引源（μg/セプタム）	捕獲された雄の総数		
	岡山[a]	Bogor（インドネシア）[b]	LosBanos（フィリピン）[c]
Z11−16:Ald(250) ＋ Z13−18:Ald(30) ＋			
なし	2 b[d]	4 b	40 b
Z9−16:Ald(25)	*	37 a	959 a
16:Ald(150) ＋ 18:Ald(5)	*	2 b	16 b
Z11−16:OH(25)	*	0 b	25 b
Z9−16:Ald(25) ＋ 16:Ald(150) ＋ 18:Ald(5) ＋ Z11−16:Ald(25)	43 a	31 a	1237 a
処女雌	11 b	16 ab	156 b
無処理	2 b	0 b	0 c

a：Tatsuki *et al.* (1983)　b：M. Hoedaya（私信），c：Mochida *et al.* (1984)，d：各列で同じアルファベットのついた値のあいだには有意差なし（P = 0.05，DMRT），*：試験せず.
Z11−16:Ald：(*Z*)−11−ヘキサデセナール，Z13−18:Ald：(*Z*)−13−オクタデセナール，Z9−16:Ald：(*Z*)−9−ヘキサデセナール，16:Ald：ヘキサデカナール，18:Ald：オクタデカナール，Z11−16:OH：(*Z*)−11−ヘキサデセノール.

上回る強い誘引性が認められるという画期的なものだった（表9.1）．やはり2成分以外に重要な成分が隠されていた．個々の成分の活性については室内の風洞実験でくわしく解析した結果，新成分中の（*Z*)−9−ヘキサデセナールだけに活性を増強する効果があることがわかった（Tatsuki *et al*., 1983；図9.3）．また，インドネシアとフィリピンでも共同研究者によって野外実験が行われたが，結果はいずれも風洞実験をサポートするものだった（表9.1）．そのうちフィリピンでの実験は（Mochida *et al*., 1984），初戦で英国チームに協力したIRRIの圃場で行われたことでことさら感慨深かった．そのころ農水省からIRRIに出向中の持田作氏をたまたま訪問する機会が縁となって野外試験が実現したのである．けっきょく，本種の性フェロモンは3成分からなることが判明し，それが利用の場を広げるきっかけになったことで少しは初戦の借りを返した気分になれた．

9.1.5　発生調査への利用

新たな成分の発見により，合成フェロモンの誘引活性が著しく増強された．北陸農業試験場の菅野紘男氏らは発生予察への利用のための基礎研究を精力的に展開し，合成フェロモンの活性が処女雌をはるかに上回ること，従来発生調査に用いられてきた誘蛾灯よりも多くのガを捕獲でき，しかも，捕獲消長はほとんど変わらないことなどを明らかにした（菅野ら，1985）．これらの成果により，農水省は全国で行ってきた本種の発生予察を誘蛾灯によるものから性フェロモントラップに切り替えるため，1989 年から全国 8 県に調査を委託することになった．この事業に関しては第 4 章にくわしく紹介されている．

9.2 交信攪乱法の試みと実用化

9.2.1 炭化水素類縁体による交信攪乱

話はさかのぼるが，2 成分が同定された段階でこれを利用した防除法を考えた．フェロモンを用いた害虫防除法は大別して，合成フェロモンの誘引性を利用した「大量捕獲」と，雌雄のフェロモン交信を合成フェロモンなどで妨害する「交信攪乱」がある．ニカメイガの場合，誘引性の利用は 2 成分の誘引活性が低いために困難だが，一方の交信攪乱では攪乱剤にフェロモンの一部成分や類縁体のように誘引性がない化合物が使える可能性があった（上で「合成フェロモンなど」としたのはこの理由による）．とくに本種の場合，フェロモン成分のアルデヒドが野外条件下では不安定で速やかに分解されるため，攪乱効果をもち，より安定な代替化合物を攪乱剤に利用する戦略をとることになった．

攪乱剤候補を，フェロモン成分と共通の炭素鎖構造と安定な官能基をもつ類縁体（アルコール，酢酸エステル）および官能基をもたない炭化水素類縁体から探索することにした．これらの化合物は理研農薬合成第 1 研究室の辰野隆司氏と藤本康雄氏，のちには日産化学工業（株）の協力で合成された．まず，これらの EAG 活性を調べると，予想に反して炭化水素類縁体である (*Z*)−5−ヘキサデセンの活性がフェロモン成分の (*Z*)−11−ヘキサデセノールに次いで高かった．北陸農試の菅野，服部誠，佐藤昭雄各氏の協力により頸城平野の広大な水田で行われた野外スクリーニングでは，テスト化合物を充填したポリエチレンキャップ（蒸発源）で処女雌トラップを囲み，野外雄のトラップへの誘引阻害活性が調べられた．その結果，この試験でも (*Z*)−5−

表 9.2　ニカメイガ幼虫によるイネの被害におよぼす（*Z*)-5-ヘキサデセンの効果（頸城平野）（Tatsuki and Kanno, 1981 より改変）.

処　　理	ブロック	被害率（%）[a,b]	
		被害株率	被害茎率
(*Z*)-5-ヘキサデセン処理	I	14.2 a	1.01 a
	II	12.2 a	1.04 a
無処理	III	32.4 c	2.60 d
	IV	25.8 b	2.17 c
	V	25.2 b	1.54 b
	VI	31.6 bc	2.77 d

a：被害率の算出には各ブロックから無作為に抽出した 500 株を用いた.
b：各列で同じアルファベットの付いた値のあいだには有意差なし（p = 0.05, χ^2 テスト）.

ヘキサデセンの阻害活性が類縁体中で一番高かった（Kanno *et al.*, 1980; Tatsuki and Kanno, 1981）.

いよいよ（*Z*)-5-ヘキサデセンを水田に処理をして交信攪乱による防除効果を調べる段階になった．ここで問題になったのは実験に要する大量の（*Z*)-5-ヘキサデセンの合成とその製剤化である．だが，これらは辰野氏と深見氏の広い人脈のおかげで，合成は日産化学工業（株），製剤化は日東電工（株）から協力を得られることになって，ついに計画が実行されることになった．1979 年 8 月，ニカメイガ第 1 世代成虫期の頸城平野で菅野氏が現場の指揮をとり，2 カ所の水田（それぞれ 0.2 ha）全面にこの物質が処理されることになった．除放性の製剤（（*Z*)-5-ヘキサデセンを含浸した合成ゴムフィルムをポリプロピレンとポリエステルのフィルムではさみ，1 × 4 cm にカットしたもの）を 1.5 m の間隔で取り付けた釣り糸を水田全面に張りめぐらせた．軽くて丈夫な釣り糸の採用は海釣りが趣味の佐藤氏のアイデアである．約 1 月後，関係者が総出で収穫直後の水田に集まり，ニカメイガの被害率を調査した．その結果，処理区の被害率はいずれも無処理水田より有意に低く抑えられていて，みごとに（*Z*)-5-ヘキサデセンの防除効果が示された（表 9.2；Kanno *et al.*, 1980；Tatsuki and Kanno, 1981）．この結果は不安定なアルデヒドを性フェロモン成分とする害虫の交信攪乱に炭化水素類縁体が利用できる可能性を示して国内外で注目された．しかし，まもなくアルデヒド成分を安定して長期間放出できる技術が開発されたので炭化水素の利用はそれ以後なくなった.

9.2.2 性フェロモン成分による交信攪乱

性フェロモン成分であるアルデヒドを攪乱剤とした防除実験は，頸城のニカメイガが徐々に減少したことから，岡山農試の田中氏らおよび岡山大の積木久明氏の尽力により岡山県下に場所を移し，理研，北陸農試，岡山農試，岡山大の連合チームにより1981年から実施された．攪乱成分として当初はスクリーニングでもっとも活性が高かった (Z)-11-ヘキサデセナールを単独で用いた．フェロモンの大量合成とアルデヒドを安定して放出できるポリエチレンチューブ型製剤の作成には信越化学工業（株）の協力を得ることができた．最初の試験は越冬世代成虫期の1981年6月，山陽町にある試験場内の水田約1haを処理区として実施された．攪乱処理中の処女雌トラップへの誘引阻害はほぼ完璧であり，糸につないで水田においた処女雌（つなぎ雌）と野外雄の交尾も抑制された．ところが，奇妙なことに処理水田の内部でサンプリングされた野外雌はすべてが既交尾だった（表9.3）．そこから予想されたように，次世代幼虫による処理区の被害は抑制されず無処理区と変わりがなかった（表9.3）．この原因はつぎのように考察された．越冬幼虫が多く潜む稲藁は水田から移動されることが多いので，越冬世代雌成虫には移動先で羽化し，その近くで交尾した後に水田に飛来する個体が多かった．そのため，水田で高い攪乱処理効果が得られても防除には結びつかなかった．だとすれば，ほぼ全個体が水田内で羽化，交尾するはずの第1世代成虫期には，水田での攪乱効果が十分ならば防除効果も得られると期待される．事実，その年8月に同県総社市で行われた実験では，0.2ha規模の攪乱剤処理で，処理中の攪乱効果とその後の防除効果がともに認められ（表9.4），実用

表9.3 越冬世代成虫に対する (Z)-11-ヘキサデセナール水田内処理による交信攪乱 (Tatsuki, 1990より改変).

処理（ha）	処理期間中のモニタリング			次世代幼虫による被害茎率（%）
	処女雌トラップ（雄数／トラップ／日）	つなぎ雌（交尾率：%）	処理区内野外雌（交尾率：%）	
攪乱処理（1.2）	0.3	1.1 (n = 159)	100 (n = 18)	0.72
無処理（1.0）	6.1	45.1 (n = 163)	100 (n = 15)	0.67

表 9.4　性フェロモン成分を用いた攪乱剤の水田内処理による交信攪乱のまとめ（岡山県 1981−85）（Tatsuki, 1990 より改変）.

年[a]	場所[b]	処理面積 (ha)	攪乱剤の種類[c] /剤型[d]	攪乱剤の蒸発速度 (g/ha/日)	処理前の被害茎率 (%)	処理期間中のモニタリング（攪乱率 %） 定位阻害	交尾阻害	被害抑制率 (%)
1981A	試験場	1.0	S/C	0.7−0.9	1−2	80	93	5.9
1981B	総社市	0.19	S/L	1.2−1.6	4−7	100	85	77.1
1982A	総社市	0.18	S/L	0.6−0.9	2−3	*	62	−77.1
1982B	総社市	0.3	S/L	0.6−0.9	2−5	*	88	1.9
1983	試験場	1.0	B/C	0.3−0.7	＜1	100	100	75.0
1984	総社市	0.7	B/C	0.4−0.6	＜1	88	94	71.1
1985	岡大	0.24	B/C	1.0−1.2	＜1	100	100	78.6

a：1981A のみ越冬世代，ほかはすべて第1世代を対象とした.
b：試験場；岡山県農業試験場（赤磐郡山陽町），総社市；同市秦の農家水田，岡大；岡山大学資源生物科学研究所（倉敷市中央）.
c：S；(*Z*)−11−ヘキサデセナール単独成分，B；3成分混合物.
d：C；ポリエチレンキャピラリーチューブ，L；プラスチックラミネートフィルム.
*：試験せず.

化に一歩近づくことができた．岡山ではその後も田中氏を中心として精力的に実用化を目指した攪乱実験が続けられた．性フェロモンの第3成分発見後に菅野氏らが頸城で行った試験で3成分が1成分より攪乱効果が高いことが示されたので，攪乱剤にも3成分が用いられるようになり，交信攪乱防除の基礎が固められた（田中ら，1987；Tatsuki, 1990）．表9.4にはすでに述べた例も含めて1981年から1985年に岡山県下で行なわれた攪乱実験の結果をまとめてある．詳細は省くが，全体を通してみると生息密度が高いと効果が現れにくいことと，単一成分よりも3成分のほうが防除効果も高いことがみてとれるだろう．

9.2.3　日本と海外における交信攪乱法の実用化

ニカメイガの生息密度が低い状態はその後も続いたが，局地的には被害が出ることもあった．いくつかの県ではそのような場合に県の農試や防除所が中心となって3成分の攪乱剤による実用化試験が行われた．そのうち，山形県庄内地方では被害がめだってきた1995年から1997年に0.13−0.36 ha の水田で処理が行われた．処理による高い誘引阻害効果が認められたが，試験区での生息密度が低かったことなどから防除効果は十分示されなかった（上野・早坂，1997；上野・石黒，1999）．また，岐阜県大垣市では無農薬の「あいがも農法」水田に被害が多く発生したために，1997年から多発生地区6 ha，中発生地区10 ha，少発生地区13 haという広面積で攪乱処理が行われた．その結果，多発地区での効果は明らかでなかったが，中，少発生地区では明らかな防除効果が得られた（松尾，1999）．これらの試験結果からは本種の交信攪乱防除の実用性が示されたが，コスト面での問題ならびにニカメイガに卓効を示すフィプロニルを成分とする苗箱施用剤の普及により，交信攪乱剤の農薬登録はされていない．一方，海外をみると，中国や韓国，台湾など東アジア諸国でも実用化はされていない．しかし，近代に入ってからニカメイガが移入したスペインでは1980年代の末から最大1500 ha規模で3成分を用いた攪乱防除が行われ，効果をあげている（Jones, 1998）．その地域は河口にある養魚場に殺虫剤が流入することを避けるため，政府の補助を得て攪乱処理が行われているという（小川欽也氏，私信）．

9.3 性フェロモン利用の展望

本書で主張されているように，稲作体系の変容いかんではニカメイガはいつどこでリバイバルしても不思議ではない潜在的大害虫である．日本においては，近年の少発生傾向が続くなかで継続的に発生予察事業の対象とされている理由がここにある．予察法がフェロモントラップに切り替わってからすでに十数年を経過したが今後もこの状態は継続されるだろう．アジアをはじめ本種が生息する諸外国でも状況は似ていると考えられるので，発生調査への利用は拡大すると思われる．

性フェロモンを利用した防除はほとんどで交信攪乱法が用いられているが，中国では東北部の一回発生地帯にある孤立した広大な水田で前述の「大量捕獲法」を試みて防除効果が得られた例が報告されている（Jiao *et al.*, 2005）．ただし，これは特殊な条件下での実験であり普及はむずかしいと思われる．交信攪乱法については，少なくとも日本においては近年の発生動向が続くかぎりフェロモンが農薬登録される可能性は低く，当面は出番がなさそうである．しかし，日本を含めて本種がリバイバルする兆候があることに加えて，地球規模で防除の環境インパクトをいっそう小さくしていかなければならない状況を考えると，本種の性フェロモンは，種特異性があるという一般的性質に加えて，とくに強力な誘引性と攪乱活性をもつことから将来にわたって重要な防除資材であり続けるだろう．

10　イネの品種と耐虫性

江村　薫

10.1　イネの品種の変遷と被害の推移

10.1.1　日本におけるイネの品種の変遷と被害推移

品種や栽培条件とニカメイガの被害との関係の研究は深谷（1950a），石倉・小野（1959）のまとまった解説がある．この分野の研究は防除技術の基本となる．しかし，その後は研究が少なくなった理由について宮下（1982）は，この害虫が1960年以降あまり重要でなくなったためだとした．事実，わが国での発生面積は1960年代初期をピークに減少し，30年後の1989年は，第1，第2世代ともに当時の約10%となった．しかし，1990年以降増加に転じ，1994年ごろには東北から九州までの各地で問題化し，なかでも埼玉県や静岡県では少し早く1986年ごろから増加したものの，1995年以降は再び全国的に減少の一途をたどって現在に至っている．

1960年代以降の減少について多くの論議があるが，イネの品種特性との関連で重要な要素の第1は，草型が穂重型から穂数型に大きく転換したことであり，その第2は，早期栽培品種の増加である．

第1の草型との関係では，図10.1に示された成績のように，太稈の穂重型に比較して細稈の中間型や穂数型は幼虫の発育が良好でなく，被害も少ないことが古くから知られている（河田，1942；深谷，1947a；石倉・渡辺，1955など）．この穂重型とは1穂の重量が重い品種のことで，太い稈，少ない茎数，高い草丈が特徴であり，一方，穂数型とは1穂重量は軽いが穂数の量で多収性を高める草型のことで，細い稈，多い茎数，低い草丈が特徴である．この形質は品種の育成の指標として重要であり極穂重型，穂重型，偏穂

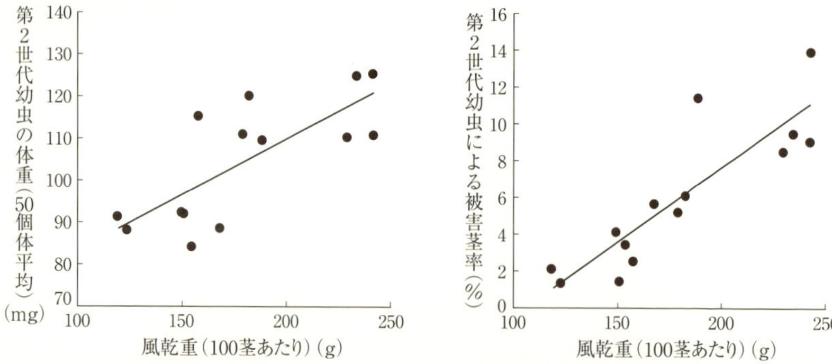

図 10.1　イネ品種別におけるニカメイガ第2世代幼虫の体重と被害茎率におよぼす稲茎葉風乾重の影響（深谷，1947a より作図）.

重型，中間型，偏穂数型，穂数型，極穂数型に区別されている．日本での多収のための育種を振り返ると，交雑育種が本格的に開始されて「農林1号」が世に出た1931年以降，品種育成は短稈・穂数型の傾向であり，増収を目的とする窒素肥料の多量投入での倒伏に耐えうる耐倒伏性草型の創出でもあった（中根・丸山，1992）.

ニカメイガの発生とイネの草型との関連が示唆されることから，1951年から現在に至るまでの品種別の栽培面積の変遷を草型に注目して追跡すると以下のようになる．栽培面積が全国1位の品種をみると，1951–57年の7年間は穂重型の「農林18号」であったのに対し，その後の1958–61年の4年間は穂数型の「金南風（きんまぜ）」，1962–66年の5年間も穂数型の「ホウネンワセ」であった．1967–69年は穂重型の「フジミノリ」が3年間継続したものの，1970–78年の9年間は偏穂数型の「日本晴」，1979–2008年の30年間は中間型の「コシヒカリ」である．東北が主体で穂数型の「ササニシキ」は1973年に全国で3位入りした後，1993年までの21年間，全国で2–4位を占めており，「日本晴」(1969年から1993年までの25年間，1–4位)，「コシヒカリ」(1962年から現在まで46年間，1–4位）を加えたこの3品種は穂重型品種から脱却した象徴的品種である.

なお，1971年における作付け面積10位までの品種のなかには，青森県で育成された偏穂重型の「レイメイ」が7位に存在するものの，ほかのすべての9品種は中間型から穂数型であり，全国的に穂数型へ変化したことがわかる．特異な存在として1967−69年に全国1位で穂重型の「フジミノリ」は青森県で育成された冷害抵抗性として注目された品種であり，「レイメイ」は「フジミノリ」のガンマ線照射による突然変異の半矮性品種（わが国最初）として冷害抵抗性に加えて耐倒伏性にすぐれたため，急速に両者が置き換わった．

以上から，1958年以降現在に至る約50年間の経過のなかで，冷害抵抗性との関係から穂重型や偏穂重型が上位に選ばれた経緯があったものの，1960年代に急速に穂重型から穂数型の方向に品種が入れ替わったことは，ニカメイガ発生抑制の重要な要素と考えられる．

一方，埼玉県（1986年から多発）と山形県（1990年ごろからの多発）では1990年ごろに多発に転じた要因調査を行い，埼玉県では「キヌヒカリ」など，山形県では「どまんなか」などの茎の太い品種の導入に起因するとして（江村1990，1991，1994；石黒，1997），導入品種と草型との関連の重要性を再認識している．

第2の栽培時期の早期化との関連では，千葉県での事例が象徴的であり，台風被害の回避のために全県を早期栽培にしたことで9月上旬には収穫が終了してしまい，9月以降の餌確保が困難となって生活環が途切れ，密度が低下した．早期栽培での短期生育性品種の導入は早場米地域で増加の一途をたどっているが，比較的早生品種の「コシヒカリ」が良食味品種であったために栽培面積が増加して，2007年は全国作付け面積の37.2%となっているケースもある．

1990年ごろの全国各地での増加事例について，生活環の途切れの解除が指摘されている．つまり，6月に移植する普通植栽培主体の地域に4−5月移植の「コシヒカリ」を主体とする早期・早植え栽培が混在したことで，第1世代と第2世代の餌が確保された．加えて，果樹園などの敷藁の存在によって越冬場所が確保されて増加に転じた場合もあり，九州地域では福岡県（吉武，1994），関東地域では埼玉県（江村，1994），中国地域では広島県，鳥取県，島根県，岡山県（近藤，1994）でその概要が説明されている．

10.1.2　埼玉県におけるイネの品種変遷と被害推移

埼玉県内では全国と同様に1960年ごろまで猛威を振るっていたニカメイ

表 10.1　埼玉県での 1950 年から 1990 年ごろまでの主要品種で飼育した第 2 世代幼虫の翌春の生存率と体重．

品種名	草型	栽培されたおもな年代	幼虫生存率（%）	生存幼虫の体重（mg）
農林 8 号	穂重型	1950 年代前半	84.4 ± 13.4	79.7 ± 17.7
農林 25 号	穂重型	1950 年代後半	97.8 ± 5.6	71.7 ± 18.1
金南風	穂数型	1950 年代後半–60 年代前半	53.3 ± 20.4	65.1 ± 13.9
トネワセ	中間型	1950 年代後半–60 年代	62.2 ± 14.8	49.8 ± 13.9
中生新千本	穂数型	1960 年代	55.6 ± 21.0	50.5 ± 11.5
日本晴	偏穂数型	1960 年代後半–80 年代前半	35.6 ± 16.7	61.6 ± 9.3
むさしこがね	偏穂数型	1980 年代	66.7 ± 3.9	62.1 ± 11.9

・埼玉県農業試験場 1992 年の成績による．数値は 3 ポットの平均 ± SD.
・草型は農林 8 号，25 号は筆者の観察から．それ以外は，イネ品種データーベース検索システム「独立行政法人農業・食品産業技術総合研究機構作物研究所」による．
・2000 分の 1 a ポットに 1991 年 6 月 27 日，中苗 3 個体を 1 株として 3 株移植し網室で栽培．窒素，リン酸，カリを各 1 g 基肥．9 月 3 日，各品種 3 ポットを供試して，1 ポットあたり 15 個体（各株に 5 個体）10–15 mm の若齢幼虫を接種．イネは成熟後土壌を湿らせた状態で屋外の網室で越冬させ，1992 年 4 月 9–13 日に幼虫数を調べ，同 14 日に体重を調べた．

ガであるが，1970 年直後から激減し，1980 年代前半は 0% に近い発生面積率となった．しかし 1986 年以降は増加に転じ，1994 年 10 月には，収穫を放棄して水田全体を焼却する光景もみられた．第 1 世代幼虫の被害面積のピークは 1996 年で 22470 ha，水稲作付け面積に対する発生面積率は 52% となって 1960 年代の様相を呈したが，その後は減少の一途をたどり，2005 年は 0% に近い．この 1986 年以降の多発については 10.2.3 項で論じることとし，ここでは，1950 年から 1980 年代の主要品種の変遷について考えてみたい．

深谷ら（1954，1956）は埼玉県内で栽培されていた農林 29 号と農林 35 号から収穫時に幼虫を採取して 11 月 14 日の幼虫の体重を測定し，個体別に 95% R.H. で飼育して翌年の蛹化数から死亡率との関係を調べ，60 mg 以下の軽い個体ではほぼ 100% の死亡率を得て，このような個体では越冬の困難性を示唆した．そこで，1950 年代から現在までの主力品種をポットで栽培し，生産者の水田で自然発生した第 2 世代若齢幼虫を 9 月 3 日に接種し，翌春に幼虫の体重と生存率を比較した（表 10.1）．結果は，1950 年代に主力品種であった「農林 8 号」と「農林 25 号」を寄主とした幼虫の体重は 79.7 mg と 71.7 mg，生存率は 84.4% と 97.8% であった．それに比較して 1950 年代後半からの主力 5 品種は，体重，生存率ともに明らかに低く，平均体重の最高は「金南風」の 65.1 mg，最低は「トネワセ」の 49.8 mg，幼虫生存率の最高は「むさしこがね」の66.7%，最低は「日本晴」の35.6%であり，1960年以降の品種が幼虫の発育にふさわしくない方向に変化したことがうかがえる．

10.2　イネの品種と被害発生，幼虫の発育

10.2.1　多発イネと少発イネの品種と形質

品種によって被害程度が異なることについて石倉・小野（1959）は，①成虫の産卵の多少，②孵化幼虫の食入の難易，③幼虫の成育歩合，④幼虫の分散程度，⑤イネの被害回復能力の差，などの要素が考えられるとし，最終的には①と③と④の原因の支配を示唆している．

産卵数について石倉・小野（1959）は，クロロフィル含有量が1 gあたり2–5 mgの13品種と越冬世代成虫による産下卵塊数の関係において，明らかに含有量の高い品種で卵塊の多いことを示し，藤村（1961）は第1，第2世代の産卵数について，太郎兵衛糯より農林8号に卵塊数が多いこと，両品種ともに窒素を50%多くしたことで7倍程度の卵塊数が増加することを示している．一方，和田（1942）は日本型品種群はインド型品種群に比較して産付卵塊数が少なく，被害程度も低く，両品種群ともに植物体の剛い品種は柔らかい品種より卵塊数が少なく，被害程度も低いとし（図10.2），この原因は窒素吸収力の品種特性から生じたものと推定するとともに，葉身の長さと幅の大きいものも産卵が多いとしている．

孵化幼虫の食入難易性と品種の関連に関しては，品種間に程度の差があるものの抵抗性として大した役割を演じないとの説があったが（河田，1942），瀬古・加藤（1950b）は品種特性として葉脈間と幼虫の頭幅に注目して葉脈の狭い品種は食入の困難性が高いとした．その後，岡本・阿部（1958）によって，第2世代幼虫の食入茎率は出穂期の遅い品種や葉幅の広い品種で高いことが示されている．

幼虫の発育や歩留りは，品種特性としての草型がかなり重要である．河田（1942）は，マコモのように茎の太いジャワ稲，茎が細い中国稲および日本稲に第2世代幼虫を接種して比較し，ジャワ稲は著しく減収した一方，中国

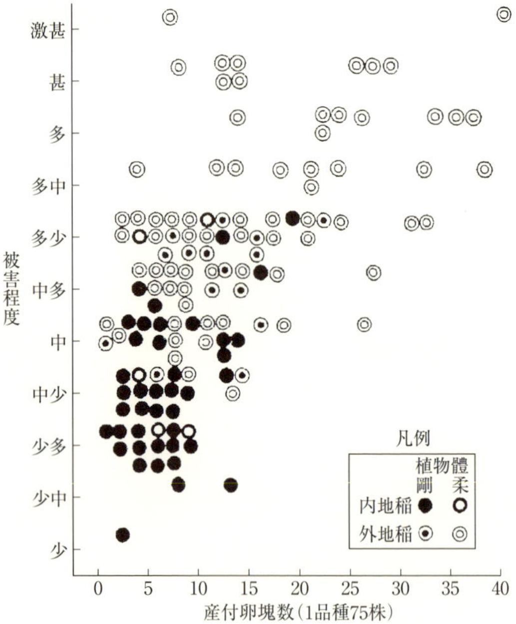

図 10.2　日本のイネと外国稲のニカメイガ被害程度の品種間差（○は1品種を示す）．日本のイネは日本型品種，外国稲のほとんどがインド型品種（和田，1942）．

稲の光秈は減収が少ないことに注目した．そして，その要因が少なくとも幼虫発育後半期における生存率および発育に差が生じることは，生活領分に関係がありそうだとして，「光秈」の茎が狭すぎるのではないかとした．一方，深谷（1947a）は実験を行った岡山県での奨励品種13品種を含む14品種について，収穫時の第2世代幼虫による被害茎率と幼虫の体重を測定し，品種特性としての茎葉風乾重と比較して両者に高い正の相関を見出した（図10.1）．そして，「本種に対するイネの耐虫性が一体いかなる要因に支配されているものであるかは．我々の最も知りたい所であって，風乾重の重い品種は分げつが少なく茎の太いことを意味し，茎の太い品種はニカメイチュウによく侵される」とした．さらに，「今回の試験のように風乾重と被害茎率とのあいだに0.88という高い相関の存在することは予期しなかった」と言及している．この2つの報告は，イネの茎の太さを論じた最初の報告であり，その後，石倉・渡辺（1955）は茎数の多い品種は概して被害茎率が低いが，これは茎が多いために相対的に低いのでなく，被害茎そのものの発生が低いためだとした．柴辻ら（1960）は早生，中生，晩生の各々の穂重型品種と穂数型品種について早植えと普通植えで比較し，収穫時の幼虫数はすべての組み合わせで穂数型での幼虫数が少なく，体重も軽いことを示した．宮下（1982）は，1955–76年における九州，瀬戸内，関東，東北での田植えと収穫時期，1 m^2あたり穂数の変化の年次推移を考察し，田植えの早期化が農作物統計上の数字としてはっきり認められるようになるのは1965年ごろからであり，同時に全国的に有効穂数が急に多くなりだして，幼虫の発育に不都合な条件をもたらしたとしており，穂数型品種への移行が被害軽減に寄与したとした．

幼虫の分散性については，品種特性としての茎内デンプン量との関係が示唆され，デンプンの多い品種群では茎が枯死するまで幼虫がとどまるのに対し，少ない品種群では餌不足によって分散して，イネを食い荒らして被害を大きくした（筒井，1951）．

10.2.2 イネの太さをめぐる諸問題

イネの茎の太さを測定しようとする場合，その定義が必要であり，茎節部の名称については木村ら（1986）が示した（図10.3 A）．太さについて内山田ら（1977）は，「1株の中での最長稈の地上10 cm付近の節間部の長径と短径の平均」としている．しかし，この節間部は乾燥によって容易に収縮して取り扱いに苦慮する．また，調査時の時間的制限などから，乾燥後の安定した部位の測定が都合よい．そこで，江村（1994）は図10.3 Bに示す「地際に最も近い地上部の解剖学上の節の最大部位の長径と短径の平均」とし，これをもってイネの太さとするとともに，稲藁での調査法として提唱した．なお，岡本・阿部（1958）は穂首から下へ2節目の上方1–2 cmの部位としており，石黒（1997）は第1世代との関係では「展開葉の上から3枚目葉鞘の葉舌の1 cm下の部分」を，第2世代との関係では「刈り取り後直ちに，葉鞘を除去して第3節の1 cm下（第4節間上部）で測定している．

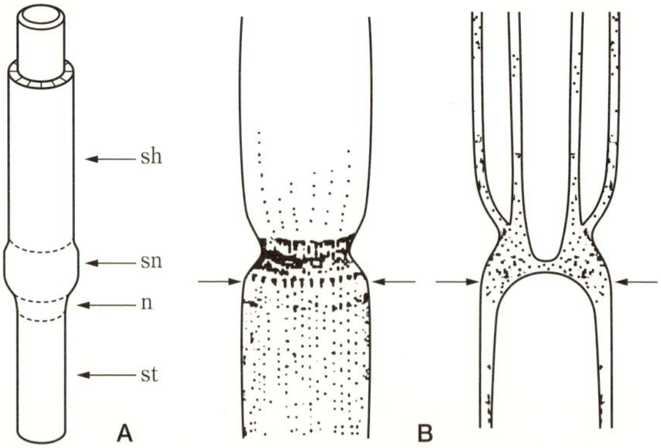

図10.3　イネの各部の名称と茎の太さの測定部位の事例．A：茎節部の名称．sh；鞘，st；節間，sn；茎節，n；解剖学上の節（木村ら，1986）．B：イネの茎の太さを測定する部位の事例．地際にもっとも近い地上部の解剖学上の節の最大部位の（長径＋短径）÷2（江村，1994）．

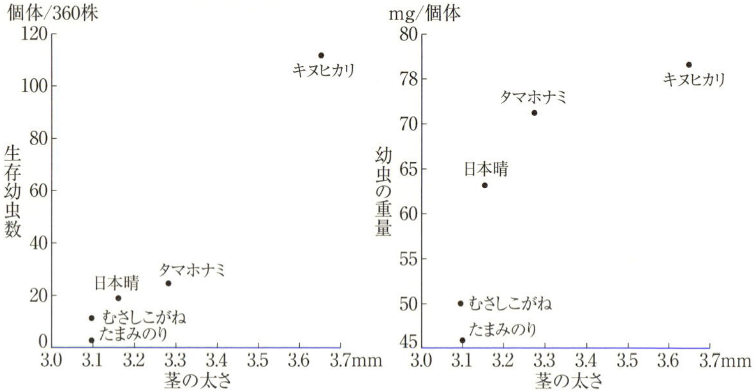

図10.4　イネの品種別茎の太さと1月中旬の藁の茎内幼虫数および平均重量との関係．同一圃場での3連制の栽培．収穫時に地際で刈り取り，無加温ガラス室に保存（江村，1994）．

10.2.3　イネの草型と耐虫性

埼玉県では1986年以降に被害が増加し，とくに「キヌヒカリ」で多発した．そこで同一圃場に主要5品種を栽培して地際部で刈り取り，ガラス室で保存後，茎内に生息する1月中旬の幼虫数およびその体重を調べ，上記の手法で求めた茎の太さとの関係を検討した（図 10.4）．偏穂数型の「むさしこがね」と姉妹品種の「たまみのり」は「日本晴」に比較して茎が細く，生存幼虫数が少なく，幼虫の体重も軽いという結果であった．その原因は，河田（1942）が中国稲で指摘したのと同様に，幼虫の生活場所としての茎内が狭いためと推定した．この 2 品種は，「日本晴」での縞葉枯病の大発生に対応して埼玉県が育成して導入し，米麦二毛作地域で 1980 年代に寡占化した縞葉枯病抵抗性品種である．

一方，1984 年に奨励品種として採用した「タマホナミ」は「日本晴」より茎がやや太く，幼虫の体重も優ることから多発を導いた先駆け的存在と考えられ，1986 年からの増加時期と驚くほど一致している．さらに，1989 年から奨励品種とした「キヌヒカリ」は茎がもっとも太く，保存稲藁における 1 月中旬の茎あたり生存幼虫数は「タマホナミ」の 4 倍以上で体重も重かった．なお，この「キヌヒカリ」は，国際イネ研究所（IRRI）が育成したインド型で短稈・多収の「IR8」を母，前記した冷害抵抗性の「フジミノリ」を父とした「F1」に対して，良食味の「コシヒカリ」，いもち病抵抗性および多収性の「ナゴユタカ」を交配したものであり（石坂ら，1989），日本で栽培されている炊飯用品種では，インド型の半矮性遺伝子をもつ特異な存在である．

図 10.5 は 5 月 15 日から 10 日間隔に「たまみのり」「日本晴」「キヌヒカリ」を同一圃場に移植し，収穫時に調査した被害株率と被害茎率であるが，全移植期間を通して「たまみのり」は著しく被害が少なく，「キヌヒカリ」

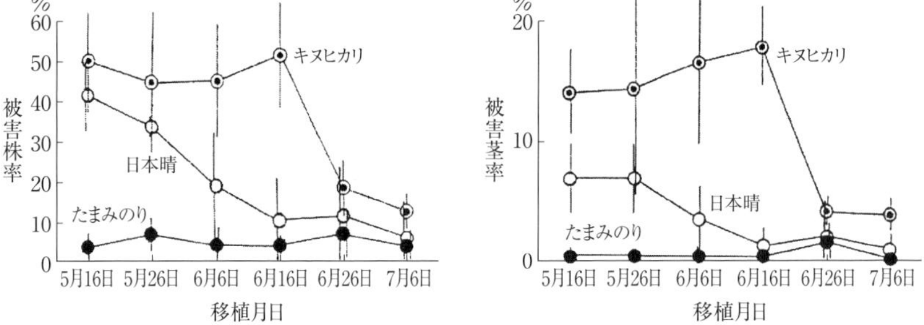

図 10.5　「キヌヒカリ」「日本晴」「たまみのり」の移植時期別にみた第 2 世代幼虫による被害株率と被害茎率．同一圃場での 3 連制の栽培．収穫時期調査（江村，1991）．

で多く,「日本晴」はその中間であって，もっとも茎の細い「たまみのり」は強い抵抗性品種といえる状況にある.

10.3　幼虫の生息位置

10.3.1　品種特性とイネ内部での幼虫生息位置

日本では，イネ栽培の機械化にともなって本種が減少していったことは周知のとおりであり（高木，1974；宮下，1982)，Kiritani（1990）は韓国と台湾でも同様の事象が生じていることを指摘した．事実，機械刈りでの幼虫の切断や圧殺は本種の個体数の低減に寄与したことは疑う余地がない．しかし，この機械刈りによる密度抑制は，有効に作用しなくなったことが指摘されている（江村，1993)．それによると,「日本晴」に比較して1980年代以降に埼玉県が奨励した6品種は，幼虫が下部に生息する傾向を示し，それは，短稈品種への移行にともなったもので，1994年に奨励品種に採用した「彩の夢」は，収穫時に地表下に生息する割合が46%でもっとも高く，最低の「日本晴」の16.1%よりかなり高い．このような地表下に幼虫が多数生息する品種は，稈長が短く地際部の茎が比較的太い形質を備えており，切断や圧殺など機械刈りの影響が少ない.

10.3.2　過去の品種におけるイネ内部での幼虫生息位置

1900年の東京市西ヶ原（中川，1902）および1963年の埼玉県鴻巣市（内藤，1964）の収穫時の稈のなかでの幼虫生息位置調査では，地表下にほとんど生息していなかった．前述した「彩の夢」などと大きな差異が生じているが，その要因は過去の材料が長稈の穂重型を用いていたためであり，品種間差異が生息位置に関与したと推定される.

10.4　今後の品種育成と耐虫性

今後の育種目標の代表的草型として，国際イネ研究所がNew Plant Type（NPT）を示している．この形状は短稈・穂重型であり，それをどこまで追求するかは別として，いずれも短稈で地際部が太い竹の子状の茎を想定している．また，同様のことが日本でも示され，飛躍的増収のために巨大な粒，1穂粒数の増加，半矮性の結合が示され，すでにこれらの外国稲遺伝子が利用されている（中根・丸山，1992）．このような極太短稈タイプのイネが日本など温帯で栽培されると，収穫時のニカメイガ幼虫が地下部に潜っているために越冬率を高め，体重も増大するために本種の増殖には都合がよい．

一方，近年の日本では飼料の自給率向上と水田の保全を目的に，飼料イネの作付け面積が増加している．バイオマスを得るために大型の品種が採用されており，飼料用として育種された「はまさり」「たませどり」は，表10.1での試験と同時に行った飼育結果では幼虫の平均体重は各77.6 mgと73.6 mgであり，1950年初期の農林8号や25号と同様の発育であった．さらに，飼料用イネとしてケイ酸含有量の少ない品種が育種目標とされている（加藤，2005）．ケイ酸の存在はニカメイガ耐虫性要素として重要であり（馬場，1944；笹本，1954，江村ら，2002など第12章参照），このような育種方向は本種の多発を助長する要素である．

なお，イネへの遺伝子組換えによる耐虫性育種が室内試験で行われている．たとえば，バクテリア *B. thuringiensis* の殺虫性タンパク質遺伝子 *cryIA*(*b*) を「日本晴」に導入してニカメイガ幼虫に殺虫効果を確認（Fujimoto *et al.*, 1993），幼虫の腸内消化酵素の主成分であるトリプシンを阻害するタンパク質（シカクマメ由来トリプシンインヒビター）の遺伝子 *mwtilb* を「日本晴」に導入してニカメイガ幼虫を発育抑制（Mochizuki *et al.*, 1999），昆虫の顆粒病ウイルス由来遺伝子導入によるイネの鱗翅目昆虫に対する耐虫性の付与（森ら，2000）などである．前記したバイオマスを目的とする大型品種の栽培増加は，ニカメイガの多発要因であり，それが現実となった場合の対応策として，遺伝子組換えによる抵抗性品種の育成は有効な手段となりうる．しかし，その危険性と有用性については多くの評価が存在しており，長期的視野にもとづく知識の集積があって，利用可能な技術について，社会全体での合意形成が進行すると考える．

III

生態現象の生理的機構

11　生活環の地理的変異

岸野賢一

ニカメイガは，それぞれの地域の環境条件に適応して大発生を繰り返し，わが国の稲作に大きな損害をもたらしてきた．本種は元来多化性種として知られ，熱帯，亜熱帯では年 4–6 世代を経過するといわれる．わが国では大部分の地域で年 2 回発生しているが，年 1 回あるいは年 3 回発生する地域も存在しているし，2 回発生と 1 回発生の境界などでは複雑な誘殺消長が観察されている．このような発生の地域的な差異も，1940 年代までは十分な解明がなされていなかったが，1950 年代に入り，病害虫発生予察事業の本格化とともに，各地の発生実態が徐々に明らかとなってきた．1960 年代に入ると，昆虫の生活環の成立機構や，季節適応に関する海外の研究成果が紹介されてきたが，わが国では，実験機材の整備が不十分で拱手の感があった．しかし，このころには，各地の発生実態の把握が進むとともに，合成農薬の開発と相まって，防除も積極的に行われ，大発生による水稲の被害は抑え込まれていたものの，1 回発生地域や 1, 2 回発生の境界地域では，薬剤散布適期の把握が困難で，水稲の減収が繰り返されていた．その後，飼育法の開発，温度や光周期の制御が可能な実験機材の設置など，研究環境が整備されて，異なる生活環の成立機構も徐々に明らかになってきた．この章では，ニカメイガ生活環の地域的差異の実態を示し，それがどのような環境条件と生理的性質によって引き起こされているかを明らかにする．

11.1　生活環と環境条件の地域性

11.1.1　生活環の地域性

ニカメイガの発生状況は明治年代の中–後期に，各道府県の農事試験場や主要地点に設置された誘蛾灯の誘殺消長から推定されてきた．1940年のいもち病，ウンカ類の大発生を契機として，翌年には病害虫発生予察事業が施行され，各種農作物の発生予知体制が整備されてきたが，誘蛾灯の設置地点は増設されたものの，第2次世界大戦中の灯火管制下では，十分な機能が発揮されないまま終戦を迎えることになる．戦後，本格的な発生予察事業が始まり，全国的な発生の実態がしだいに明らかになってきた．各地の誘蛾灯の誘殺消長から，発生の類型化が進められ，発生型と地域的な関連が提起されたし（Ishikura, 1955），越冬世代後期の幼虫発育や移動性から生態型の存在が提示され，発生に地域性のあることが報告されている（深谷，1948a）．これは後に庄内型，西国型と呼称されるようになる．しかし，わが国における生活環は基本的には4型と考えられる（図11.1）．

つまり，①1回発生型，②早い2回発生型，③遅い2回発生型，④3回発生型，である．1回発生型は北海道や東北の一部で，早い2回発生型は東北や北陸地方で，遅い2回発生型は関東以西で，3回発生型は高知県の二期作

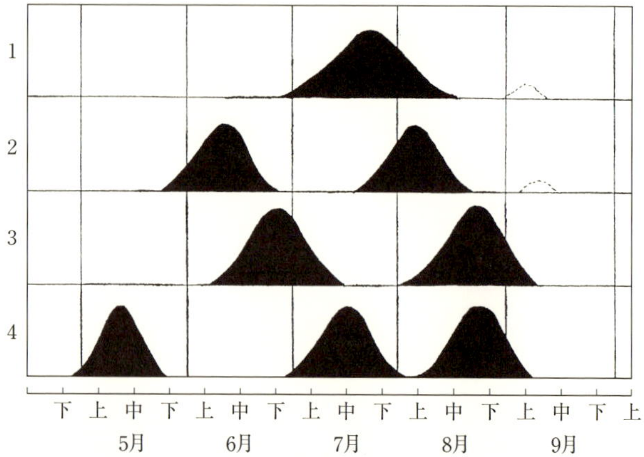

図11.1　異なる生活環の基本型における成虫発生時期の模式図（岸野，1974）．

地帯や沖縄でみられる.

ニカメイガが有効温量の少ない北海道や青森県で，年1回発生の生活環をもつことは以前から知られていた（北山，1910；桑山，1928）．秋田，岩手，宮城県では2回発生するものと考えられていたようである．秋田，岩手，宮城県の一部に1回発生地の存在が報告されたのはかなり後のことである（長谷川，1960；大矢・大森，1961；熊谷ら，1967）．また，奥羽山系の山間部にも1回発生地の存在が確認されてきた（菊地，1963）．それでは，1回発生と2回発生の境界はどこにあるのか．境界と考えられた地域の誘殺消長，水稲の被害茎発生状況や虫態，虫の生理的性質を調べて境界を推定したものが図11.2である.

すなわち，境界は日本海沿岸の青森，秋田の県境付近から，米代川流域の二つ井町と鷹巣町のあいだを横切り，出羽丘陵を南下させて，田沢湖を通過し，奥羽山脈を越えて盛岡付近を横切り，北上山地を南下させて，三陸沿岸の歌津町を結ぶ線である.

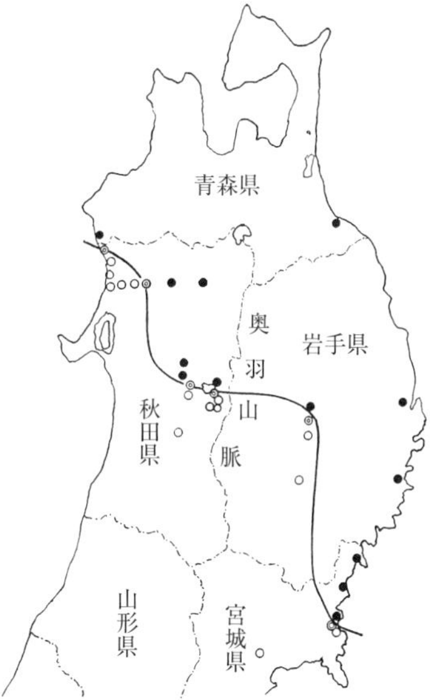

図11.2 1，2回発生の境界の推定．黒丸は1回，白丸は2回，二重丸は混発地を示す（岸野，1974）.

この境界の南側にも，実質的な 1 回発生地が多く存在することが（深谷，1947a；宮下，1956；中村ら，1959；小野塚ら，1963；武藤ら，1965），そして，高知県の 3 回発生地の周辺では複雑な発生がみられることが報告されている（吉井ら，1958）．境界の南側の 1 回発生地は本州の背梁山脈に広がる山間，高冷地や晩植地帯などである．

発生時期と地域的な関連を知るために，水稲の栽培条件が比較的安定していたと考えられる，1951 年から 1960 年までの 10 年間の誘殺最盛期と調査地点の緯度との関係を調べてみた（図 11.3）．

この図からわかるように，2 回発生地域では全般的にみて，北の地方で発生時期が早く，南の地方で発生時期が遅い傾向にあるが，北緯 36 度付近で傾向線は大きく変化している．この傾向線が大きく変化する地域の北では，高緯度ほど発生時期は遅れるが，これより南の地域ではむしろ低緯度ほど遅れる傾向を示している．そして，3 回発生地域で発生時期がもっとも早く，1 回発生地域で発生時期がもっとも遅い．

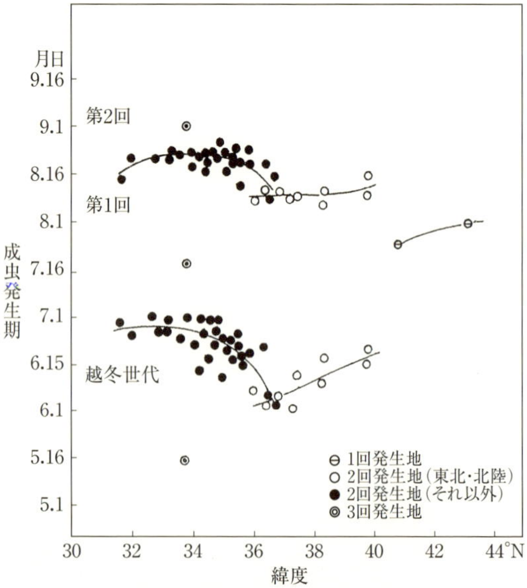

図 11.3　成虫発生期の地域的差異．1951−60 年の平均値で示した（病害虫発生予察 20 周年記念誌による）（岸野，1974）．

11.1.2 環境条件の地域性

わが国は南北に長く位置しており，そのため，気候条件や水稲の栽培時期にも大きな地域差がみられる．そこで，発生に大きく関与する環境要因を，物理的と生物的な要因の２つに分けて考えてみた．

発育温量と日長の地理的変異

物理的な要因として気温と日長を取り上げた．気温は緯度と大きく関係するところから，都道府県庁所在地に実在する有効温量（発育に必要な温量で，下限温度を10℃と仮定して月別平均気温から求めた）と緯度との関連を求め，それに，夏至と８月１日における日長の変化を加えてみた（図11.4）．

実在する有効温量は緯度と高い相関関係が認められ，北と南では大きく異なり，鹿児島と札幌とでは３倍に近い差のあることが，また，日長時間は春

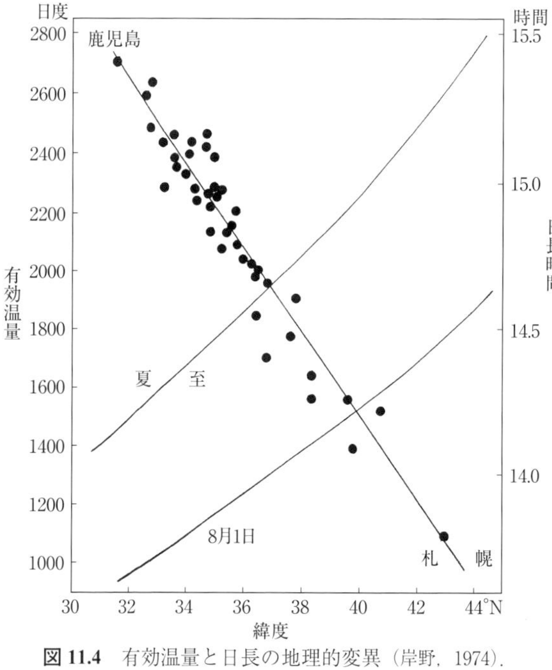

図 11.4 有効温量と日長の地理的変異（岸野，1974）．

分から秋分のあいだは高緯度地方ほど長く，鹿児島と札幌とのあいだでは夏至で約1時間におよぶ違いのあることがわかる．

水稲栽培季節の地域性

発生に大きく関与する生物的要因として寄主である水稲の栽培時期がある．この虫の発生に水稲の栽培条件も大きく関与していることは，高知県の二期作地域での3回発生型の出現からも推定されるが（吉野，1930a），水稲の栽培条件が大きく変化しないかぎり生活環は安定していると考えてよかろう．そこで，栽培が比較的安定していた時期の田植え時期，刈り取り時期と緯度との関係を調べてみた（図11.5）．

田植え時期は北の地方で早く，南の地方で遅い傾向がみられ，気温の地理的変異とは逆行している．また，刈り取り時期も田植え時期と同傾向を示しているが，北と南の傾向が強調されているようにみえるし，北緯36–37度

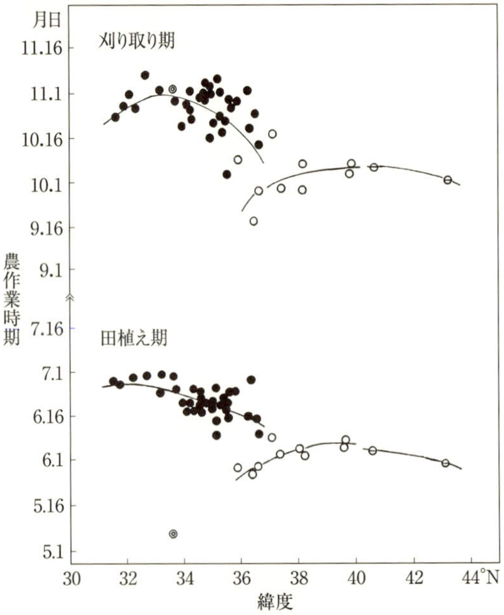

図11.5　水稲栽培時期の地域的差異．1953–57年の5カ年間の各県平均日．凡例は図11.3参照．農林省作物統計（1958年版）より（岸野，1974）．

付近では変異の傾向が逆転しているようにみえる．水稲の栽培季節には特異な変異のあることがうかがえる．そして，戦前，戦中の麦作の奨励にともなう水稲の晩期栽培も，生活環に大きな影響をおよぼした要因の1つと思われる（中村ら，1959）．

11.2 発育と休眠の地域性

11.2.1 越冬世代後休眠期発育の地理的変異

温帯地方に生息する昆虫の多くは発育に不適な冬を休眠状態で過ごし，春の到来とともに休眠から覚醒して発育を再開するといわれる．ニカメイガも幼虫が休眠状態で冬を過ごし，越冬後に休眠が徐々に覚醒されるといわれる．越冬世代成虫発生時期の地域的な差異を解析しようとして，越冬幼虫を全国的な規模で採集し，加温飼育法によって蛹化前期間を調査したところ図11.6に示す結果が得られた．

長日条件下で行った実験では，越冬世代後期の幼虫発育と採集地の緯度とのあいだには特徴のある凹字型が示されている．つまり，北緯36度から40度にかけて，発育の速い地域が存在し，その地域の両側つまり南と北に発育の遅い地域が存在していた．速い発育を示す地域は北陸，東北の2回発生地域であり，その北側は東北，北海道の1回発生地域である．そして，その南側は東，西日本の2回発生地域である．高知県の3回発生地域の幼虫はこの傾向線から大きく外れていた．また，1, 2回発生の境界地域で変異の方向が逆転している現象は興味深い．自然条件下で行った実験でもほぼ同じ傾向が認められ，その生理的性質は環境条件に適応した連続的な地理的変異とみられた．また，越冬世代の蛹発育にも地域性がみられ，変異の傾向は越冬世代後期の幼虫発育とほぼ同様であったが，その差異は成虫の羽化時期を左右するほど大きなものではない．

11.2.2 非休眠幼虫発育の地理的変異

休眠期の終了と休眠誘起時期とにはさまれた期間が，いわゆる成長期である．この期間に1, 2回の休眠なしの発育を完了させることができるかどうか

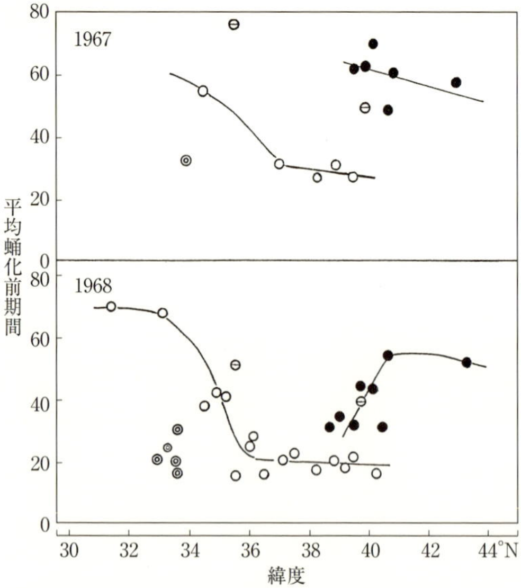

図 11.6　越冬世代後休眠期発育の地理的変異．黒丸は 1 回発生地を，白丸は 2 回発生地を，二重丸は 3 回発生地を，白丸横線は特異的発生地を示す（岸野，1974）．

が，年 2, 3 回の生活環を完成するうえで重要となる．2 回発生地域の第 1 世代幼虫の発育について，地域的な差異のあることを最初に指摘したのは深谷（1949）であろう．岸野（1974）は全国各地から採集した材料の幼虫期を，非休眠条件下（16L−8D，25℃）で飼育して発育を比較している（図 11.7）．

この図から，1, 2 回発生地域とも緯度が高くなるにしたがって，幼虫期間は短くなり 1, 2 回発生の境界地域では，明らかな発育差がみられ，勾配変異に断層が形成されていることがわかる．3 回発生地域では，同緯度付近の 2 回発生地域の個体群と比べて，それほど大きな発育差はみられない．非休眠幼虫発育の地理的変異は実在する有効温量の多少を反映した勾配変異とみてよかろう．

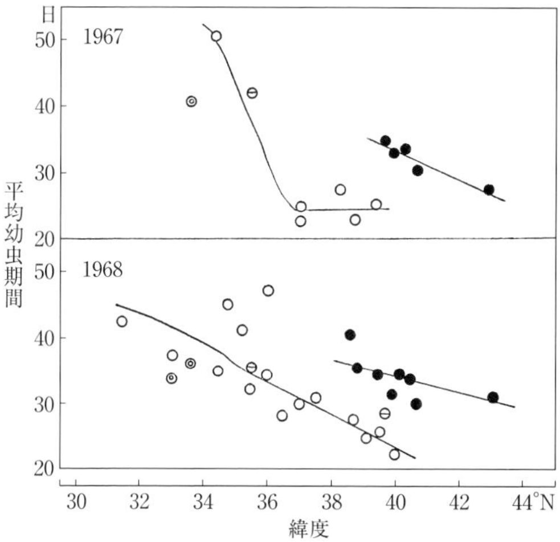

図 11.7 非休眠幼虫発育の地理的変異．凡例は図 11.6 参照（岸野，1974）．

11.2.3 休眠誘起臨界日長の地理的変異

生活環の形成において休眠誘起時期の決定は，成長期の終了を季節変化に先がけて一定の発育段階に保つ役割を担っている．休眠誘起に主導的な役割を果たすのは，幼虫初–中期の日長である．この反応に地域差のあることは井上・釜野（1957）によって明らかにされていた．日長は地理的な位置によって異なるところから，休眠誘起の臨界日長は産地の緯度と関連していることは容易に推定されるが，どのような地理的変異を示すかは不明であった．そこで，各地から採集した材料を用いて休眠誘起の臨界日長を調べて，緯度との関係を検討した（図 11.8）．

この図から，産地の緯度と休眠誘起臨界日長とのあいだには，高い正の相関関係が認められ，高緯度から採集した個体群ほど臨界日長は長く，低緯度から採集した個体群ほど短いことがわかる．したがって，休眠の誘起は，生態型や発生型の分化とは無関係な，連続的な勾配変異であることが理解できる．しかし，この直線は夏至や一定時期を基準とした，日長時間の違いを結ぶ直線とは平行ではなかった．このことは，暦上のほぼ同一時期に休眠誘起が起こるのではなく，北の地方は南の地方に比べて早い時期に休眠が誘起さ

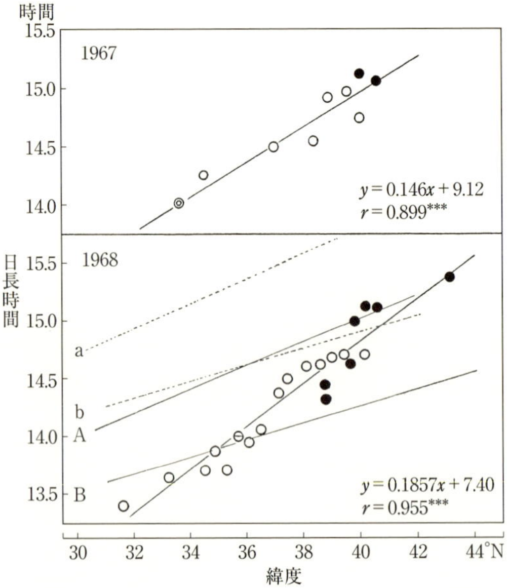

図 11.8　休眠誘起臨界日長の地理的変異．Aは夏至の，Bは8月1日の日長時間，a，bはそれぞれ推定の有効日長時間を示す．凡例は図11.6参照（岸野，1974）．

れることを示すものである．このように，光周反応には明らかに地理的な勾配変異のあることがわかる．これも季節適応によって獲得した変異と考えてよかろう．

実際に各地の野外で起こっている休眠誘起時期は，日長時間の推移から推定する手がかりは得られたが，日出前，日没後の薄明，薄暮も明期として感受している可能性があるし，不変日長下で得られた実験値と可照時間（日出から日没までの時間）とから，休眠誘起時期を推定するには多少の無理があった．そこで，光周期を感受する最低照度や不変日長下と，日長漸減条件下で得られた臨界日長の違いを調べてみた．幼虫が感受する最低照度は実験的には0.2−0.3ルクスで，生息部位の水稲茎内で，明るさがこの照度に達してからこの照度に落ち込むまでの時間は，平地では可照時間より45分前後長いと考えられた．そして，自然条件下で寄生時期を順次遅らせて得られた臨界休眠誘起時期との差からも，有効日長時間は可照時間に0.75時間加算した場合がよく一致し，気温による変動はあるものの，各地の休眠誘起時期はかなり正確に推定できることがわかった．天体の運行には変動のないことから，休眠誘起時期は各地で一定に保たれることになる．

11.3 異なる生活環の成立とその調節機構

11.3.1 異なる生活環の成立

ニカメイガの生活環は，外因的には日長や気温などの環境条件によって，内因的には発育や休眠にみられる遺伝的な生理的性質によって調節されているものと考えられる．

そこで，日長と温度との相互関連を表し，各種の昆虫の発生解析によく利用されている光温図を活用して異なる生活環成立の解析を試みた（図11.9）．

基本的な発生型を示す4地点で，生活環を完成するに必要な温量（発育所要温量）と，それぞれの地点に存在する有効温量（実在有効温量），日長の季節的変化，光周感受期，休眠誘起時期との関係を示したものである．

実験的に得られた越冬後期の発育所要温量と実在有効温量とが大きく違っていたことから，多少の補正を加える必要があった．食い違いの原因は，実験値が恒温下で得られたことによる恒温と変温下での発育差や，実在有効温量の積算値に平均気温を用いたことなどによるものであろう．ここで示した光温図では，越冬後期の発育所要温量と実在有効温量との適合性を図るため補正値を0.6倍として作成してある．この図から，産地の実在有効温量と発育に関する生理的性質との関係が明らかとなり，両者が相互に関連して，異なる生活環が成立している仕組みがよく理解できよう．

それでは，1回発生地の青森県黒石と，早い発生型を示す2回発生地の秋田県大曲について比べてみよう．すなわち，黒石では越冬世代後期の幼虫発育が遅いうえに，気温が発育最低温度に上昇し始める時期も遅いから，休眠誘起時期は越冬世代の完了期にあたり，光周感受期の第1世代幼虫初–中期には，すでに日長が休眠誘起日長以下に落ち込んでおり，この世代に休眠が誘起されて，2回発生することができず，1回発生の生活環が成立すること

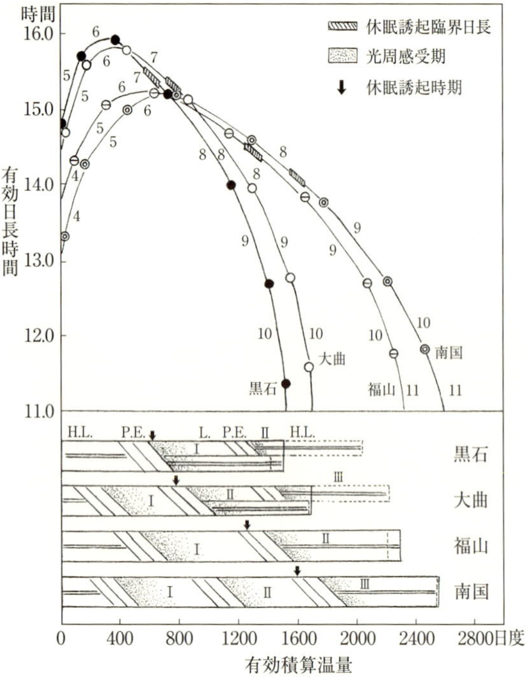

図 11.9　光温図による発生解析．アラビヤ数字は月を，ローマ数字は世代を，点線部は温量の過不足を表す．H. L. は越冬幼虫期，P は蛹期，E は卵期，L は幼虫期を表す（岸野，1974）．

になる．一方，早い2回発生型を示す大曲では越冬世代後期の幼虫発育が速いから，日長が休眠誘起に落ち込む時期は第1世代の完了直前に相当する．したがって，第1世代には休眠は誘起されず，第2世代幼虫期に休眠が誘起されて年2回の生活環が成立することになる．また，遅い2回発生型を示す広島県福山では，越冬世代後期の幼虫発育は，1回発生地の黒石と同じくらい遅いが，北国の黒石に比べて春の早い時期から気温の上昇がみられ，日長が休眠誘起の臨界値以下に落ち込む時期までにはすでに第1世代を完了しているから，年2回の生活環が可能である．高知県南国では，越冬世代後期の幼虫発育が早く，そのうえ実在有効温量も多いから，日長が休眠誘起に落ち込むまでに2回の非休眠発育が行われ，年3回の生活環が成立することになる．このような仕組みによって，それぞれの基本的な生活環が成立しているものと考えられた．

11.3.2　生活環の調節機構

昆虫の生活環は，気候や寄主の生育季節にもよく同調しているといわれている．ニカメイガの発育に必要な実在有効温量は，ほぼ緯度に平行した勾配変異をみせている．寄主である水稲の栽培は，一部地方の二期作を除いては，ほとんどの地域が年一期作であるが，同じ一期作としても，気温や積雪の影響，麦作の導入，水利慣行などによって栽培季節は地域によってかなり異なっていた．一般的には北の地方で早く，南の地方で遅い傾向をもっている．寄主の生育していない季節に成虫が発生しても生活環は成立しないから，水稲の栽培季節に生活環を同調させる機構を適応によって獲得し，発生を繰り返してきたものと思われる．ここではその機構を解明してみる．

活動開始期の調節

温帯地域に生息する多くの昆虫の生活環は，一般的には活動期と休眠期とに分けられるが，ニカメイガの活動期の開始に重要な役割を果たしていたのは，越冬世代後期の幼虫発育であった．いわゆる休眠深度である．この休眠深度には，気候の地理的な勾配変異とは異なった特異な勾配変異がみられた．さきに図 11.6 で示したこの勾配変異は生活環に関係なく，全国的な範囲で示したものであるが，2 回発生地域に限っても，気候の勾配変異とは異なっており，水稲の栽培開始時期の地理的変異に似た特異な変異であった．これは寄主の栽培開始時期に発生時期を同調させる調節機構と考えられる．

気温が低く経過することから，発育季節の遅く始まる北の地方で，早い水稲の栽培に発生を同調させるためには，速やかな休眠消去の必然性があるし，気温が高く経過するうえに，発育季節の開始が早い南の地方で，遅い水稲の栽培季節に発生を同調させるためには，遅い休眠消去が要求される．北で速く南で遅い後休眠期発育の地理的変異はその反映であろう．一方，実在有効温量からみると，年 2 回発生が可能とみられる地域でも，年によって不足するような寒冷地では，たとえ休眠消去を早めて，第 1 世代は十分に発育し，その世代を完了して第 2 世代虫が出現したとしても，温量が多少でも不足する年には，この世代が越冬可能な状態にまで発育することはできずに，絶滅の危機に見舞われる事態がしばしば起こったものと思われる．そこで，遅い休眠の消去によって活動開始期を遅らせ，さらに，早い休眠の誘起によって1回発生の方向に適応したものとみられる．このように，後休眠期発育の生理的性質の変異によって活動開始期は調節されているとみてよかろう．

活動終了期の調節

活動期は，気温の下降と水稲の成熟によって終結することになる．これは休眠の誘起によって誘導されるが，休眠誘起の主導的役割を果たしていたのは日長である．日長の推移は天文現象で安定しているし，休眠誘起も温度の影響をそれほど強くは受けないことから，休眠誘起時期の年変動はそれほど大きくないものと考えられる．そして，休眠誘起の臨界日長は発生回数とは無関係で，生息地の緯度に対応した勾配変異を示しており，休眠誘起時期は北の地方で早く，南の地方で遅い傾向が示されている．休眠がきわめて精度の高い日長反応によって，正確に誘起されることは，発育に必要な温量が十分に残されている時期に，確実に休眠に入る必要があるからであり，気候の変動にも的確に対処できる機能といえよう．

休眠誘起の生態的役割は，季節変化に先駆けて発育限界時期の到来を予知し，越冬体制を整えることであるし，光周感受性を多少保持することにより，休眠の覚醒が阻止されて，気温の変動による不時発育の危険性を防止する仕組みも備えている．一方で生活環を整一に保つ役割も担っており，発育の進みすぎや遅れも調整されることになる．

活動期間の調節

活動開始期と活動の終了期とにはさまれた活動期に，何回の非休眠発育が可能かによって発生回数は決まるわけであるが，非休眠発育にも後休眠期発育に似た地理的変異がみられた．しかし，発生回数が同じ地域では，北の地方が南の地方よりも発育速度が速いという地理的変異が示されたものの，1回発生地域と2回発生地域とでは，2つの異なった勾配変異を示し，発生回数が変化する地域で断層的な変化がみられた．この地理的変異は，水稲の生育期間中の産地の実在温量と深い関係をもつものと推定される．そして，最終世代の光周感受期を，この世代が十分に成熟できるだけの温量が確保できる時期に位置させる機能の一端を担っているともいえよう．

11.3.3 生活環調節の限界と再編成

ニカメイガの生活環が発育や休眠に関する生理的性質によって調節されて，気候や水稲の栽培季節に同調させる仕組みをみてきたが，1回発生地域でみられる第1世代成虫の出現や，2回発生地域でみられる3回発生現象は，季節適応の限界を示しているのであろうか，それとも本種の変異の多様性を示すものであろうか．そして，1, 2回発生の境界付近でみられた混発，移行現象は，限界を乗り越える過程を示しているのではなかろうか．2回発生から1回発生に生活環を変化させることは，強い淘汰圧による顕著な生理的性質の変化がないかぎり不可能と考えられるが，実際に東北地方では2回発生から1回発生へと生活環のプログラムを再編成して，実在有効温量の少ない北の地方へ，あるいは，山間，高冷地へと分布地域の拡大を果たしている．それでは，1, 2回発生の移行地域や山間，高冷地での生活環転換の仕組みをみてみよう．

1, 2回発生の境界における移行現象

さきに推定した1, 2回発生の境界付近では，年による発生変動や生理的性質の移行現象がみられた．日本海沿岸の秋田と青森の県境付近は白神山地が海に迫り，鉄道に沿ってわずかに水田が続いている．能代平野の北部に位置する北能代，北端の八森や青森県の大間越個体群の生理的性質を調べてみると，八森，大間越個体群の後休眠期発育や非休眠幼虫の発育は北能代個体群に比べて明らかに遅かったし，休眠誘起臨界日長も長く，生理的性質は南から北へと移行的であった．また，東西に流れる米代川流域の移行地では，わずか十数 km しか離れていない1回発生地と2回発生地の個体群の生理的性質が有意に異なっていたし，被害茎の発生状態にも移行現象がみられた．内陸の秋田県田沢湖付近で確認された1回発生地と，大曲一帯に広がる仙北平野の北端で早い発生を示す2回発生地の個体群間でも，生理的性質の移行現象がみられたし，岩手県の北上盆地の個体群のあいだでも生理的性質の移行現象がみられた．北端の盛岡では長期にわたる複雑な誘殺消長がみられ，3

回発生に似ているが，3回発生するだけの実在温量は存在しないことから，2回発生と1回発生個体群が混発していると推定した．盛岡では発生型が2回発生から1回発生に移行しつつあり，発生時期の異なる2つの個体群に分離しつつあるとみられている（大矢，1966）．北上盆地中央部の江釣子個体群は，完全な2回発生を裏づける生理的性質を示しているが，その中間地域では生理的性質の移行現象がみられた．青森，岩手県の三陸沿岸の個体群は生理的性質も1回発生地の特徴を示し，南下した宮城県の沿岸部では，被害茎の発生状態や虫態から歌津，志津川間で1,2回発生虫が混発していると考えられたが，生理的性質は変異の大きい集団の特徴を示しており，仙台平野の2回発生地個体群とは明らかに異なっていた．

このように東北地方の北西部から中央部，太平洋沿岸部にかけて，生理的性質を変換させながら2回発生から1回発生へと生活環の再編成が行われていた．これらの移行地域は意外に狭い範囲であった．移行地で混発現象の起こる原因は，休眠誘起の臨界時期前後に，幼虫が光周感受期を過ごすためで，臨界時期以前に光周感受期を過ごした幼虫は，2回発生することができるし，それ以後に光周感受期を過ごした幼虫は1回発生となる．したがって，移行地では1回発生と2回発生の生活環が成立することになるが，その中間の不完全な生活環は，冬季の厳しい淘汰を受けて消滅することになる．混発割合は気温の年変動によって，大きく変動しているのが実態ではなかろうか．

山間，高冷地の生活環とその調節機構

1,2回発生の境界より南の本州の脊梁山脈地域に広がる山間，高冷地では，まれに遅い2回発生型の誘殺消長を示す年もあるが，たいていの年で発生時期の遅い1山の誘殺消長を示し，年1回発生に終わる特異な生活環がみられる．このような生活環の発現機構の一例を探ってみた．

福島県猪苗代地方は猪苗代湖（湖面標高514 m）の湖畔に水田が広がり，特異な発生を示す地方として知られている．猪苗代に近接し2回発生型を示す郡山と誘殺消長を比べてみた（図11.10）．

郡山が発生時期の早い東北地方の典型的な2回発生型を示しているのに比べて，猪苗代は発生時期の遅い1回発生型であるが，まれに2回発生する年

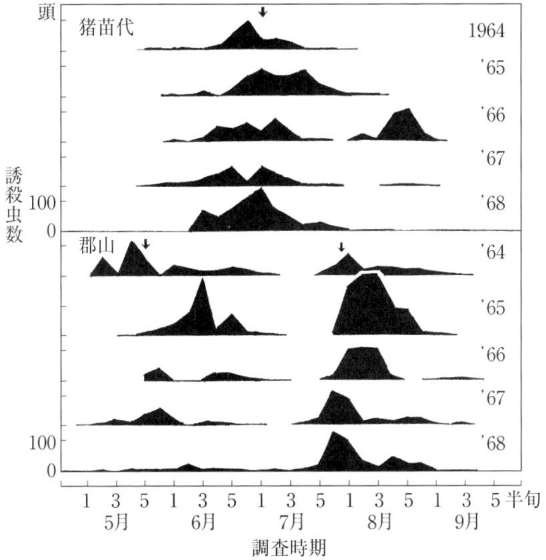

図 11.10 猪苗代と郡山の誘殺消長比較．矢印は誘殺最盛日の平均値を示す．福島県発生予察年報より作図（岸野，1974）．

もある特異な発生地であることがわかる．そこで，生活環に関与する生理的性質を比べてみると，①越冬世代後期の幼虫発育は猪苗代個体群が郡山個体群に比べて明らかに遅く，②非休眠発育には大きな違いはなかった．③休眠誘起日長は郡山個体群よりも猪苗代個体群が長く 0.5 時間におよぶ差があり，緯度差の少ない両地のあいだで，休眠誘起時期にかなりの差があることがわかった．猪苗代における越冬世代成虫の発生時期の遅れは，この地方が積雪地帯で標高が高く，根雪の融雪時期が遅いうえに，融雪後も気温が低く経過することと，越冬世代後期の幼虫発育も遅いことから容易に想像できる．越冬世代成虫の発生時期が遅れるために，第 1 回幼虫の発生期が遅くなり，そのうえに休眠誘起日長も長いから，休眠誘起を感受する幼虫初–中期には，日長はすでに休眠誘起の臨界日長以下に落ち込んでおり，休眠が誘起されて 1 回発生の生活環が成立するものと考えられる．しかし，融雪期が早く，気温が早くから上昇するような年には，越冬世代成虫の出現が早まり，一部の幼虫は日長が休眠誘起に落ち込む前に光周感受期を経過し，休眠が誘起されず，第 1 世代成虫が発生することになろう．このような年には，2 回発生型の誘殺消長が出現することになるが，2回発生した個体が十分に成熟して越冬し，2世代の生活環を完成させることができるかどうかは疑問である．たぶん，多くの個体は幼虫が成熟するまでの温量が不足して，けっきょくは越冬期に死亡し，2回の生活環を完成させることはできないであろう．猪苗代と同じような仕組みによって，1回発生型の，あるいは年によって第2回目の成虫が出現する山間，高冷地がかなり多く存在するものと思われる．

以上みてきた生活環の成立や調節の仕組みは，ニカメイガが大発生を繰り返し，稲作の最重要害虫と位置づけられていたころに得られた結果にもとづいて考察したものであるが，原則は現在も変わらないものと考えられる．最近では，水稲の栽培条件が，各地で往年の慣行から大きくはずれる傾向にあるし，それに，生活環は温度の影響もかなり受けるから，地球温暖化による気温の上昇が徐々に進行することが懸念されている現在，発生が被害許容水準以下に落ち込んでいる地域が多いとはいえ，変化する環境条件に容易に適応するこの昆虫の特性から考えて，生活環形成の要因である，発育や休眠に関する生理的性質が徐々に変化して，生活環の再構築が始まり，近い将来，多発生へとつながる可能性の高いことが憂慮される．このような事態が起こる前に生理的性質がどのように変化しつつあるかを把握するための継続的な調査が必要であろう．

12　食性からみた水稲との関係

平野千里

多くの昆虫がその食性のゆえに害虫と位置づけられている．ニカメイガがかつて害虫としてその名をはせたのも，幼虫がイネという作物を摂食加害したからにほかならない．

個体数が激減した現在，その名は主要害虫のリストから消えたが，そうなってから現在まで，稲作の歴史に比べてはもちろん，害虫とみなされてからの歴史に比べてもごく短い年数である．彼らの食性に大きい変化が起こらないかぎり，イネ害虫としてふたたび顕在化しない保証はどこにもない．ニカメイガについて今回企画されたこの集大成が彼らへのレクイエムで終わるかどうか，興味あるところである．

本章では，ニカメイガとその食物であるイネとの関係を応用昆虫学の立場から解明しようとした研究のうち，人工飼料の開発，栄養要求性，イネへの施肥量と幼虫の生育応答，およびその他の栽培慣行との絡みなどについて概観する．

12.1　人工飼料の開発

Uvarov（1928）の総説“Insect nutrition and metabolism”に触発され，大きい興味をもたれても不思議でなかった昆虫の栄養や食性についての研究は，第2次世界大戦以前には残念ながら遅々とした歩みを進めたにすぎなかった．とくに全昆虫種の半数を占めるといわれる草食性昆虫については，研究の手がかりさえもつかめない状態が続いた．

1942年に至ってBottgerは，ヨーロッパアワノメイガ *Ostrinia nubilalis* の幼虫を人工的に調製した飼料——ブドウ糖，ショ糖，カゼイン，脂肪，無機塩，セルロース，そして水の混合物を寒天で固めた飼料――で飼育することに成功した．Beck ら（1949, 1950）はこの飼料の組成改良を試み，さらに飼料の滅菌処理によって人工飼料による幼虫の無菌飼育を可能にした．生きている緑色植物を食物とする昆虫を人工飼料で無菌飼育できるようになったことは，彼らの食性を研究するうえで画期的なできごとだったといえよう．

人工飼料によるヨーロッパアワノメイガの飼育手法は，湖山ら（1951），石井（1952）によってニカメイガに応用され，アワノメイガ同様にほぼ満足すべき飼育成績が得られた．これをきっかけに，いろいろな目的で人工飼料を利用したニカメイガ幼虫の飼育試験が進められるようになった．それらは2つの流れに大別できる．1つは既知成分からなる人工飼料――合成飼料――を利用して栄養学的解析を進め，さらに彼らの食性の全貌を明らかにしようとするアプローチであり，第2は実験材料として大量のニカメイガを累代飼育するための人工飼料――配合飼料――の開発を指向する流れである．合成飼料については12.2節に譲ることとし，ここでは釜野らを中心に行われた配合飼料開発の経緯を簡単に紹介する．

ニカメイガを累代飼育するための人工飼料は，これを摂取した幼虫が正常に発育蛹化し，さらに羽化した成虫が次世代を残す正常な生殖能力をもつことが要求される．すなわち本来の食物であるイネの代替え飼料としての人工飼料である．しかし初期に試みられた多くの人工飼料では，幼虫は生育するにもかかわらず蛹化する個体が少なく，たとえ蛹化しても，とくに雌は羽化時に蛹殻から正常に脱出できない場合がほとんどであった．累代飼育を可能にする飼料を求めて進められた長い試行錯誤の結果，まず人工飼料中にイネやオオムギの茎葉細切片を多量に加えることによって蛹化率の向上がもたらされた（井上・釜野，1957）．そして羽化率が低く，産卵量が少なく，孵化率も低いというつぎの難問は塩化コリンの濃度を高め，さらにアスコルビン酸を添加することによって改善され，累代飼育が可能になった（釜野，1961，1964）．コリンとアスコルビン酸は，別に行われた栄養要求についての実験から（Ishii and Urushibara, 1954），幼虫生育のための必須栄養成分とは認められていなかったが，正常な蛹化，羽化あるいは産下卵の孵化にとっては，ともに必須成分であるとみなされるに至った．

このタイプの飼料は，本来の食物である植物茎葉に栄養価の高い糖類，タ

表 12.1 オオムギ茎葉を主成分とした累代飼育用配合飼料の一例（釜野，1961）．

寒天	0.6 g	粉末濾紙	0.5 g
ブドウ糖	0.7 g	ショ糖	0.3 g
カゼイン	1.0 g	乾燥酵母末	1.0 g
無機塩混合物	0.2 g	塩化コリン	0.2 g
コレステロール	0.02 g	オオムギ茎葉*	20 g
水	40 ml		

*オオムギ茎葉は 0.5 cm くらいに切断して混入．

ンパク質，酵母末などを加えた飼料であるというところから配合飼料とよばれる．累代飼育に適した配合飼料組成の一例を表 12.1 に掲げる．飼料成分を 200 ml 三角フラスコに入れ，オートクレーブ殺菌した後，孵化直前の卵塊を昇汞水で表面殺菌して接種する．孵化した幼虫は無菌状態で生育し，老熟幼虫になるまで飼料を交換する必要はない．

世代を越えての正常な発育を保証するうえで，アスコルビン酸添加の効果は大きく，イネやオオムギの茎葉を加えない飼料でも高い蛹化率，羽化率，孵化率が得られた．しかしアスコルビン酸は化学的に不安定であり，飼料の高温殺菌処理中の分解や飼育期間中の経時的な消失を避けることができない．これを補うため飼育期間中にアスコルビン酸を添加する必要があるが，飼育操作が煩雑になるばかりでなく，雑菌が混入するおそれも高くなるという問題が残った．

12.2 栄養要求性の解明

昆虫の食性を解明する第一歩は栄養要求性を明らかにすることである．昆虫の食性に関する本格的な研究が進まなかった理由の 1 つは，栄養要求性を明らかにすることの技術的なむずかしさにあった．人工飼料でニカメイガ幼虫を飼育することに成功した石井らは，合成飼料の開発とそれを利用した必須栄養成分の特定を試み，さらに主要栄養成分に対する量的要求性を明らかにした．

12.2.1 微量栄養成分に対する定性的要求性

合成飼料は累代飼育を目標にした配合飼料と異なり，化学的に純粋な既知成分のみで構成され，しかも可能なかぎり不必要な成分を含まないことが望ましい．しかし飼料の開発に必要な栄養学的知識に未知な部分が多く，また戦後の混乱期であったため純度の高い試薬の入手もままならないなど，実験は困難をきわめた．

まず初期に調製された人工飼料の構成成分のうち稲茎葉と乾燥酵母末は，それぞれ多くの未知成分を含んでおり，合成飼料の構成成分としては好ましくない．このうち稲茎葉を除いても幼虫の生育はあまり影響を受けなかったが，酵母末を除くと幼虫はまったく生育できなかった（Ishii and Urushibara, 1954）．酵母末に含まれる必須栄養成分のうち，脂溶性画分についてはコレステロールのみで完全に代替えできた．稲茎葉にはβ-シトステロールなどの植物性ステロイドが存在し，コレステロールは含まれない．しかし草食性昆虫は植物性ステロイドを体内でコレステロールに変換して利用できるから，コレステロールが彼らのステロイド要求性を満足させても不思議ではない．なお幼虫はステロイド以外の脂溶性栄養成分を要求せず，コレステロール以外の体構成脂質は脂質以外の食物成分を原料として体内で合成できることも明らかになった．遊離のポリ不飽和脂肪酸の添加はむしろ幼虫の生育を抑制した（Hirano, 1963）．

一方，酵母末の水溶性画分は10種類のB群ビタミン混合物によってある程度まで代替えできた．混合物の各成分について，その必要度を検討した結果，サイアミン，ニコチン酸，ピリドキシン，パントテン酸カルシウム，葉酸の必須性が示された．これらのどの1つを欠いても孵化幼虫はまったく生育できず死亡する．またリボフラビンとビオチンは上記5成分ほど明瞭ではないが，必須成分と判断された（Ishii and Urushibara, 1954）．

これに対し塩化コリン，イノシトールおよびp-アミノ安息香酸の3成分は，飼料から除いても幼虫は生育可能であり，必須成分ではないとされた．ただこのうち塩化コリンについては，すでに述べたように後年になって蛹化，羽化，産卵，あるいは産下卵の孵化にとって有効であることが示された．その有効レベルはサイアミンなどの微量栄養成分に比べてかなり高いので，補酵素的な働き以外の役割，たとえばリン脂質の構成成分として，あるいはメチル基供与体としての働きが予想される．以上のようにして明らかにされたニカメイガのB群ビタミンに対する要求性は，それまでに知られていた貯穀害虫などのそれとほぼ一致していた．

水溶性微量栄養成分として興味ある 1 つはアスコルビン酸である．貯穀害虫や肉食性昆虫，あるいは雑食性昆虫などはアスコルビン酸をまったく必要としない．草食性昆虫でも，初期に人工飼料での飼育が試みられたヨーロッパアワノメイガ，ニカメイガ，タマネギバエ *Delia antiqua*，ワタアカミムシ *Pectinophora gossypiella*，コカクモンハマキ *Adoxophyes orana* などでは，幼虫の生育がアスコルビン酸フリーの飼料で良好だったことから，その重要性は 1957 年ごろまで認められていなかった．しかしその後，バッタ類をはじめ多くの草食性昆虫でその必要性が示されるようになり，アスコルビン酸を要求しない種類のほうがむしろ少数派になった．ニカメイガについても，すでに述べたように蛹化，羽化，あるいは産卵量，産下卵の孵化などにアスコルビン酸が関与していることは明らかである（釜野，1964）．

12.2.2　アミノ酸に対する要求性

このようにして必須微量栄養成分がほぼ特定された．同時に稲茎葉や酵母末を除いた，化学的にかなり精製された合成飼料が調製できるようになり，これを基本飼料として必須アミノ酸の種類が明らかにされ，続いて炭水化物源としての各種糖質の栄養価も評価された．

アミノ酸に対する要求性を調べる実験では，飼料中のカゼインを 19 種類のアミノ酸混合物で置き換えた．カゼインを含まないこの飼料では，幼虫の生育は必ずしも良好ではなかったが，実験の目的はほぼ達成できた．幼虫は

表 12.2　必須アミノ酸決定の実験に用いた合成飼料組成（Ishii and Hirano, 1955）．

水	10 ml	寒天	0.1 g
濾紙（繊維状）	0.3 g	ブドウ糖	0.5 g
ショ糖	0.2 g	コレステロール	0.006 g
無機塩混合物	0.06 g	アミノ酸混合物*	0.35 g
ビタミン類（μg）			
サイアミン	50	リボフラビン	25
ニコチン酸	50	ピリドキシン	25
パントテン酸カルシウム	50	葉酸	5
塩化コリン	1000	イノシトール	500
p-アミノ安息香酸	50	ビオチン	5

＊アミノ酸混合物から 1 種類ずつを除き，生育応答からそのアミノ酸の必須性を評価．

アルギニン，ヒスチヂン，ロイシン，イソロイシン，リジン，メチオニン，スレオニン，フェニルアラニン，トリプトファンおよびバリンの10種類のアミノ酸を要求し，これらの1種類でも欠くと生育できなかった．この研究は草食性昆虫でアミノ酸要求性が解明された最初の事例であったが，得られた結果はこれまでに知られていた貯穀害虫や肉食性昆虫，あるいは脊椎動物の要求性とほぼ一致していた（Ishii and Hirano, 1955）．

一方，飼料からアスパラギン酸，グルタミン酸，グリシン，アラニン，シスチン，プロリン，ヒドロキシプロリン，チロシン，セリンを1種類ずつ除いても幼虫は生育可能であった．またこれらのうち，ヒドロキシプロリン以外の8種類のアミノ酸は，いずれも虫体内で生合成されることが証明された．ヒドロキシプロリンの生合成が確認できなかったのは，当時の分析技術のレベルが低かったためと思われる．

12.2.3　糖類の栄養価

カゼインをタンパク質源とし，コレステロール，水溶性微量栄養成分群，無機塩混合物，セルロースなどを加えた基本飼料に炭水化物源として各種の糖を添加して，糖類の栄養価を検討した実験では，果糖とブドウ糖に高い栄養価が認められた（Hirano and Ishii, 1957）．少糖類や多糖類のなかではショ糖，マルトース，グリコーゲンの栄養価が高かったが，それらの構成単糖である果糖やブドウ糖にはおよばなかった．しかし幼虫消化液のショ糖分解活性やアミラーゼ活性は高く（湯嶋・石井，1952），また幼虫は稲茎の可消化性炭水化物を高率で利用している（Hirano and Ishii, 1962）．単独投与された場合の栄養価は果糖やブドウ糖より多少劣っても，稲茎内のショ糖やデンプンも幼虫の炭水化物源として高い価値をもつものと考えられる．昆虫血糖の主成分であるトレハロースは，経口摂取の炭水化物源としてはあまり利用されないようであった．

12.2.4　糖–タンパク質比

以上のような定性的な栄養要求性が明らかになった段階で，研究の方向は定量的な側面に向かった．定性的栄養要求性だけからはニカメイガの食性，とくにイネとの特別な関係をこれ以上解明することはむずかしいと判断されたからである．

動物の栄養三要素として糖質，脂質，およびタンパク質があげられることが多い．しかしニカメイガはステロイド以外の脂質を必要としないから，定量的に問題となる主要栄養成分は糖質とタンパク質である．そこで基本的合成飼料中の糖およびカゼインの濃度を系統的に変化させて，幼虫の生育応答を調べた．

糖あるいはカゼインをまったく含まない飼料で幼虫が生育できないことは予想どおりであったが，両成分が存在する飼料ではそれらの濃度比によって非常に興味ある生育応答がみられた（図 12.1）．すなわち糖とカゼインが同量である飼料，あるいはカゼイン濃度が糖よりも高い飼料群（高タンパク質飼料）ではいずれも生育状態が良好であるのに対し，カゼイン濃度が糖よりも低い飼料群（低タンパク質飼料）では生育が劣り，しかも糖濃度が高くなるにしたがって，つまりカゼイン量の減少に比例して生育も低下した（Ishii and Hirano, 1957）．糖とカゼインの濃度比（糖／カゼイン）は糖–タンパク質比（あるいは炭水化物–タンパク質比，CN 比など）とよばれ，栄養学でよく知られた重要な概念であるが，昆虫の栄養解析に導入されたのはこの研究が最初であった．

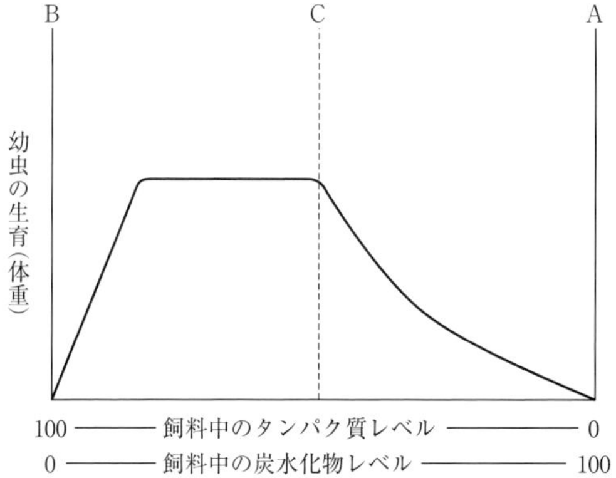

図 12.1　食物中の糖とタンパク質の濃度と幼虫の生育との関係（Ishii and Hirano, 1957 より改変）．
横軸：糖とタンパク質の合計を 100 として表示．通常栽培されている稲茎葉の CN 比は A と C のあいだにあると考えられる．

別に行った実験で，幼虫は稲茎を構成している可消化性炭水化物の約60％と全窒素化合物の約64％を消化利用していることが確かめられている（Hirano and Ishii, 1962）．稲茎中の糖質とタンパク質に対する利用効率にはほとんど差がなく，ともにかなり高率であるといえよう．このことを考えあわせると，稲茎を摂食している幼虫に対してもっとも大きい影響を示す栄養的要因は，茎内の炭水化物–タンパク質比，あるいはこの比を大きく左右するタンパク質濃度である可能性が高いと結論された．

12.3　イネへの施肥

農作物に対する虫害のレベルが肥培管理によって変化する場合の多いことは，以前から経験的にあるいは実験的に知られてきた（平野，1964b参照）．ニカメイガについても1920年代から全国各県の農業試験場で調査され，多肥栽培水田，とくに窒素多用区に被害の多い傾向が認められた（平野，1959参照）．また実験的には石倉ら（1953a）や筒井ら（1955）によって，幼虫の生存率や生育とイネへの窒素施用量のあいだに高い相関関係のあることが示されている．

12.3.1　イネへの窒素施用量と幼虫の生育

窒素肥料–イネ–幼虫とつながる連鎖がどのような仕組みで働いているのか．幼虫の生育が人工飼料中のタンパク質濃度によって大きい影響を受けることを明らかにした石井らは，この連鎖を解く鍵を幼虫の示す高いタンパク質要求性に求めた．まず窒素施用量の異なる土壌でポット栽培したイネ，および窒素濃度を変えた培養液で水耕栽培したイネに卵塊を接種し，一定日数後に幼虫の生育状態を調査した．結果は土壌栽培イネでも水耕栽培イネでもほぼ一致し，管理された条件下での飼育試験だったためか幼虫の生存率には大きい差がみられなかったが，体重は明らかに多窒素栽培区のイネで重かった（石井・平野，1958，1959）．水耕栽培イネでの実験結果を表12.3に掲げる．

また，それぞれの施肥条件で栽培したイネを刈り取り，切断して三角フラスコに入れ，オートクレーブ殺菌した後卵塊を接種して幼虫を無菌的に飼育

表 12.3 窒素濃度の異なる水耕液で栽培中の稲株での幼虫の生育(石井・平野, 1959).

実験年	試験区*	孵化幼虫数	生存幼虫数	幼虫体重(mg)
1955	多窒素	195	112	47.4 ± 1.4
1955	少窒素	203	119	33.1 ± 0.9
1956	多窒素	204	87	32.3 ± 1.1
1956	少窒素	194	86	22.7 ± 0.8

*各試験区は4ポットの合計または平均, 飼育期間は30日間(第2世代幼虫).

した実験でも, 生育中のイネで得られたのとまったく同じ結果が得られた.

窒素施用量を変えて栽培した稲茎の構成成分を調べると, 多窒素区では少窒素区に比べて窒素濃度が高く可消化性炭水化物濃度および糖濃度が低い(表12.4). すなわち多窒素区の稲茎は幼虫の食物としてみると, 先に行った人工飼料育試験での高タンパク質飼料に相当し, 少窒素区稲茎は低タンパク質飼料に相当する. 窒素施用量を変えて栽培したイネでみられた幼虫生育の差は, それぞれの稲茎の栄養価の違いにもとづくことがわかる. 多窒素圃場でみられた大きい被害が, 好ましい栄養的環境下での幼虫の旺盛な生育と直接関係していることは明らかであろう.

イネへの窒素施用量とニカメイガの関係では, 幼虫の生育以外にも興味ある現象が知られている. たとえば成虫の産卵選択性への影響である. ニカメイガの産卵量が多肥区苗代や本田に多いことは経験的に知られていたが, それを正確に示した報告はほとんどなかった. 瀬古・加藤(1950a)は越冬世代雌成虫による産卵選択性を調査し, 産卵数は品種間で変動が大きいが, 同一品種内では常に多窒素区に多く産卵されることを認めた. 窒素施用量と産卵とのより正確な関係を知るために, 藤村(1961)は窒素施用量を変えて栽

表 12.4 窒素濃度の異なる水耕液で栽培した稲茎の化学組成(石井・平野, 1959).

試験年	試験区	可消化性炭水化物	全窒素	タンパク態窒素	CN 比
1955	多窒素	21.28	1.66	1.05	3.24
1955	少窒素	24.85	1.24	0.71	5.66
1956	多窒素	24.53	1.92	1.01	3.91
1956	少窒素	28.47	1.39	0.81	5.62

分析試料は8月30日に採取. 分析値は乾物重%で表示.
CN 比 = 可消化性炭水化物/(タンパク態窒素 × 6.25).

表 12.5　水田への窒素投入量とニカメイガの自然産卵量との関係（藤村，1961）．

施肥区分	品種	株あたり茎数	卵塊数		
			6-7月	8-9月	合計
標準施肥区	農林8号	22.3	13	10	23
	太郎兵衛糯1号	21.8	10	6	16
窒素5割増区	農林8号	24.1	104	71	175
	太郎兵衛糯1号	23.4	74	27	101

各区 52.8 m^2，896株．茎数は9月1日に調査．
卵塊数は1958年6月25日に移植した後，9月30日まで毎日全株について調査．

培したイネについて，本田移植後3カ月あまりにわたり毎日産み付けられた卵塊を調査した（表12.5）．株あたりの茎数からは，1.5倍という窒素施用量の増加はイネに対してそれほど大きい影響を与えていないようにみえるが，産卵量には大きい差が認められた．産卵行動が窒素施用量の違いによってこのように著しい影響を受ける事実は注目すべきである．

12.3.2　イネへのリン酸およびカリウムの施用量と幼虫の生育

窒素以外の主要肥料要素であるリン酸およびカリウムについても，それらの施用量と幼虫の生育との関係を窒素の場合と同様の方法で検討した（平野・石井，1959，1961）．土壌栽培イネでの実験では，リン酸，カリウムいずれについても施用量と稲茎の化学組成のあいだ，あるいは施用量と幼虫の生育のあいだに，特定の関連は認められなかった．水耕栽培イネでの実験でも，稲茎のリン酸濃度あるいはカリウム濃度が培養液中のそれぞれの要素濃度によってかなり変化すること以外に，稲茎の化学組成や幼虫の生育が大きい影響を受けることはなかった．

既往の圃場試験の結果でも，窒素の場合と違ってリン酸やカリウムの施用量と被害のあいだにはっきりした傾向はみられない．たとえば石倉ら（1953a）は，カリウムの多少と幼虫の生育や水稲の被害とのあいだに関係がないことを示している．

窒素とともに肥料三要素として扱われるリン酸とカリウムであるが，水田でのそれらの肥効は窒素に比べて低いように思われる．イネの成長に必要なリン酸とカリウムは窒素よりも低レベルであり，肥料として多量に投入されなくても，土壌や灌漑水などからの供給によってある程度はまかなわれている印象が強い．土壌栽培イネへのリン酸やカリウムの施用量によって幼虫の生育がほとんど影響を受けなかったことは，むしろ当然かもしれない．

さらに，窒素はそれ自身がイネ体内で幼虫の栄養上重要な各種の含窒素有機物に取り込まれ，幼虫に摂取されてその生育と直接の関係をもつのに対し，リン酸やカリウムはこれら要素そのものに対する幼虫の栄養要求を直接満足させるというよりも，イネ体構成有機物の合成や代謝を通じて間接的に幼虫とかかわっているため，土壌栽培イネばかりでなく水耕栽培イネでも明瞭な影響が示されなかったのであろう．

12.4　その他の栽培管理との関係

幼虫の食物としてのイネに影響を与える栽培条件や管理技術は，施肥だけではない．それらのいくつかについて以下紹介する．

12.4.1　イネの発育段階と幼虫の生育

ニカメイガ幼虫の生育や生存率がイネの発育段階によって左右されることは経験的に知られていた．イネの発育段階は播種期や移植期によって前後するから，それらの調節によって幼虫の加害を回避できる可能性がある．以前行われていた晩期栽培もその1つであった．近年普及してきた早期栽培ではどのような関係がみられるのであろうか．

早期栽培に関連し，時間的被害回避の基礎資料収集を目的に進められた最初の実験では，無菌飼育の手法が利用された．すなわち7月から9月の3カ月あまりにわたって，圃場に栽培されたイネを5日から7日の間隔で刈り取り，茎部を三角フラスコに入れてオートクレーブで殺菌する．成長しつつあるイネを任意の発育ステージで固定したわけである．このフラスコに卵塊を接種し，孵化した幼虫を無菌飼育した結果，分げつ期から出穂直前までの稲茎は幼虫の食物として適しているが，移植直後や出穂以降の稲茎は必ずしも好ましい食物でないことがわかった（図12.2）．そして各発育ステージごとに測定した稲茎の糖-タンパク質比（CN比）の値とそれぞれの稲茎で生育した幼虫の体重とのあいだには高い負の相関が認められた．幼虫の生育を左

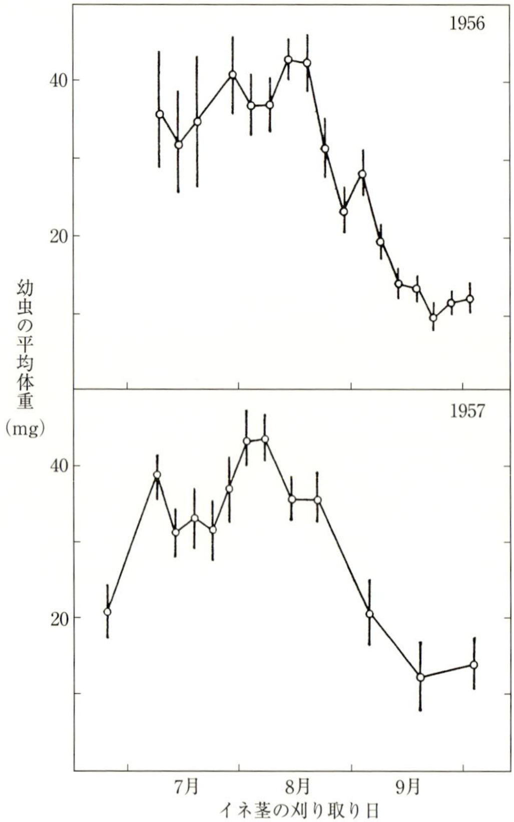

図 12.2　異なる発育段階の稲茎での幼虫の生育（Hirano, 1964）．縦棒は平均値の 95％信頼限界．

右するイネの食物的価値の指標として，この実験でも CN 比の重要性が確認されたわけである（Hirano, 1964）．

イネの発育段階によってその食物的価値が変化することは疑いない．食物的価値を決定する主要栄養成分である糖（あるいは可消化性炭水化物）と粗タンパク質の消長も具体的に明らかになった．つぎにこれを動的に成長しつつあるイネで確かめるため，播種期や移植期を変えて栽培したイネに卵塊を接種して，幼虫の生育状態を調べた（平野，1964a）．結果は，無菌飼育試験で得られたそれと基本的には同じであった．すなわち第 1 世代幼虫について

表 12.6　穂ばらみ期イネ体の糖と窒素の濃度および幼虫の生育（Hirano, 1964）.

イネ体の部分	糖濃度	粗タンパク質濃度	CN 比	平均幼虫体重(mg)
全茎	6.49	3.88	1.67	16.7
幼穂部	16.37	9.94	1.65	37.6
桿部	4.90	2.50	1.96	9.5

8 月 27 日に採取調製したイネ試料を高圧殺菌し，28℃で 20 日間幼虫を飼育.
試料の一部について糖と窒素の濃度を測定し，乾物重%で表示．CN 比＝糖／粗タンパク質.

は，移植直後の活着不十分なイネでないかぎり，比較的若いステージのイネに食入すると生育は良好であり，生存率も高い．また被害茎の発生も多い．一般的にみて移植後 25 日から 30 日の分げつ最盛期ごろに孵化食入した幼虫が，もっとも栄養的に好ましい状態のイネを摂食することになる．また第 2 世代幼虫については，出穂前のイネに食入した幼虫は，出穂以後のイネに食入した幼虫に比べて生育が良好であり，生存率も高いことが再確認された.

イネの発育段階を考える場合，たんに茎葉の窒素濃度，あるいは CN 比だけでなく，出穂にともなうイネの形態的変化も問題になる．分げつ期を過ぎ生殖成長期に入ると稲茎の窒素濃度は急速に低下し始めるが，葉鞘内の幼穂部は依然として幼虫にとって好ましい食物である（表 12.6）．ところが穂ばらみ期を過ぎると，幼穂部は出穂して摂食対象外となる．幼虫はその後，けっして好ましい食物とはいえない桿部を摂食せざるをえず，生育も生存率も低く抑えられる．イネの栽培時期が早まることは，幼虫に対してさまざまな影響を与えるが，なかでも第 2 世代幼虫の孵化食入が出穂期以降になる場合の多いことに注目したい．越冬中の死亡率と幼虫体重とのあいだには非常に高い負の相関関係がある（深谷ら，1954）．出穂期以降のイネに食入した第 2 世代幼虫の生育不良は，そのまま越冬中の個体数激減を意味し，1960 年代以降のニカメイガ衰退原因の 1 つである可能性が高い.

12.4.2　イネ品種群間のニカメイガ抵抗性

イネの多数の品種は形態的特徴，交雑稔性，あるいは穀粒タンパク質の血清学的検討などから 2 つの品種群に大別される．一般に日本型イネ（ジャポニカ），インド型イネ（インディカ）とよばれるのがそれである．ニカメイガとイネの関係について，本文でこれまで紹介してきた知見はすべて日本型グループのイネで得られたものである.

表 12.7　原産地および品種群を異にするイネ品種の窒素吸収力（和田，1942 より改変）．

原産地	品種群	品種	窒素吸収量(mg／48 時間／株)
日本	日本型	亀治 1 号	154
日本	日本型	農林 3 号	162
日本	日本型	銀坊主	162
日本	日本型	雄町	169
日本	日本型	農林 6 号	178
中国	日本型	小白稲	196
中国	インド型	銀粘	304
インド	インド型	Suriamkhi	203
インド	インド型	Muskakdanti	210
インド	インド型	Danahara	252
インドシナ	インド型	Nep-Vai	199
インドシナ	インド型	Te-Tep	297

詳細にみると両群のあいだにはいくつかの中間的グループもあるが，大まかにみてインド型グループのイネでは日本型よりもニカメイガによる被害がかなり大きい．そのおもな原因としてインド型イネには産卵量が多く，幼虫の生育が良好で，生存率も高いことがあげられている．これらはいずれもすでに述べてきた多窒素栽培下の日本型イネで観察された様相と一致する．

インド型のイネは茎葉の成長が速く，組織が軟弱で，一見して養分吸収速度の大きいことが推測できる．これは 1 株のイネが 48 時間に吸収する窒素量が，日本原産の日本型グループでは 150 mg から 180 mg であるのに対し，インドあるいはインドシナ原産のインド型グループでは 200 mg ないし 300 mg であるという実測値からも証明されている（和田，1942）．インド型イネは，窒素吸収力が大きいという遺伝的な特性によって茎葉の窒素濃度が高く，その結果，ニカメイガ成虫の好適な産卵対象となり，また高い窒素要求性をもつ幼虫の好適な食物となるという仕組みによって，大きい被害を受けるものと推定される（平野，1962）．両グループ間の被害の差が，窒素施用量の多い圃場では明瞭に認められるのに反し，施用量の少ないときにはそれほど顕著でないという事実も（和田，1942），この推定を支持している．

12.4.3　イネ体のケイ酸

草食性昆虫と植物の相互関係は，植物の示す化学的なプロフィールとそれに対する昆虫側の感覚的および生化学的応答としてとらえられる場合が多い．ニカメイガの食性についてここまで述べてきたいろいろの事例もこの範疇の現象といえよう．以下紹介するイネ体のケイ酸含量がニカメイガ幼虫におよぼす影響は，植物の物理的性質が昆虫–植物関係において大きい役割を演じていると思われる比較的少ない例の1つである．

ケイ酸は造岩鉱物として地殻の大部分を占めるが，ほとんどは水に溶けない結晶性のポリケイ酸塩であり，植物はこれを吸収できない．ごく一部が風化分解して土壌の形成に関与し，植物にとって身近な存在となるが，それでも植物体内のケイ酸濃度はケイ藻類，トクサ，イネ科植物などを除くと概して低い．数少ないケイ酸植物の代表であるイネは，土壌あるいは灌漑水から可給態のケイ酸——オルトケイ酸など——を積極的に吸収し，表皮細胞の細胞膜外側や膜のセルロース・ミセル構造内に濃縮，不溶性のポリケイ酸結晶として沈着させ，茎葉あるいは籾殻を物理的に強固にしている．

山梨県笛吹川沿いの富士見村（現笛吹市石和町南部）では同じ甲府盆地の周辺地域に比べてニカメイガの被害が常習的に大きいことを知った笹本は，原因を土壌の示す低いケイ酸供給力に求めて1952年以来研究を進めた．その結果，この地帯から採取した水田土壌にケイ酸質資材（鉄鉱滓，主成分は酸化カルシウムと無水ケイ酸）を投入すると，ニカメイガによる被害が減少することを認めた．その仕組みとして，①ケイ酸質資材の施用によってイネ体のケイ質化が進み強剛になる，②ケイ酸施用区の稲茎に食入した幼虫の大顎には著しい磨耗が認められ，摂食に支障をきたした可能性がある，③ケイ酸施用区のイネでは幼虫の生存率が低く，生育は抑制され，被害茎の発生も少ない，④幼虫はケイ酸施用区の稲茎を避ける行動を示す，などの諸点を明らかにし，さらに現地圃場での被害茎の発生がケイ酸質資材の投入によって減少することを確かめた（笹本，1961）．

山形農試でもニカメイガの多発地帯といわれていた山形県河北町の溝延地区を対象に研究を進め，以下のような成績を得た（仲野ら，1961）．すなわち，①溝延地区の予察灯誘蛾数は周辺地区に比べてほぼ3倍である，②生息するニカメイガは形態的にもイネへの加害習性的にも周辺地区のそれと同一集団に属する，③溝延地区と周辺地区の土壌をそれぞれ農試構内に運んでイネを栽培し幼虫を接種した試験では，幼虫の生存率は溝延土壌区で高く，生存幼虫の体重も大きい，④前項のイネに発生した被害茎数は溝延土壌区で多い，⑤前項と同じ条件で栽培した稲茎に対する選好試験で，孵化幼虫は約2：1の比率で溝延土壌区のイネに多く食入した，⑥前項と同じ条件で栽培したイネに自然産卵させた場合，溝延土壌区の被害茎率および生息幼虫数はそれぞれ周辺土壌区の2倍以上，4倍以上に達した，⑦溝延土壌の可給態ケイ酸濃度は，周辺地区土壌の約2分の1（SiO_2として8.9 mg/100 g 土壌）であった，⑧溝延地区土壌で栽培したイネ体のケイ酸含量は，周辺地区土壌のイネの約3分の2であった，⑨溝延地区の可給態ケイ酸濃度を高める目的でケイ酸カルシウム肥料を投入したところ，生息幼虫数，被害茎数ともに周辺地区と同レベルまでに減少した．

今泉・吉田（1958）によると，全国的にみて稲茎葉のケイ酸含量は4％から20％と幅が大きいが，その平均値11％以下（または土壌の可給態ケイ酸濃度10.5 mg％以下）の水田では土壌のケイ酸供給力が低く，ケイ酸質肥料の効果が期待できるという．山梨県笛吹川流域も山形県河北町溝延も，この条件にあてはまるいわゆる砂質秋落ち水田地帯である．

ニカメイガの食性に関連して，人工飼料の開発，栄養要求性，イネへの施肥量の影響，イネの発育段階との関係，イネの品種群との関係，土壌のケイ酸供給力との関係などについて，おもに1950年から1965年にかけて進められた研究の大要を紹介した．この期間の前半まで，稲作はわが国農業の中心であり，ニカメイガ防除技術は常に農業関係の試験研究機関での主要研究テーマであった．ところが1960年を過ぎるとニカメイガの発生量はしだいに減少し始め，害虫としての重要度は低くなった．一方で米の豊作が恒常化し，畑作振興が叫ばれ，稲作の地位も絶対的でなくなってしまった．ニカメイガ自身の衰退と稲作の地位低下という両面からの逆風を受け，ニカメイガを対象とした研究もしだいに消えていったことには，一抹のさびしさを感じる．

稲作の地位低下といってもわが国の水田面積は依然として広大である．もしニカメイガの発生が増加に転じればその対策は蔑ろにできないであろう．大害虫としてのリバイバルを期待するわけではないが，絶滅危惧種にはならないことを祈りたい．

13　配偶行動と環境条件

菅野紘男

筆者がニカメイガを対象とした研究を農林水産省北陸農業試験場（現中央農業研究センター北陸研究センター）で始めた1970年代は，ニカメイガの発生がしだいに減少する傾向をみせ始めていた時期にあたる．しかし，北陸農業試験場は，日本の米所といわれる穀倉地帯のほぼ中心に位置していたため，ニカメイガはいまだにもっとも重要な稲作害虫としての地位を保っていた．

折しも，ニカメイガの性フェロモンがイギリス（Nesbitt *et al.*, 1975）と日本の理化学研究所（Ohta *et al.*, 1976）のグループによって相次いで明らかにされた．当時，性フェロモンという言葉はまだ耳新しく，駆け出しの研究者だった筆者には大いに興味をそそられる響きがあった．1973年，長野市で開催された第17回日本応用動物昆虫学会大会で性フェロモン関係の講演を耳にした筆者は，その直後，理化学研究所のフェロモン研究チームの門をたたき，ニカメイガの性フェロモンに関する教えを請うとともに，圃場を用いた誘引や交信攪乱にかかわる基礎的な共同試験を実施することになった．

いうまでもなく，性フェロモンとは昆虫の配偶行動成立に関与する重要な化学的要因である．昆虫の性フェロモンの発見とそれに関する基礎的そして応用的な研究の進展にともなって，昆虫の配偶行動に関する研究もめざましい発展を遂げつつあった．筆者もまた圃場での共同試験を実施していくなかで「ニカメイガの性フェロモンの有効な利用を考える場合，まずはこの虫の配偶行動をよく知る必要があるのではないか」という考えをもつようになった．共同研究者であった理化学研究所のみなさんにさまざまな影響を受けつつ，以下に示す「ニカメイガの配偶行動の季節的変化」を調べることを出発点とし，この虫の配偶行動誘起機構の一部解明に関する研究に着手したのである．

13.1　配偶行動の季節的変化

ニカメイガは日本国内では一部の地方を除いておおむね年2回発生する．発生も生態型や気象的要因の違いに影響され，地域によってかなり大きな変動がみられる．北陸農業試験場があった新潟県上越地方では越冬世代成虫が5月中旬から6月下旬（発蛾最盛期：6月上旬）に，第1世代成虫が7月中旬から8月下旬（発蛾最盛期：8月上旬）に現れる．誘蛾灯の記録をみるかぎり過去30年にわたり，その状況にはほとんど変化がみられなかった．

発生する季節の違いによって昆虫の配偶行動にさまざまな変化が生じることは，いくつかの鱗翅目昆虫において知られている．たとえばカブラヤガ *Agrotis fucosa* の場合，夏季には春季や秋季に比べて交尾時刻が遅れ，交尾継続時間が短くなる（若村，1979）．また，ハマキガの一種 *Argyrotaenia velutinana* では，雄が合成性フェロモンに誘引される時間の中心は，4–5月の場合，日没以前であるのに対し7月では日没以降にずれ込むという（Comeau *et al*., 1976）．同様の現象はコドリンガ *Cydia pomonella*（Batiste *et al*., 1973）やイラクサギンウワバ *Trichoplusia ni*（Saario *et al*., 1970）などでも確認されている．

それではニカメイガの場合はどうであろうか．処女雌の片翅を木綿糸で縛りつけた“つなぎ雌”を越冬世代成虫と第1世代成虫それぞれの発蛾最盛期である6月上旬と8月上旬に圃場に設置し，配偶行動の季節的変化を調べてみた．その結果，2つの季節間で交尾時刻と交尾率に明らかな違いがあることが確認された．

越冬世代成虫（6月）の交尾は日没後まもない薄暮状態からすでに始まり，20時30分前後にピークに達して24時前にはほぼ終息をみる．それに対して第1世代成虫（8月）の場合には日没時間が6月に比べて多少早まるにもかかわらず，交尾時刻は逆に遅れ，ピークに達する時間は越冬世代成虫のそれよりも約2時間後退した．このような現象は雌のコーリング行動や雄のフェロモンに対する反応行動においても同様に確認された（Kanno,

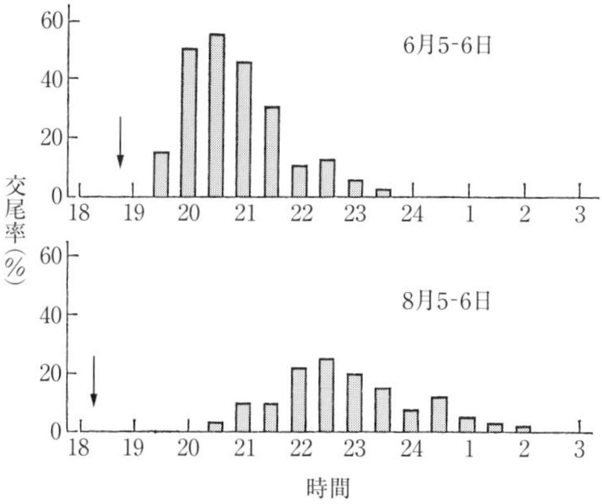

図 13.1 交尾時刻および交尾率の季節的変化．矢印は日没を示す．

1981c）．さらに，季節間での交尾率の違いも顕著である．越冬世代成虫の場合，供試雌の 80％近くが交尾を完了したのに対し，第 1 世代成虫ではそれが約半分に減少した（図 13.1）．

交尾時刻や交尾率のこうした季節間差は，いったいなにに起因するのであろうか．それを解く 1 つの鍵を筆者は環境条件とのかかわりに求めた．越冬世代および第 1 世代成虫の発蛾最盛期である 6 月上旬と 8 月上旬のあいだで大きな違いがあると思われる環境条件のなかから温度と光の 2 つを選定し，観察時間中のそれらの変化を調べてみた．その結果，温度（気温）は両時期とも同じような変動過程を示すものの，気温そのものは 8 月のほうが高く，平均値で約 7℃の差があった．また日長にも若干の変化がみられ，日没から日の出までの夜の長さは 8 月のほうが約 60 分長かった．これらの要因はニカメイガの配偶行動とどのようなかかわりをもつのであろうか．

13.2 温度および湿度の影響

温度と湿度は，昆虫の生存，発育，増殖などのさまざまな場面に大きな影響をおよぼす重要な要因である．まずはこれら 2 つの要因と配偶行動との関係を実験室内で調べてみた．

13.2.1　交尾と温度条件

各種温度条件と交尾との関係を調べてみると，ニカメイガの交尾は8℃から37℃までのかなり広い温度範囲で成り立ち，好適な温度は20℃前後であろうと推察される．また，交尾時刻も温度の違いによって変化し，高温になるにつれて顕著に遅れてくる（図13.2）．そして，この種の遅れは交尾のみならず，雌のコーリング行動や雄のフェロモンに対する反応行動においても同様に確認された（Kanno and Sato, 1979）．

配偶行動に対する温度の影響，とくにその時刻におよぼす影響について論じた報告は多い．Sowerら（1971）によれば，イラクサギンウワバのコーリングは温度が24℃以上であれば平均して消灯後8時間ぐらいに起こるが，18℃になると，それが3時間前後に早まり，さらに12℃では消灯わずか1時間後にピークが現れるという．

ニカメイガの場合も，野外で観察された交尾時刻の世代間差を規定する重要な一因は温度にあり，配偶行動の日周性が温度によって影響を受け，その

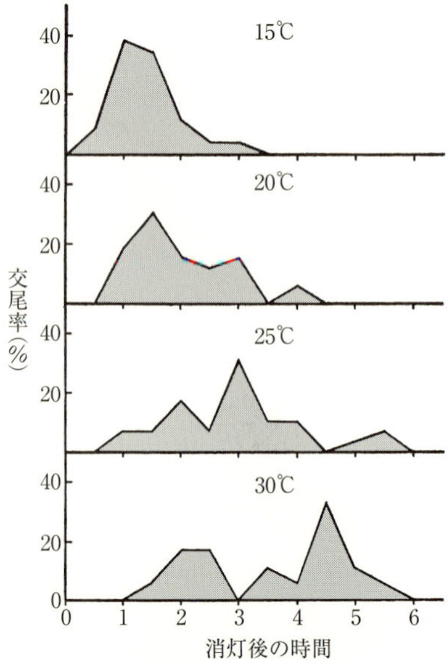

図13.2　交尾時刻におよぼす温度の影響．

リズムに変化を来したことにあるといえそうである．

13.2.2 交尾と湿度条件

交尾率におよぼす湿度の影響は温度条件によって支配される．20℃以下の低温下では交尾に対する湿度変化の影響がまったく認められないのに対し，25℃以上の高温になるとしだいにその影響が現れ，低湿度条件下で交尾率は低下する．しかし，交尾時刻や交尾継続時間に対する湿度の影響はまったく認められなかった（Kanno, 1979）．

北陸地方における特異な気象現象の1つにフェーンがある．日本海にある低気圧に向かって乾燥した南風が吹き込み，気温35℃以上，湿度40％以下に達する高温低湿の異常な気象状況を呈する．上記の実験結果から考えて，このような状況下ではニカメイガの交尾はかなりの抑圧を受けるものと思われる．

13.3 光（日長・照度）の影響

13.3.1 交尾時刻と日長

越冬世代成虫と第1世代成虫の発蛾最盛期である6月上旬と8月上旬とでは，日長に約60分の違いがあることを前に述べた．この違いが交尾時刻変動の一要因になりうる可能性はないのだろうか．それを明らかにするため，交尾の日周性に対する日長の影響を調査してみた．図13.3に示されるように，日長条件の違いにより交尾時刻のパターンに大きな変動がみられる．20L−4D，16L−8Dなどの長日条件下では消灯後比較的速やかに交尾が開始されるのに対し，日長が短くなるにつれてその時刻はしだいに遅れてくる．

Saarioら（1970）はイラクサギンウワバのコーリング時刻が，また，野口（1979）はチャハマキ *Homona magnanima* Diakonoffの交尾時刻が，やはり短日条件下で遅れることを報じている．ニカメイガの場合，さらにその変動の幅は温度とも密接なかかわりをもち，高温になるほどその差は大きい．6月と8月の日長の違いはわずかに60分ほどではあるが，両時期の温度条件の違いなどをも考慮するならば，それが交尾時刻に微妙な影響をおよ

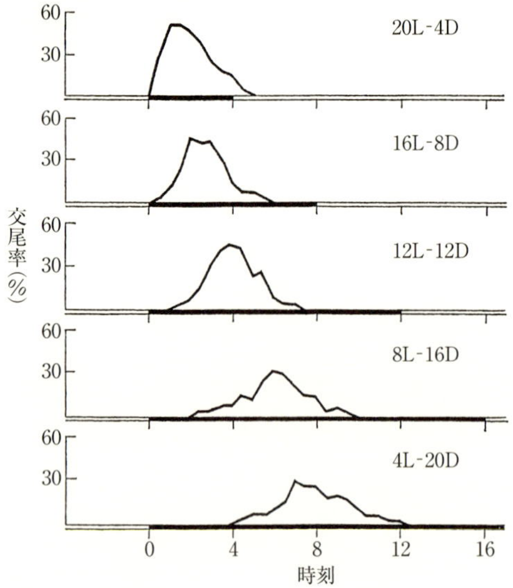

図 13.3　交尾時刻におよぼす日長の影響.

ぼしている可能性は否定できない.

13.3.2　交尾誘起の臨界照度

ニカメイガの交尾は，越冬世代成虫では日没後まもない薄暮状態で容易に開始されるのに対し，第1世代成虫では完全に夜の状態にならないと始まらない．このことは，季節によってこの虫の配偶行動が誘起される明るさに違いがあることを示唆している．それを確かめるため，交尾行動が誘起される臨界照度をいろいろな段階の温度条件下で調査してみた．その結果，交尾誘起の臨界照度は温度条件の違いにより大きく変化することがわかった（図13.4）．たとえば30℃という高温条件下では交尾可能な臨界照度はわずかに5ルクス前後であるのに対し，温度の低下にしたがってそれは顕著に上昇し，15℃の場合には600ルクスにまで達した．

このような現象はまったく新しい知見であり，これを裏づけるため，温度と照度をさまざまに組み合わせた条件の下で交尾誘起の有無を観察した．結果の1つが図13.5に示される．25℃，300ルクスという条件下では，300ルクスという明るさが25℃における交尾誘起の臨界照度を超えているため，

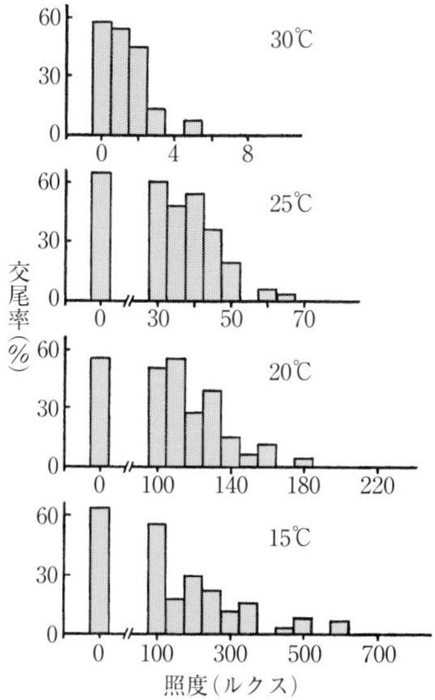

図 13.4　各温度条件下における交尾誘起の臨界照度.

消灯または照度条件低下の刺激を与えないかぎり交尾は起こらない（図 13.5 の上・中段）. しかし, 照度条件はそのままにし, 25℃から 15℃への温度低下の刺激のみを与えることによって交尾は誘起される（図 13.5 の下段）. これは, 300 ルクスという明るさが 15℃の条件下では交尾誘起の臨界照度以下であることを示している. 同様の実験をさらに条件を変えていろいろ試みたが, ある限度以下の照度条件下でこの現象は確実に再現された（Kanno, 1980）.

これらの結果は交尾が誘起される明るさに限界があり, それが温度条件によって変化するという前記の事実を明確に裏づけている. 同様の現象は, 交尾のみならず, 雌のコーリングや雄のフェロモンに対する反応行動においても確認された（Kanno, 1980）.

さらにこの現象に関連して, ニカメイガの複眼内に存在する色素顆粒の移動についても興味深い事実が明らかにされた. ニカメイガの複眼をカルノア液で固定し, パラフィンに埋没させて固めた後, ミクロトームを用いてその

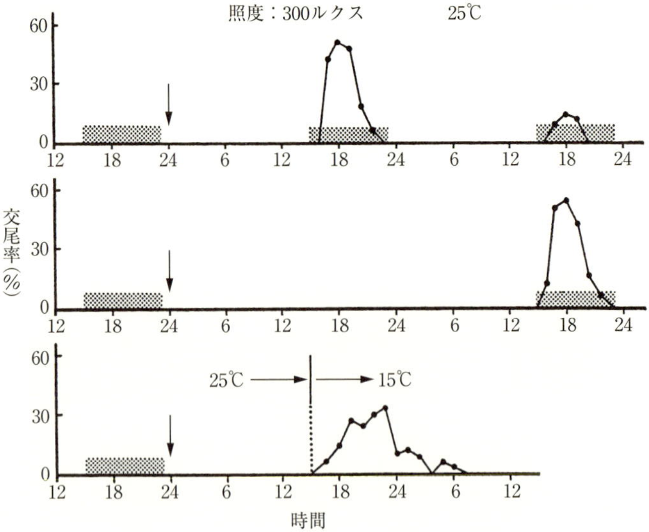

図 13.5　交尾誘起におよぼす照度および温度低下の影響．矢印は雌雄同居時を示す．網カケ部分は暗期を，その他の部分は明期を示す．

縦軸方向の切片を作成し，複眼内色素の様相を観察した．過去において報告されているように（Yagi, 1935a, 1935b；鏑木ら，1939；Yagi and Koyama, 1963；Gokan and Murakami, 1966），色素顆粒の様相に両者間で顕著な変化がみられた．すなわち典型的な明適応時には色素顆粒のほとんどが個眼の中央部分に存在するのに対し，暗適応時にはそれが先端部（晶子体の周辺部）に集積する（図13.6）．さらにその移動は温度によって大きな影響を受ける．25℃，400ルクスという条件下では，色素顆粒のほとんどは個眼の中央部に存在し，ほぼ明適応の状態にある．しかし，温度を25℃から15℃へ低下させると，400ルクスという明るさに変化を与えなくとも色素顆粒は暗に適応するような方向へ移動した（Kanno, 1984b）．

昆虫の配偶行動と明るさとの関係についての報告はさほど多くはない．行動誘起の臨界照度については，ニカメイガの交尾行動（鏑木ら，1939）とイラクサギンウワバ（Shorey, 1966），ウリキンウワバ *Anadevidia peponis*（佐々木，1977）のコーリング行動について室内条件下で調べられているにすぎない．ましてやそれが温度条件によって変化するという報告は皆無であ

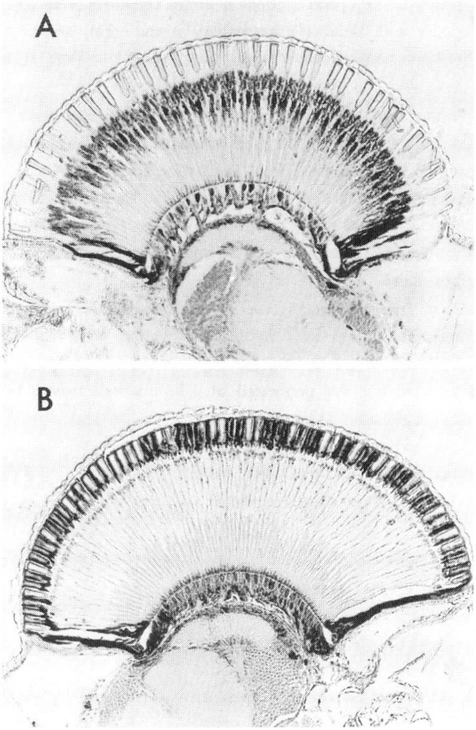

図 13.6　明および暗適応時の複眼内色素の様相.
A：明適応，B：暗適応.

る．しかし，前述したように温度そのものの影響についてはたいへんよく調べられており，そのなかで，高温から低温への温度変化が，雌雄それぞれの配偶行動を誘起する作用をもつという報告は多い（Cardé and Roelofs, 1973；Castrovillo and Cardé, 1979；Baker and Cardé, 1979）．これらは筆者が，さきに裏づけのために行った実験結果と現象的には同じであり，このことから考えて，配偶行動誘起の臨界照度が温度条件によって変化するという事実は，たんにニカメイガだけではなく，広く鱗翅目昆虫一般についていえることなのかもしれない．そしてこれが事実とするならば，ニカメイガの交尾が越冬世代成虫では薄暮の状態で容易に開始されるのに対し，第 1 世代成虫では完全に夜の状態にならないと始まらないという前記の現象をよく説明することができる.

13.4　配偶行動のサーカディアンリズム

一般に生物の活動には日周性がみられ，明暗環境に敏感に反応する．生物のこうした測時機構は，その時々の環境条件もさることながら，基本的には生まれながらにして獲得された内因的なサーカディアンリズム（概日リズム）によって引き起こされる．昆虫の配偶行動もその例外ではない．イラクサギンウワバ（Shorey and Gaston, 1965；Sower *et al.*, 1970, 1971），ウリキンウワバ（佐々木，1977）のコーリング行動やそれに同調する雄の激しい飛翔行動には，非常に正確なサーカディアンリズムの存在が知られている．配偶行動が引き起こされる機構を解明しようとする場合，このリズムの存在を無視するわけにはいかない．

ニカメイガの配偶行動のリズムが，はたして内因的なものであるのかどうかを明らかにするため，雌のコーリング行動に関するフリーランニングリズムの様相を観察した．25℃：16L−8D の条件下で定常状態のコーリングリズムを示している処女雌を暗期を延長するかたちで恒暗条件下に移し，以降 3 日間にわたってコーリング行動の観察を継続した．結果は図 13.7 に示される．最初のピークが 16L−8D 下の最後のピークにあたり，以降，恒暗条件下でも，ほぼ 24 時間周期の行動が繰り返される．ニカメイガの配偶行動にも明らかに内因的なサーカディアンリズムが関与しているといえよう（Kanno, 1984a）．

さらに，前述した複眼内色素顆粒の移動に関しても同じような方法でフリーランニングリズムを観察した．消灯と同時に色素顆粒は暗に適応する方向に移動し，速やかに完全な暗適応の状態に至る．しかし，約 24 時間後，全暗条件下であっても色素顆粒は逆方向への動きを示し，完全な明適応までに

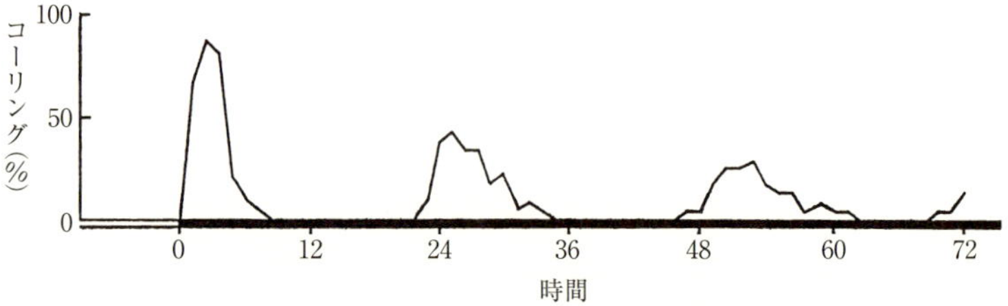

図 13.7　コーリング行動のフリーランニングリズムの様相．

は至らなかったが，明暗それぞれの適応状態のちょうど中間的な様相を呈した．その後，再び，完全な暗適応の状態に戻るものの，消灯約48時間後には弱いながら，再度，明適応方向への動きが認められた（Kanno, 1984b）．このことから本虫の複眼レベルにおける明暗適応に関しても，やはり，内因的なサーカディアンリズムの関与が示唆された．加えて複眼内色素顆粒の動きに温度環境が影響をおよぼすという事実をも考えあわせると，ニカメイガの配偶行動は，この虫が暗を感じた時点で，あるいは複眼レベルでいえば，暗に適応した時点で誘起される可能性が高い．

ニカメイガの配偶行動が，季節によって変化するという現象から出発し，それを説明するために，温度や湿度，さらには光など，おもな環境条件と配偶行動とのかかわりについて検討を加えてきた．これまで述べてきたように，その関係はけっして単純なものではない．しかし，一応その概略を述べれば，ニカメイガ配偶行動の誘起機構は，基本的には生得的内因的なサーカディアンリズムによって支配され，さらにそのリズムは諸々の環境条件によって影響を受けるという構図が浮かび上がってくる．それら環境条件のなかでは温度の影響がもっとも大きく，それ自体の直接的な影響もさることながら，照度や日長に対する虫の反応に変化を与えるというように，間接的にも配偶行動発現のリズムに顕著な影響をおよぼしている．

このように交尾時刻の季節的変化については，温度や光などとの関係で十分に説明がつくことがわかった．しかし，もう1つの交尾率の季節的変化について，ここではほとんど検討を加えなかった．それを説明するに足る，十分なデータが得られていないからである．これについてはたんに温度や光の影響だけではなく，もっと違った要因が複雑に絡み合っているような気がしてならない．

1970年代以降，今日に至るまで，ニカメイガの総合防除を確立する一環として，本虫の性フェロモンを利用する試みが日本のみならず世界的規模で精力的に推進されてきた．その結果，密度や防除時期を推定する発生予察はもちろんのこと，交信撹乱法による直接的防除に関しても実用に供しうる技術の確立がなされてきた．こうした技術にさらなる改良を加え，ニカメイガの総合防除に，より効率的に組み込むことのできる技術を確立するためにも本虫の配偶行動と圃場環境とのかかわりを明らかにしておくことは重要である．さらにまた，各種環境条件のなかで配偶行動にとくに大きな影響をおよぼすことが明らかとなった温度や光などの条件をじょうずにコントロールすることによって，本虫の交尾を阻害し密度低下に結び付けるというユニークな防除法の確立もあながち夢ではないように思う．このような観点からも，こうした研究を今後も積極的に推進し発展させていく必要があろう．

14 休眠と耐寒性

積木久明・後藤三千代

14.1 休眠と越冬

明治以来，ウンカやニカメイガといった害虫による甚大な被害が頻発し，それらの防止のために大量の資材の投入が繰り返されるなかで，1940年に大発生したウンカによる被害が引き金となり，害虫の発生を予察することの重要性が認識され，現在の農水省が主体となって発生予察事業が発足した．当時，ほとんどの害虫の基礎的な研究が欠落しているなかで，唯一長年にわたるデータの蓄積があるニカメイガを中心に発生予察事業が開始され，発生量と発生時期の推定，さらにそれらにかかわる要因の解析がなされた（河田・福田，1942；野津・松島，1943；石倉，1948b）．そのなかで，ニカメイガの生態に関する研究が大原農業研究所（現在の岡山大学資源生物科学研究所）に委嘱された．越冬世代の翌春の羽化時期を予察するためには，越冬中の発育生理と環境との関係を明らかにする必要があり，休眠と耐寒性に重点を置いた研究が行われた（深谷，1950a；深谷・中塚，1956）．このように，わが国におけるニカメイガの休眠研究は発生予察の技術向上と深く結び付いて全国的に展開された．その結果，休眠覚醒期の地域変異という，これまでにまったく知られていない現象の発見に道を開いた．

14.1.1 休眠誘起条件

わが国におけるニカメイガの休眠に関する研究史で，最初に休眠を指摘したのは春川ら（1931）による冬季の休眠に関する報告と思われる．1939年に第2次世界大戦が始まり，発生予察事業が休止に追い込まれたこともあり，その後10年以上，ほとんどニカメイガの休眠に関する研究は進展しなかった．しかし，食糧難を少しでも改善するために，終戦後にニカメイガの発生予察事業が速やかに再開され，深谷を中心に越冬生理に関する研究が精力的に行われた．ニカメイガは冬季，終齢幼虫（勝又，1934）で休眠越冬するが（深谷，1950a），休眠誘起の環境要因に関しては，当初，日長よりも温度に注目して研究された．ニカメイガの休眠は卵期，とくにその末期の温度に強く影響を受け，低い温度で休眠率が高くなり，幼虫期の条件はあまり影響しないとした（深谷，1948b，1950a）．一方，三宅（1948），三宅・藤原（1951）は，高温と長夜が休眠誘起に関係しているとした．その後，温度よりも幼虫時の日長が休眠誘起に主導的な役割を果たし，長日は休眠回避に，短日は休眠誘起に作用することが明らかにされ（井上・釜野，1957；岸野，1969；Tsumuki，1990；積木ら，1992），ニカメイガ幼虫の休眠誘起の要因と感受ステージが確定した．また，休眠誘起の臨界日長は，温度によっても変化し，高温では短日側に，低温では長日側にずれる（岸野，1969；積木ら，1992）．日本各地のニカメイガを用いた休眠誘起の臨界日長の一連の研究から，岸野（1970，1974）は，臨界日長と生息地の緯度とのあいだに高い正の相関関係をみつけ，北で長く南で短い連続的な地域勾配を示すことを明らかにした．休眠の地域変異に関する詳細は第11章を参照していただきたい．さらに，三宅・藤原（1951）は，餌植物の発育段階がニカメイガの休眠誘起に影響し，生殖成長期のイネを与えると休眠率が高くなることを見出したが，岸野（1974）は，幼虫期の日長のほうが幼虫休眠に対してはるかに強く影響することを明らかにした．

休眠に関する内分泌学的研究に関しては，アラタ体が幼虫の休眠誘起とその維持に積極的な働きをしており（Fukaya and Mitsuhashi, 1957, 1958, 1961），さらにそれらの決定要因として幼若ホルモン（JH）が休眠誘起とその維持に働くことが明らかにされている（Yagi and Fukaya, 1974；八木，1975）．ニカメイガの幼虫休眠とホルモンの詳細な関係は第15章を参照していただきたい．

14.1.2　休眠覚醒条件

春川ら（1931）は，1月と2月に野外で採集した岡山産ニカメイガ（岡山産と略記）越冬幼虫を種々の温度で加温飼育した場合，蛹化に要する日数が

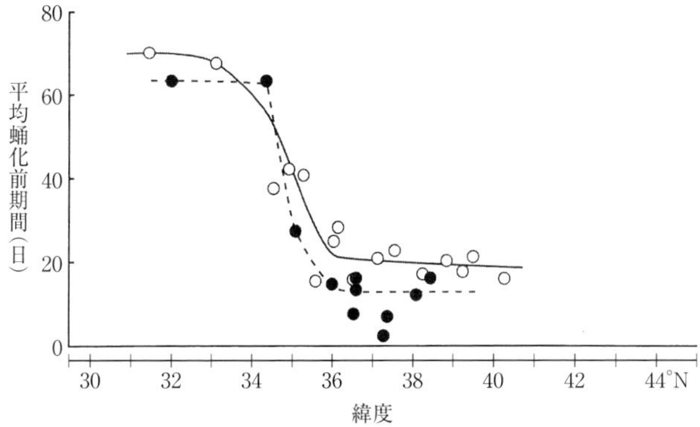

図 14.1　蛹化前期間の地域変異．黒丸は 1948 年 3 月に 27℃で加温調査（ただし，北緯 36.4 度，32 度は 1947 年 12 月の調査），白丸は 1968 年 4 月 15 日に 25℃（12L−12D）で加温調査（深谷，1950a および岸野，1974 より改変）．

温度依存的に短くならないことを明らかにし，この原因は休眠によるものとした．さらに，岡山産越冬幼虫を春遅くなってから加温（25℃）するほど蛹化前期間が短く，しかも蛹化率も高くなることから休眠覚醒には低温の影響を受けるとみられたが，庄内（山形県）産ニカメイガ（庄内産と略記）は低温に暴露しなくても休眠から離脱することが示された（深谷，1948a）．さらに，岡山産休眠幼虫を低温に暴露させないで発育適温下に置いても，150-200 日経過すると蛹化したことから，深谷・中塚（1956）は，ニカメイガの休眠覚醒には低温を必要としないものと推定した．しかし，昆虫の休眠覚醒にはある一定期間の低温暴露が必要であり（Tauber *et al.*, 1986），岡山産の一部個体が低温暴露を経ることなく蛹化したからといって低温暴露が必要ないとはいえない．実際，岡山産は庄内産と異なって，低温に一定期間暴露させないと健全な羽化個体とならない（積木，未発表）．

14.1.3　休眠覚醒期の地域変異

ニカメイガ野外個体群の休眠覚醒に関して，深谷（1947c）は中国地方の温暖な地域では発蛾が遅く，比較的寒冷な地方では早いなど，積算温度の理論からは説明できない現象をみつけた．そこで深谷（1948a, 1948b, 1948c,

1949, 1950a, 1950b）は，日本各地から越冬幼虫を取り寄せ羽化期日を調査したところ，山形–福井に至る日本海沿いに分布する越冬幼虫の蛹化前期間はきわめて短く年内には休眠が覚醒し，西日本一帯に分布するものは長く低温暴露しないと覚醒しない，2つの異なる個体群の存在をみつけ，前者を庄内系統，後者を西国系統とした（図14.1）．岸野（1974）は，さらに広範な地域（66カ所）から材料を収集し，両系統の分布地域である北陸・東北地方（庄内系統）と西日本一帯（西国系統），さらにその境界域をより詳細に区分した（図14.1）．これにより，越冬幼虫の蛹化前期間ならびに休眠に対する日長反応からみた日本におけるニカメイガの系統分化の実体はほぼ解明されたと思われる（宮下，1982）．

14.2　耐寒性の季節変化と地域変異

前節で述べたように，ニカメイガの休眠誘起時期と覚醒時期が南北間で変異を示すという現象は，南と北におけるイネの田植え時期に対する適応と，季節変化に対する適応とみられている（岸野，1974）．季節変化に対する適応として，昆虫が南北に細長い日本列島に広く分布するには，冬の低温に耐えられる能力を備えていることが必要と考えられる．最近，ニカメイガの休眠の地域変異を考慮に入れた耐寒性機構の研究が進むにしたがって，耐寒性の獲得機構およびその地域変異が明らかになってきた．

14.2.1　耐寒性の季節変化

ニカメイガの発生分布を考えるうえでもっとも大きな制限要因の1つは，冬季の低温に対する耐性であろうと思われる．わが国でのニカメイガの発生は北海道南部にまでおよんでいる（八木，1934；深谷，1950a；河田，1952b）．このことは，北海道南部の冬季の低温に耐えて生存できることを意味している．ニカメイガ越冬幼虫の耐寒性に関する先駆的な研究は，小貫（1904）によって行われ，幼虫は低温に対して抵抗性を有し，氷のなかに入れても生存できることを明らかにした．その後，春川ら（1931）は，岡山産越冬幼虫は厳寒期にほとんど死亡個体がみられなかったことから，冬季の低温は本虫の死亡要因とはなりえないとしている．深谷（1946，1947c）も同

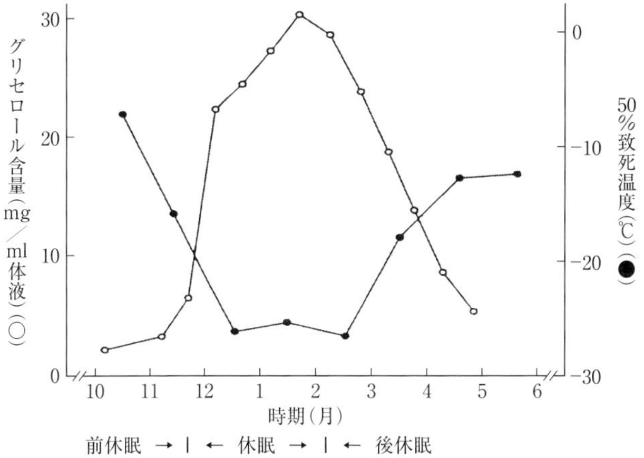

図 14.2 岡山産越冬幼虫の耐寒性とグリセロール含量の変化（Tsumuki, 1990 より改変）.

様の現象を確認するとともに，さらに1月に採集した越冬幼虫の体液の過冷却点はマイナス 4.36℃であり，2月の越冬幼虫はマイナス 14℃に3時間耐えて生存できることを，朝比奈（1959）は，越冬幼虫がマイナス 20℃の凍結に耐えられ，凍結耐性を有していることを報告している．日本産ではないが，日本人による戦争中の研究で，朝鮮半島に分布するニカメイガは，冬季の最低気温の平均値がマイナス 18.9℃といった非常に厳しい年でも春には平年と同様の発生量を示したとの報告があり（原，1942），朝鮮半島に分布する幼虫は冬季，少なくともマイナス 20℃近くまで耐えられることが，この時代にすでに明らかにされている．

岡山産越冬幼虫は秋から冬にかけて耐寒性が高まり，厳寒期の1月にはマイナス 25℃，24 時間処理に耐えられるが，その耐性は3月以降急速に低下した（図 14.2）．一方，越冬幼虫の凍結温度は約マイナス 14℃前後であったことから（Tsumuki and Konno, 1991），朝比奈（1959）が報告したように，越冬幼虫が凍結しても耐えられる凍結耐性（耐凍性）を有しているといえる．なお，非休眠幼虫の凍結温度はマイナス 8℃前後であり（Tsumuki and Konno, 1991），マイナス 10℃で凍結すれば死亡したことから凍結には耐えられない非耐凍性である．このように，ニカメイガ幼虫は秋から冬のあいだに耐凍性を獲得している（積木，1988，1998，2000）.

14.2.2　耐寒性の地域変異

南北に細長いわが国において，本格的な冬の訪れの時期と寒さの程度は地域よって大きく異なっている．したがって，南と北に生息する昆虫において，寒さに対する耐性の獲得時期や耐寒性に関連する一連の生理・生化学的な特性も異なっていることが予想される．ニカメイガの耐寒性ならびにそれに密接に関係する低分子の糖や糖アルコールの生成は，南北でどう異なっているのであろうか．ニカメイガの体内に含まれる糖アルコールとしては，グリセロールのみでほかの成分は検出されなかった．図14.2に示すように，岡山産越冬幼虫において，体液中のグリセロールは11月から1月のあいだに多量に蓄積され，休眠が破れる2月中旬以降に急速に消失した．耐寒性に関しては，グリセロールの増加にともなって強化され，消失にともなって弱くなったことから，グリセロールは低温耐性の強化に作用していることが認められた．また，体内に含まれる主要な糖であるトレハロースも冬季増加し（Tsumuki and Kanehisa, 1978），本虫の耐寒性の強化に関与することが推察された．深谷（1950a）が報告したように，庄内産越冬幼虫は冬を前にした11月には休眠が覚醒したが，耐寒性（マイナス15℃，24時間処理後の生存率）はその時期より高まり，12月以後も高いままであった（後藤，1995；Goto *et al.*, 2001；Li *et al.*, 2002a, 2002b；Ishiguro *et al.*, 2007）．体液中のグリセロール含量は11月以降に急速に上昇し，1月に最高に達し，2月以降に除々に低下した．岡山産越冬幼虫では休眠期間中にグリセロールを蓄積し覚醒後に低下したのに対して（Tsumiki and Kanehisa, 1979b），庄内産は休眠覚醒期近くになってから，あるいは覚醒後にグリセロールを蓄積した．このことは，同じニカメイガでありながら休眠と耐寒性の獲得との相互関係が両系統で異なっていることを示している．また，トレハロースやグリセロールの蓄積（生成）過程も両系統間で異なり，これらに関する代謝系に違いがあると推察された．

14.2.3　耐寒性の獲得におよぼす凍結保護物質の蓄積機構

岡山産と庄内産はともに冬季に凍結保護物質としてグリセロールを生成

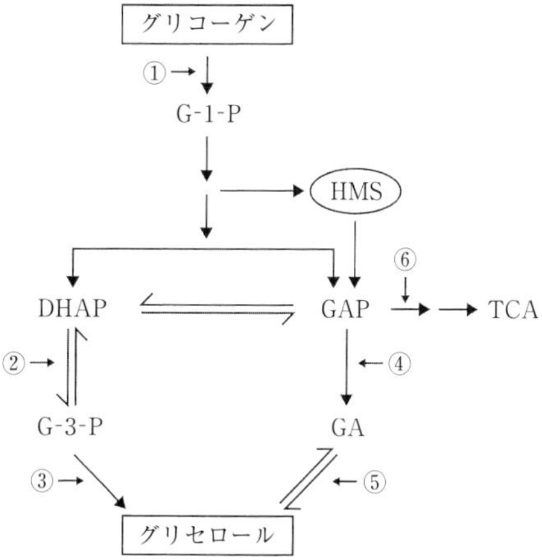

図 14.3　ニカメイガ越冬幼虫におけるグリコーゲンからグリセロールに至る代謝経路および関与酵素．①グリコーゲンホスホリラーゼ（GPase），②グリセロールリン酸デヒドロゲナーゼ（G3PDH），③グリセロールリン酸ホスファターゼ（G3Pase），④グリセルアルデヒドリン酸ホスファターゼ（GAPase），⑤アルコールデヒドロゲナーゼ（ADH），⑥グリセルアルデヒドリン酸デヒドロゲナーゼ（GAPDH），HMS：ペントース回路．

し，耐寒性を強化していることをすでに述べた．さらに，このグリセロールの生成の開始は岡山産越冬幼虫では休眠期に，庄内産では休眠覚醒前後に開始することを述べた．ここでは，両系統におけるグリセロール蓄積機構の違いについて紹介する（図 14.3）．岡山産越冬幼虫において，グリセロールの蓄積が開始する 11 月下旬には，脂肪体に蓄積されたグリコーゲンは低温で活性化されたホスホリラーゼ（GPase ①；グリコーゲン分解酵素）によって分解を受け，グルコース 1–リン酸（G1P）を生成する．発育中の幼虫では，生成された G1P は解糖系で代謝され，さらに TCA サイクルで代謝される．しかし，越冬幼虫ではグリセルアルデヒドリン酸デヒドロゲナーゼ（GAPDH ⑥）活性が冬季に低下したことから，G1P の代謝産物としてトリオースリン酸が蓄積されると考えられる．トリオースリン酸にはジヒドロキシアセトンリン酸（DHAP）とグリセルアルデヒド 3–リン酸（GAP）があるが，細胞中では圧倒的にDHAPが多い状態で平衡となっている．このDHAPが活性化されたグリセロールリン酸デヒドロゲナーゼ（G3PDH②）により，優先的にG3Pが生成され，活性化されたグリセロールリン酸ホスファターゼ（G3Pase③）によってグリセロールが生成されたと考えられる（Tsumuki and Kanehisa, 1979a, 1980, 1984）．DHAPがグリセロールの生成に使用され濃度が低下するにしたがって，GAPから補充され，最終的にトリオースリン酸のほとんどがグリセロールの生成に使用されると考えられる．このようにして生成されたグリセロールはおもに体液に蓄積され，最大で約0.3Mとなった（図14.2）．

一方，庄内産越冬幼虫では休眠が覚醒する11–12月にかけてはGAPase④活性が上昇するが，G3Pase③活性はそれほど高くなかったことから，グリセロールはGAP-GAの系で合成されると考えられた（Li *et al.*, 2002a, 2002b；後藤，2004）．しかし，気温が低下する1月になると，G3Pase③活性が上昇したため，DHAP-G3Pからグリセロールに至る系が活性化され，この系によるグリセロールの生成も起こると考えられる．すなわち，庄内産越冬幼虫では12月から1月になると，グリセロールは2つの系で生成されることを示唆している．本越冬幼虫では2段階でグリセロールを生成し，1回目の生成は11月から12月に，2回目は12月から1月であった（図14.4；Ishiguro, *et al.*, 2007）．この2段階でのグリセロールの蓄積パターンは，これらの合成系の違いによって説明できるかもしれない．しかし，両系統でなぜグリセロールの合成系が異なっているのかは不明である．ただし，これらの一連の酵素活性は，岡山産では各酵素の最適pHで測定され，庄内産ではほとんどすべてをpH7.4に固定して測定されたものである．このような酵素活性の測定方法の違いが，両系統での酵素活性の違いを反映している可能性も捨てきれない．

グリセロールの生成に関して，上述したようにグリコーゲン由来以外に脂質由来も考えられる．岡山産では，グリセロールの増加が始まる11月から12月にかけてトリアシルグリセロールが一時的に減少した（Izumi *et al.*, 未発表）．一方，この時期に岡山産でグリコーゲンの減少はみられなかった（図14.4；Tsumuki and Kanehisa, 1978）．これらの結果から，蓄積開始初期のグリセロールは脂質に由来している可能性が考えられる．しかし，本格的

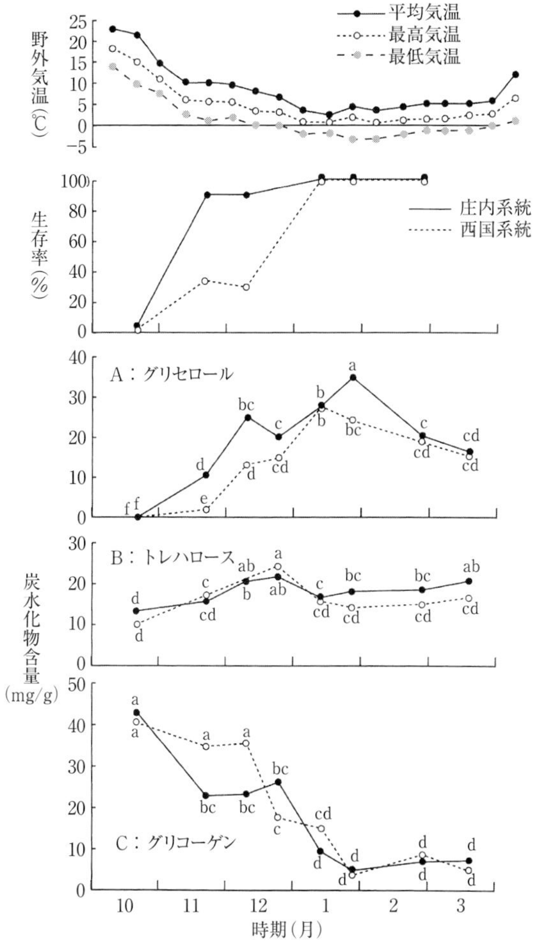

図 14.4 庄内地方の野外における庄内産と岡山産越冬幼虫の耐寒性および炭水化物含量の変化．休眠 0 日目幼虫（孵化後 25℃，12L−12D 条件下でイネ芽だし法で飼育した 65 日齢休眠幼虫）を 2002 年 10 月 2 日に野外に放置し，実験を開始した．耐寒性：マイナス 15℃に 24 時間放置後の生存率で示す．同一アルファベット間には 5％水準で有意差（Fisher's テスト）がない（Ishiguro *et al.*, 2007 より改変）．

なグリセロールの蓄積が開始する12月から1月には，トリアシルグリセロールも増加したことから，この時期のグリセロールの蓄積に脂質は関係していないと考えられる.

14.2.4　2系統の耐寒性の比較

岡山産と庄内産でみられた生理，生化学的な性質の違いには，両系統が有する固有の性質と環境の違いに対する反応といった2つの要因が関係していると考えられる．系統固有の性質を明らかにするためには，両系統を同じ環境条件に置き，環境要因を排除する必要がある．そこで，岡山産と庄内産休眠幼虫を山形県庄内地方の野外に置き，耐寒性の時期別変化を比較した（図14.4）．耐寒性の指標としたマイナス15℃，24時間処理後の生存率は，10月の越冬幼虫は両系統ともほぼ0％であったが，11月になると庄内産は約90％，岡山産は40％弱であった．しかし，1月になると岡山産の生存率もほぼ100％となった．ニカメイガの耐寒性の強化にかかわるグリセロールは，庄内産で11月以降に含量が高くなったのに対し，岡山産では11月ではほとんどみられず，12月になってやや高くなった（図14.4A）．このように，岡山産のグリセロール蓄積の開始は庄内産に比べ大きな遅れを生じたものの，1月には両系統でほぼ同レベルとなった．この傾向は，図14.2に示される気候の異なる岡山県倉敷地方で得られた結果とほぼ一致しており，岡山産固有の性質とみることができる．一方，グリセロールの主要な前駆体と考えられるグリコーゲン含量は，10−11月に庄内産で大きく低下したが，岡山産ではそれほど減少せず，12月から1月に大きく減少した（図14.4C）．ところで，秋から冬に至る庄内地方の野外平均気温は，10月が18℃，11月が7℃，12月が4℃，1月が0℃である（図14.4）．これをみると，11月における庄内産越冬幼虫のグリコーゲン含量の急激な低下と，グリセロール含量の急激な増加は，その時期の気温の低下と同調しているようにみえる（Li *et al.*, 2002b）．グリコーゲンの分解に関与するホスホリラーゼは，10℃以下の低温で活性化されることにより（Wyatt, 1967），グリコーゲンが分解を受けると考えられるが，岡山産では11月の野外気温の低下に対する反応はほとんどみられなかった．しかし，12月になると両系統とも野外気温の低下に同調したグリコーゲンとグリセロール含量の変動がみられた.

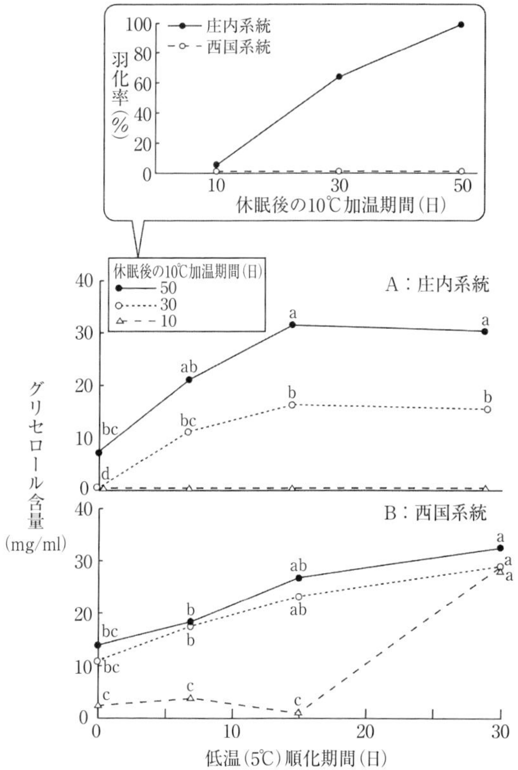

図 14.5 庄内産と岡山産休眠幼虫のグリセロール含量におよぼす低温（5℃）順化の影響．休眠 0 日目幼虫（図 14.4 参照）を 10℃に 10，30，50 日間置いた後，羽化率（20℃，12L−12D に移し，30 日間に羽化した個体数より算出）とグリセロール量（5℃に移し，時期を追ってグリセロールを定量）を調査した．同一アルファベット間には 5%水準で有意差（Fisher's テスト）がない（Ishiguro *et al*., 2007 より改変）．

それでは，庄内産と岡山産でグリセロールの生成開始時期の違いはどのような要因で起きるのだろうか．庄内産を 25℃，短日（12L−12D）で飼育して得られた休眠幼虫（孵化後 65 日齢）を 10℃に 10 日置いた後，再び 25℃，短日に戻しても蛹化はみられず，この程度の低温処理で休眠は覚醒しなかった（図 14.5A）．しかし，10℃に 30 日置いた後 25℃に戻すと 60%蛹化し，50 日置いた後 25℃に戻すと 100％蛹化した．このことは，庄内産幼虫を 10℃に 30 日以上置くと休眠が覚醒することを示している．しかし，同様に飼育した岡山産休眠幼虫は 10℃に 50 日置いても覚醒しなかった．グリセロール含量をみると，10℃に 10 日置いた庄内産休眠幼虫を 5℃で 30 日順化してもそのあいだ蓄積はみられなかったが，10℃に 30 日と 50 日置いた後 5℃で 30 日順化した幼虫では，それぞれ 17 mg，32 mg（/ml 血液）の蓄積がみられた．この蓄積は 5℃で順化開始 15 日以内に起こった．一方，岡山産休眠幼虫では 10℃に 30 日あるいは 50 日置いた後 5℃で順化するとほぼ同様なグリセロールの蓄積がみられ，30 日後には 30 mg（/ml 血液）前後となった．ところが，休眠幼虫を 10℃に 10 日置いた後 5℃で順化した場合には 15 日以降に急激な蓄積が起こり，30 日目には約 30 mg となった．以上の結果は，庄内産幼虫は休眠が覚醒前後に 5℃のような低温下でグリセロールを急激に蓄積するのに対し，岡山産は休眠とリンクしながら低温下でグリセロールを徐々に蓄積しているといえる．このことが，両系統間でのグリセロールの蓄積開始時期がずれた原因と考えられる．しかし，両系統の非休眠幼虫を低温順化してもグリセロールはほとんどみられなかったことから，両系統ともグリセロールの蓄積に休眠がかかわっていることは間違いない．このように，ニカメイガの休眠誘起から覚醒に至る休眠発育にともなうグリセロールの蓄積開始機構，ならびに 2 系統間におけるグリセロール蓄積過程の差異は依然として不明な点が多く，詳細は今後の研究による．

14.3　凍結障害誘導機構と回避機構

前節までに，ニカメイガの凍結耐性の強化にグリセロールが関係していることを述べた．しかし，グリセロールがニカメイガの凍結耐性にどのようにかかわっているのか，また，凍結死を引き起こす細胞内凍結の回避機構に関しては説明していなかった．そこで，最近明らかになった知見を含め紹介する．

14.3.1　凍結障害誘導機構

一般に，細胞内凍結を起こすと，その細胞は生存できないといわれている．極端な過冷却状態から一気に凍結すると細胞内凍結を誘導することになる．したがって，細胞内凍結を防止するためには，0℃以下の比較的高い温度で凍結を開始し，除々に凍結する必要がある．そのため，耐凍型昆虫は凍結開始温度を制御する機構を有する必要があると考えられる．前節で岡山産越冬幼虫は，マイナス25℃（24時間処理）の低温に耐えることができ，この耐性強化にはおもにグリセロールが関係していることを述べた．また，幼虫の凍結温度は越冬中ほぼ一定で，マイナス14℃前後であることもすでに述べた．グリセロールやトレハロース含量が増加すれば過冷却点はモル濃度効果で低下するはずである．それにもかかわらず越冬期間中凍結温度がマイナス14℃前後とほぼ一定であったということは，越冬幼虫はこれらの物質の影響を受けない凍結誘導機構を有していることを示している．各組織の過冷却点を測定すると，越冬幼虫の筋肉と表皮の凍結温度はほかの組織の凍結温度よりも有意に高く，しかも全虫体の凍結温度であるマイナス14℃前後を示した（Tsumuki and Konno, 1991）．一方，非休眠終齢幼虫あるいは越冬前の幼虫の筋肉や表皮の凍結温度は低かった．

これらの結果は，越冬中に筋肉や表皮に凍結を誘導する内因性氷核が生成されることを示している（積木，2000）．25℃，短日で飼育した休眠幼虫を低温順化すると，越冬幼虫と同様に筋肉と表皮の凍結温度が上昇するし（Tsumuki and Hirai, 2007），また幼虫休眠を誘起するJHを塗布したニカメイガ非休眠終齢幼虫を低温順化しても，筋肉と表皮の凍結温度は上昇した（Tsumuki and Hirai, 1999）．しかし，休眠打破に働く20-ヒドロキシエクダイソンを注射した越冬幼虫の凍結温度は低下した（Tsumuki and Hirai, 1999）．

これらの結果から，岡山産休眠幼虫でみられるグリセロールの蓄積と同様に氷核の生成も低温順化で促進され，内分泌ホルモンの影響を受けることが明らかとなった．氷核細菌が生成する氷核はリポタンパク質あるいは糖タンパク質であり，この氷核タンパク質に結合した脂質あるいは糖が活性強化に関係することが明らかにされている．ニカメイガ越冬幼虫が生成する氷核もタンパク質であるが（Hirai and Tsumuki, 1995），その活性に糖や脂質の結合は無関係であった．さらに，この氷核タンパク質は筋肉と表皮の細胞膜に内在し，その活性部位は体液と直接接しており，低温下でまず体液が凍結することで，細胞外凍結を誘導し，凍結死を引き起こす組織の細胞内凍結を阻止することが示唆されている．

14.3.2　凍結障害回避機構

具体的に越冬幼虫はどのようにして細胞死を引き起こす細胞内凍結を阻止しているのであろうか．耐凍型昆虫が耐凍性を獲得するためにはいかに細胞内凍結を防止するかである．越冬幼虫から摘出した脂肪体をリンゲル液あるいはグレース昆虫培養培地に入れ，マイナス20℃で凍結させると大きな凍結障害がみられた．しかし，1月の越冬幼虫の体液に含まれるのと同程度のグリセロールを添加して凍結させるとまったく障害が起こらなかった（Izumi *et al.*, 2006；積木・泉，2008）．これは，これまで何回か述べてきたグリセロールが凍結障害を回避する作用物質であるとの説を直接裏づける結果である．しかし，非休眠幼虫の脂肪体では上記と同じ濃度のグリセロールを添加した培地で凍結しても，強い凍結障害を受けた．さらに，添加するグリセロールの濃度を高くすると障害は濃度に比例して軽減されたが，まったく障害が起こらないわけではなかった．これは，グリセロールのみで組織の凍結傷害を回避できないことを示している．

細胞は細胞内凍結をすると障害を受けることをさきに述べたが，それでは細胞内凍結をいかに回避しているのであろうか．細胞あるいは細胞外にもとから存在するグリセロールや水と区別するために同位元素でラベルされた ^{14}C-グリセロールと $^{3}H_2O$ を用いて，冷却から凍結に至る脂肪体細胞の内外におけるこれらの物質の移動を調べた（Izumi *et al.*, 2006）．その結果，温度が低下するにしたがって越冬幼虫の脂肪体では細胞内の水分が細胞外に，グリセロールは細胞外から細胞内に流入することが明らかとなった．さらに驚くべきことは，凍結が始まっても細胞内の水は細胞外に流出し続けることである．細胞内凍結を防止するためにはこの一連の現象が比較的短時間で起こる必要がある．細胞内外の水とグリセロールの出入りの一部は浸透圧の違いにより受動的に行われると思われる．しかし，短時間のうちに多くの水やグリセロールの細胞内外への移動は，この受動的な機構のみで説明はできない．これらの物質を特異的に通過させるチャネル（水チャネル：水を選択的に通過させる細胞膜タンパク質，アクアポリンともいう）をもっていることが想定される．そこで，これを確かめるために，細胞膜に存在するアクアポリンを特異的に阻害する塩化水銀を外液に加えて凍結すると，越冬幼虫の脂肪体でも非休眠幼虫と同様な凍結障害がみられた．この結果は，細胞膜に存在するアクアポリン（越冬幼虫のアクアポリンは水だけではなくグリセロールをも同時に通過させる）が細胞内凍結に大きく関与していることを示している．なお，低温下でも活性が抑制されないアクアポリンの生成には，休眠と低温順化が関係していることも明らかになった（Izumi *et al.*, 2007；積木・泉，2008）．さらに，休眠と低温順化によるこのようなアクアポリンの生成機構に関しては，関係遺伝子による発現機構から解析中である．また，低温下でも細胞内ならびに細胞膜の流動性を保持し，低温障害の回避に関与すると考えられる脂質に関しては，休眠幼虫を低温順化すると脂肪体細胞に含まれるトリアシルグリセロールならびに細胞膜のリン脂質の不飽和度が増加することが明らかになってきた（Izumi *et al.*, 2009）．しかし，詳細は今後の研究による．

14.4　休眠と耐寒性研究の今後

岡山産を山形県に移し，庄内産と耐寒性を比較した．庄内産のほうが秋の早い時期からグリセロールの蓄積を開始するものの，1月の厳寒期には両系統でほとんど同じ蓄積量を示し，しかも岡山産越冬幼虫の耐寒性も庄内産とほぼ同じ程度を示した（図14.4）．厳寒期以降を考えると，両系統とも庄内地方の厳しい冬を越すことが可能である．それでは，なぜ庄内地方を中心として早期に休眠覚醒する特別な個体群が進化したのであろうか．庄内産は晩秋に休眠覚醒し，厳寒期の前にかなりの量（厳寒期の20−50%）のグリセロールを蓄積することで，厳寒期に耐えられる耐寒性をすでに獲得している．したがって，厳寒期の前に厳しい寒波がしばしば来襲する日本の北部地域においては，庄内産越冬幼虫の戦略のほうが有利であろう．一方，庄内地方に比べ暖冬の西日本では休眠覚醒期が遅く，暖冬による不時発育のおそれのない岡山産越冬幼虫に有利に働くことが考えられ，両地域の気候条件の違いによって休眠様式が選択されていると推察される．その場合，なぜ庄内産は休眠覚醒前後に，岡山産は休眠開始あるいは休眠中にグリセロールが高まるのか，といった明確な説明はいまだできていない．また，グリセロール生成経路が，両系統で異なっている可能性が推察され，進化にともなう適応現象と考えられるものの，なぜ異なった合成系を発展させなければならなかったのか，その一連の代謝系に低温と休眠がどのような影響をおよぼしているのかについても明らかにする必要がある．

さらに，これまで不明な点が多い凍結耐性機構が最近少しずつではあるが明らかになりつつある（積木・泉，2008）．すでに述べたように，グリセロールは凍結による障害を軽減する効果しかもっていなかった．ということは，耐凍性獲得にはグリセロールの蓄積以外に，組織あるいは細胞・分子レベルで低温に対する耐性を高めるための生理・生化学的，分子生物学的な制御機構を発達させる必要がある．細胞内の水とグリセロールの制御にかかわり，低温下でも活性が阻害されないアクアポリンの一次構造と機能が現在明らかになりつつあることをはじめとして，凍結障害防止機構のさらなる究明が期待される．

現在，地球温暖化が急激に進行しているなかで，これまでにそれぞれの地域により適応した性質を種々発達させてきた昆虫を含む多くの生物において，今後どのような性質が進化し，淘汰されるのか，あるいは，どのような種が発展し，滅亡するのか，など種の存立の予測と対策が地球的規模で求められている．休眠と耐寒性にかかわるニカメイガの地域変異の一連の研究成果は，異なる環境に対する種の適応のあり方を示しており，こうした今日の差し迫った課題に対して有益な示唆を与えると思われる．

15　幼虫休眠と内分泌制御

八木繁実

15.1　幼若ホルモンの果たす役割

15.1.1　内分泌制御の研究歴史

この分野では深谷により先駆的な研究がなされ（Fukaya, 1951a, 1951b），その後の一連の研究から，アラタ体がニカメイガ幼虫の休眠誘起とその維持に積極的な働きをしていることが明らかになった（Fukaya and Mitsuhashi, 1957, 1958, 1961）．その後，ほかの鱗翅目昆虫についてもこの考えを裏づける研究がなされた（Waku, 1960；Mitsuhashi, 1963）．しかしその当時はまだ近年ほど昆虫ホルモンの知識が豊富ではなく，またホルモンそのものも簡単に入手できなかったためもあり，その物質的な検討が十分とはいえず，アラタ体から分泌される幼若ホルモン（JH）の類縁化合物であるファルネソール（farnesol）が休眠後期幼虫の蛹化までの日数を遅延させるという報告がなされたにすぎなかった（Fukaya, 1962）．その後八木らにより，幼若ホルモン（JH）およびその類縁化合物（JHA）の使用とアラタ体除去などの手法を用いて，以下に述べるような幼虫休眠の内分泌機構の詳細な検討が行われた（Yagi and Fukaya, 1974；八木，1975, 1976；Yagi, 1976, 1981）．

15.1.2　基本的な材料と方法

一連の実験に使用した供試虫と共通の飼育方法は以下のとおりである．

供試虫

用いたニカメイガはおもに休眠の深い西国型を材料とし，一部の実験には浅い休眠を引き起こす庄内型も使用した（深谷，1950a）．

飼育方法

おもに人工飼料による無菌飼育を行ったが，人工飼料の組成および一般的な飼育操作はすべて釜野（1973）の方法を用いた．なお，人工飼料による累代飼育は3世代までとした．日長は長日条件としては，16L－8D，短日条件は8L－16Dとし，西国型では温度25℃，庄内型の場合は20℃でそれぞれ飼育を行った．これらの環境条件で飼育された両系統の幼虫はほぼ完全に非休眠あるいは休眠に分かれ，非休眠条件下では西国型，庄内型とも孵化後35-40日で蛹化した．

15.1.3　休眠幼虫の特徴

休眠幼虫はおもに2つの形態的・生理的な特徴をもっていることは，すでにいくつかの報告にまとめられている（深谷，1950a；Fukaya, 1951b；Fukaya and Mitsuhashi, 1961；Fukaya, 1967）．すなわち，短日条件で飼育され休眠に入った幼虫は長日条件で飼育された非休眠幼虫に比べて，①3齢期から齢期間の延長がみられ，とくに終齢期間が延長する（Fukaya and Mitsuhashi, 1961）．②3齢期ごろから生殖巣，生殖細胞の発育に遅れが起こり，とくに終齢期にはその差が顕著になり，休眠幼虫の精巣の容積は非休眠のそれの5分の1から2分の1となることが知られている（Fukaya, 1951b；Mochida and Yoshimeki, 1962）．このように，ニカメイガの幼虫休眠において齢期間の延長と生殖巣の未発達は，休眠を特徴づけるもっとも重要な要因の1つとなっている．

15.1.4　幼若ホルモンとその類縁化合物が非休眠幼虫におよぼす影響

幼若ホルモン（JH）がこの昆虫の休眠にどのような影響をおよぼしているかを直接明らかにするため，長日（日長は非休眠）条件で飼育した幼虫に幼若ホルモン類縁化合物（メチレンディオキシフェニル誘導体；JHA；Chang and Tamura, 1971）あるいは天然の幼若ホルモンの一種，C18-JH（JH-I）を連続的に経口投与あるいは局所施用した．

表 15.1 JHA 施用非休眠幼虫および休眠幼虫の蛹化までの日数（八木，1975 より改変）.

	供試虫数[1)]	孵化後 130 日目の状態		蛹化までの日数		
		生存虫数[2)]	蛹化個体数	最小	最大	平均
JHA 施用非休眠幼虫[3)]	20	5（8）	7	113	130	120.3
休眠幼虫	16	1（3）	12	88	119	98.6

1）休眠の浅い庄内型を材料とし，長日の非休眠および短日の休眠条件で人工飼料による無菌飼育（20℃）を行った.
2）（ ）は死亡幼虫数.
3）人工飼料に 650 ppm の JHA（化合物 III）が含まれる非休眠条件で飼育した.

JHA 経口投与の影響

人工飼料に JHA を混入するためには，かなり多量の化合物が必要である．あらかじめアラタ体を除去したカイコガ *Bombyx mori* 4 齢幼虫で JH 活性を検定し，もっとも活性の高い化合物Ⅲを用いて（八木，1975），さまざまな濃度で飼育を行い，それらの経口投与の影響を調べた．その結果，人工飼料に混ぜた JHA の量に応じて，ある濃度以上では休眠の特徴である終齢期間の延長と生殖巣の発育抑制が認められた．しかも西国型の場合，こうして得られた幼虫を 40 日間 5℃で低温接触させてから再び 25℃に加温すると，その約 3 分の 1 は正常に蛹化することがわかった（八木，1975）．表 15.1 は休眠の浅い庄内型を用いた一例である．この系統は低温接触なしでも休眠は 3 カ月ほどで覚醒し蛹化することが知られている．非休眠条件で JHA により休眠したと思われる幼虫の蛹化までの日数は，対照区の休眠幼虫のそれに比べ長いことがわかった．これらのことから，ニカメイガの休眠は非休眠条件下でも飼料に混入された JHA により引き起こされ，しかも与える化合物の量により蛹化までの日数すなわち休眠深度が変化することが考えられた.

JH-I 局所施用の影響

幼若ホルモンによる休眠誘起に対して感受性の高い時期をさらにくわしく調べるため，JH-I を用いて非休眠条件で飼育してきた幼虫の終齢初期（30 日目）と後期（36 日目）から，1 μl のアセトンに溶かしたホルモン 0.2 μg あるいは 2.0 μg を 30 日間毎日幼虫の胸背部に施用してその影響を観察した

表15.2　非休眠幼虫の成長・発育におよぼす幼若ホルモン（JH-I）の影響（Yagi and Fukaya, 1974より改変）.

孵化後の日数	JH濃度[1]（μg/1 μl）	供試虫数[2]	JH処理後40日目の状態[3]：休眠に入った幼虫数	得られた幼虫・蛹中間型の数[4]	得られた蛹数
30（初期）	アセトン	25（6）	0［0］	0［0］	19［76］
	0.2	25（0）	12［48］	5［20］	8［32］
	2	25（6）	19［76］	0［0］	0［0］
36（後期）	アセトン	25（2）	0［0］	0［0］	23［92］
	0.2	25（1）	0［0］	3［12］	21［84］
	2	29（2）	1［3］	15［52］	11［38］

1）アセトン1 μlに溶かしたJH-Iを，長日の非休眠条件で飼育した孵化後30日目（初期）および36日目（後期）の幼虫に30日間毎日局所施用した.
2）（　）はJH処理後40日目までの死亡幼虫数.
3）［　］は%を表す.
4）幼虫・蛹中間型は+（プロセテリー+），より蛹に近い++（プロセテリー++）両者が含まれる.

（表15.2）．ホルモンを終齢初期から施用すると，とくに2 μg区では施用を始めてから40日（孵化後からは70日）を経過しても幼虫態のまま生存しており，この幼虫は休眠に入ったものと考えられた．一方，0.2 μg区では蛹化する個体がみられ，幼虫と蛹の中間型である幼虫・蛹中間型+（プロセテリー+）の脱皮およびより進んだ幼虫・蛹中間型++（プロセテリー++）の脱皮も認められた（15.1.5項参照）．ところが同じ終齢でも後期から施用すると，JH-Iの濃度が高い2 μg区においても休眠に入る個体はほとんどなく，むしろ幼虫・蛹中間型++（プロセテリー++）の脱皮個体が多く出現し，蛹化する個体も3分の1以上認められた．以上の結果から，非休眠条件下においてJH-I投与により休眠を引き起こすためにもっとも効果的な時期は終齢初期，すなわち孵化後30日前後であることが推察された．

15.1.5　体液中の幼若ホルモン濃度の測定

長日および短日で飼育してきた非休眠および休眠幼虫の終齢期における体液中の幼若ホルモン濃度（JH-titer）をde Wilde *et al.*（1968）の方法で測定した．得られた体液抽出物はハチミツガ *Galleria mellonella* 蛹を用いて生物検定したが，この手法はガレリア・ワックス・テスト（*Galleria* Wax

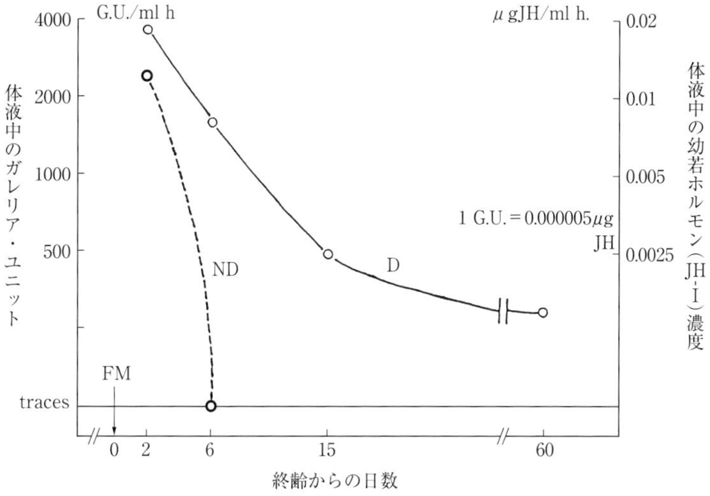

図 15.1　非休眠幼虫および休眠幼虫の体液中の幼若ホルモン濃度（JH-titer）（Yagi and Fukaya, 1974 より改変）.
ND：非休眠幼虫, D：休眠幼虫, F.M.：終齢幼虫脱皮, G.U./mlh.：ガレリア・ユニット／ml 体液, μg JH/mlh.：μg JH-I/ml 体液, traces：僅少値（30 G.U. 以下）.

Test）とよばれ，JH の生物検定法として古くから知られている．JH-I により 50％の効果を生じる 1 ガレリア・ユニット（1 G.U.）は 0.000005 μg JH-I となった．検定はそれぞれの抽出物について 3 回繰り返して行い，その平均値を図 15.1 に示した．終齢脱皮後 2 日目（初期）においては休眠，非休眠幼虫の幼若ホルモン濃度は，体液 1 ml あたりそれぞれ 3700 G.U.（0.0185 μg JH-I）および 2400 G.U.（0.0120 μg JH-I）と高い値を示した．しかしながら非休眠幼虫については 6 日目の前蛹直前（後期）になるとその濃度は急激に減少し，わずかに “traces（わずか，30 G.U. 以下）” しかみられないが，同時期の休眠幼虫では濃度はいまだ 1600 G.U.（0.0080 μg JH-I）/ml とかなり高い値を示し，その値は休眠期間中にしだいに減少していくことがわかった．このことから，休眠初期での体液中の高い幼若ホルモン濃度が休眠の誘起に関与しているものと考えられた．

表15.3　休眠幼虫におよぼすアラタ体除去の影響（Yagi and Fukaya, 1974より改変）.

孵化後の日数	手術[1]	供試虫数[2]	手術後30日目の状態[3]	
			得られた蛹数	得られた幼虫・蛹中間型の数[4]
35（初期）	アラタ体除去	40（9）	30［75］	1［3］
	対照（sham）	39（39）	0［0］	0［0］
60（後期）	アラタ体除去	59（45）	6［10］	8［14］
	対照（sham）	42（42）	0［0］	0［0］

1）アラタ体除去は側心体・アラタ体連合体の除去，対照（sham）は傷を付けただけの処理．手術後は長日の非休眠条件に日長を変換して30日間観察を行った.
2）（　）は手術後30日目までの生存幼虫数とわずかな死亡幼虫数の合計.
3）［　］は%を表す.
4）得られた幼虫・蛹中間型は＋（プロセテリー＋）.

15.1.6　アラタ体除去による休眠の覚醒と幼若ホルモン施用による休眠の維持

休眠幼虫より幼若ホルモン分泌器官であるアラタ体の除去手術を行い，アラタ体除去が休眠覚醒におよぼす影響を調べるとともに，アラタ体を除去した休眠幼虫にJH-Iを連続的に施用して幼若ホルモンそのものの休眠におよぼす作用について検討した．なお，この場合アラタ体除去とは側心体・アラタ体連合体を除去することをさす．対照の手術として傷を付けただけの対照区（sham operation）を設けた．休眠幼虫の2つの時期，すなわち孵化後35日目と60日目にアラタ体を摘出し，手術後幼虫を非休眠条件である長日条件に移してアラタ体除去の効果を調べた（表15.3）．終齢初期にあたる孵化後35日目に手術を行った幼虫はその後30日以内にその75%が休眠を覚醒して蛹化した．ところが60日を経過した幼虫においてはアラタ体除去の効果は少なく，わずか10%の幼虫しか蛹化せず，むしろ幼虫・蛹中間型が14%得られた．また，アラタ体を除去した幼虫について手術後1週間目に雄を解剖して精巣の発達を調べると，35日目，60日目の幼虫はいずれにおいても対照区に比べて精巣の容積は2–3倍に増大しており，精巣内部では伸長したスパーマトシスト（spermatocyst；スパーマトサイト［spermatocyte］が集合して1つの塊になったものをスパーマトシストといい，両者とも精細胞と訳すことが多いので，以下スパーマトシストを略してシストとよぶ）が数多く観察された.

表 15.4 アラタ体を除去された休眠幼虫におよぼす幼若ホルモン（JH-I）の影響（Yagi and Fukaya, 1974 より改変）.

手術[1]	JH 濃度[2]（μg /1 μl）	供試虫数[3]	手術後の状態 得られた蛹数[4] 40 日目	60 日目	定留幼虫脱皮[5]の頻度（60 日目）
アラタ体除去	アセトン	18（4）	10［56］	14［78］	1
	0.2	12（4）	0［0］	8［67］	12
	2	9（5）	0［0］	4［44］	9
対照（sham）	アセトン	8（8）	0［0］	0［0］	7
	0.2	11（9）	0［0］	2［18］	12
	2	7（6）	0［0］	1［14］	16

1）アラタ体除去は側心体・アラタ体連合体の除去，対照（sham）は傷を付けただけの処理.
2）孵化後 35 日目（初期）の幼虫を手術し，その直後からアセトン 1 μl に溶かした JH-I を 30 日間毎日局所施用し，手術後も引き続き短日の休眠条件で飼育して 60 日間観察を行った.
3）（ ）は手術後 60 日目までの生存幼虫数とわずかな死亡幼虫数の合計.
4）［ ］は％を表す.
5）手術後 60 日目までに観察された定留幼虫脱皮（stationary larval ecdysis）の頻度.

つぎに，幼若ホルモンそのものがアラタ体を除去した休眠幼虫の休眠を維持させることができるかどうかを確かめるため，孵化後 35 日目の幼虫のアラタ体除去を行い，手術後 3 時間以内に 0.2 μg あるいは 2.0 μg の JH-I を 30 日間にわたり毎日局所施用した．対照として，傷を付けただけでアラタ体除去をしない幼虫に対しても同様のホルモン処理を行った．この実験は上述の実験とは異なり，手術後も短日（日長）のままで飼育を続けた．結果は表 15.4 に示したように，ホルモンを処理した幼虫はアラタ体除去後 40 日を経過しても蛹化する個体はまったくなく，休眠が続いていることが示された．一方，ホルモン処理の対照区のアセトン処理区ではアラタ体の除去を行うと，短日（日長）の休眠条件にもかかわらず 56％の個体が蛹化した．ところがアラタ体除去後 60 日を経ると，JH-I 施用を行っていた区においても，ホルモンの濃度が低いと高率に蛹化が起こった．ホルモン処理を止めて 30 日を経過したアラタ体のない個体は，おそらく幼若ホルモン濃度がゼロに近くまで減少することにより，再び脳–前胸腺系が活性化して，休眠の覚醒が起こるのではないかと推察された．傷を付けただけでアラタ体が存在している幼虫において，アセトンのみを処理した対照区ではまったく蛹化はみられないが，JH-I を施用した区の場合では低率ながら蛹化する個体が得られた．

また，つぎにくわしく述べる定留幼虫脱皮（stationary larval ecdysis）が観察された．これら一連の結果から，ニカメイガの幼虫休眠は短日（日長）によりアラタ体の分泌活性がとくに終齢初期に高まり，幼若ホルモン（JH）が非休眠の場合より多く分泌されて休眠が引き起こされ，その後もJHの分泌がある程度維持されるため，休眠が維持されると結論された．

15.2　休眠間発育

15.2.1　成長をともなわない定留幼虫脱皮

この脱皮は初めシロアリの一種 *Kalotermes fravicollis* において Lüscher (1961) により観察されたが，その後鱗翅目昆虫でも *Diatraea grandiosella* の休眠幼虫においてみられることが報告された（Chippendale and Yin, 1973）．

休眠幼虫における定留幼虫脱皮

孵化後35日から15日間，個体飼育した休眠幼虫についてその幼虫脱皮の頻度を調べ，脱皮した8頭の幼虫それぞれの頭幅を脱皮直前と直後に測定・比較した．頭幅の平均値は脱皮前と後ではそれぞれ 1.35 ± 0.07 mm および 1.32 ± 0.06 mm となり，その値はほとんど等しく，必ずしも成長をともなわない脱皮，いわゆる定留幼虫脱皮（stationary larval ecdysis）であることがわかった（八木，1975；Yagi, 1981）．

定留幼虫脱皮にともなう体色変化

終齢初期になる孵化後30−35日ごろまでは非休眠幼虫および休眠幼虫ともその体色は白味を帯び，両者のあいだには体色の違いはほとんど認められなかった（図15.2A，B）．ところが，休眠幼虫はこの時期から定留幼虫脱皮を起こすことにより体色は黒味を帯び，孵化後60日前後にはそのほとんどが黒味を帯びた幼虫に変化した（図15.2C）．この傾向は，非休眠条件で 2 μg の JH-I を終齢初期より連続的に局所施用して人工的に休眠を引き起こした幼虫においても同様に認められた（図15.2D）．定留幼虫脱皮とそれに

図 15.2 定留幼虫脱皮にともなう幼虫の体色変化（八木，1975 より改変）．A：孵化後 35 日目の非休眠幼虫，B：孵化後 35 日目の休眠幼虫，C：孵化後 60 日目の休眠幼虫，D：孵化後 60 日目の JH 処理（休眠）幼虫，C と D は定留幼虫脱皮後の個体．（× 1.5）

ともなう体色変化についてさらにくわしく調べるため，休眠幼虫を孵化後 35 日目に頭胸間結紮（糸で縛ること）し，脳–側心体・アラタ体連合体からの物質の移動を断った胸・腹部だけの幼虫を用いて実験を行った．この場合，各区 20 頭の幼虫を使用して 35 日から 60 日までの 25 日間におけるこの脱皮の頻度とそれにともなう体色変化を毎日観察した（図 15.3）．脱皮は結紮しない無処理区において 35–40 日目の休眠初期には頻繁にみられるが，その後は時期とともにその頻度は減少し，55 日を越えるとまったく観察されなかった．しかも 60 日目の幼虫すべてが黒味を帯びた体色に変化していることが観察された．一方，35 日目に結紮された幼虫では，脱皮，体色の変化ともほとんど起こらなかった．しかし，結紮後，JH-I を 1 日おきに 3 回局所施用すると脱皮頻度が回復すると同時に，脱皮した幼虫すべての体色が黒味を帯びることが認められた（八木，1975；Yagi, 1981）．

以上の結果から，JH-I は直接前胸腺を刺激し，しかも体色の変化にも関与していると考えられた．*Diatraea grandiosella* においても幼虫休眠期での

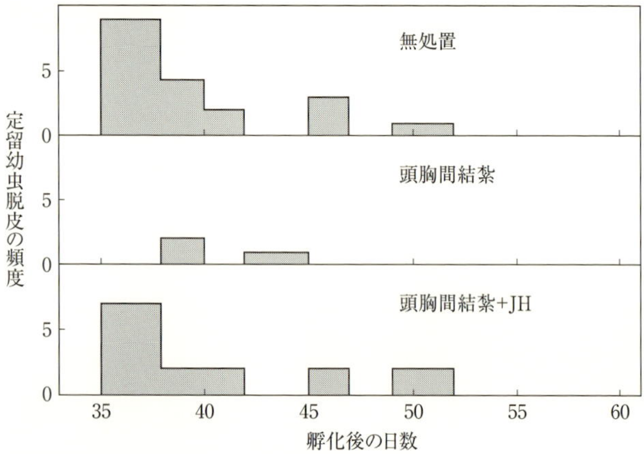

図 15.3　休眠幼虫の定留幼虫脱皮におよぼす結紮と幼若ホルモン（JH-I）の影響（八木，1975 より改変）．
孵化後 35 日目の休眠幼虫の頭胸間を結紮し，以下の処理を行った．無処理，頭胸間結紮：頭胸間を結紮した胸・腹部だけの幼虫，頭胸間結紮＋ JH：頭胸間を結紮した胸・腹部だけの幼虫にアセトン 1 μl に溶かした JH-I 2 μg を 1 日おきに 3 回局所施用．

体色の変化に幼若ホルモンが関与していることが示唆されている（Yin and Chippendale, 1973）．すでに述べたように，休眠幼虫のアラタ体除去の影響は終齢初期にもっとも強く，その後は時期とともにその効果は小さくなること，また，定留幼虫脱皮の頻度も終齢初期からしだいに減少していくことなどから，休眠幼虫では幼若ホルモンによる脳−前胸腺の不活性化が考えられた．幼若ホルモンが脳あるいは前胸腺を不活性化させ，前胸腺刺激ホルモン（PTTH）や脱皮ホルモン（ecdysteroids）の分泌を抑制することはほかの鱗翅目昆虫でも知られており（Nijhout and Williams, 1974），ニカメイガにおいても終齢初期に幼若ホルモンの高まりを経過することにより，脳−前胸腺系が不活性化され，安定した休眠状態に入るものと推論することができた．一般にアラタ体の活性は脳の支配を受ける．これには神経的な二重支配のほか，液性的にもアラタ体刺激ホルモン（allatotropin）とアラタ体抑制ホルモン（allatohibin）の二重制御があるといわれ，これら内分泌器官の複雑なフィードバックシステムの検討は休眠の内分泌機構解明に重要である．

表 15.5　休眠幼虫におよぼす脱皮ホルモン（20HE）の影響（八木，1975より改変）．

孵化後の日数	供試虫数[1)]	無脱皮個体数	脱皮個体数			
			幼虫	幼虫・蛹中間型[2)] +	幼虫・蛹中間型[2)] ++	蛹
30	7（0）	1	5	1	0	0
45	7（1）	0	5	1	0	0
60	10（0）	2	5	3	0	0
80	11（0）	0	2	9	0	0
100	10（0）	3	2	5	0	0
120	9（0）	0	1	6	2	0
150	12（0）	3	0	5	4	0
175	11（0）	6	0	1	4	0

1）休眠条件で人工飼料により無菌飼育（25℃）された西国型の幼虫に体重 100 mg あたり 0.1 μg の脱皮ホルモン（20HE）を注射して 1 週間観察を行った．（　）は死亡幼虫数．
2）幼虫・蛹中間型＋はプロセテリー＋，幼虫・蛹中間型＋＋はプロセテリー＋＋を示す．

のちの 15.3 節で一部触れるが，昆虫の器官培養・組織培養の手法を用いることにより，これら昆虫の内分泌相互の関係をより直接的に調べることが可能になった（安居院，1976）．

15.2.2　脱皮ホルモンによる休眠深度の測定

実験室内で人工飼料により無菌飼育された休眠幼虫（西国型）と野外越冬幼虫（西国型；静岡県菊川町より採集）の両者を用い，時期を追って幼虫に体重 100 mg あたり 0.1 μg の脱皮ホルモン（20-hydroxyecdysone；20HE）を注射し，その後の脱皮を 1 週間にわたり毎日観察した（表 15.5 および表 15.6）．脱皮の基準については，すでに述べたように Yagi and Fukaya（1974）による分類にしたがい，幼虫脱皮，幼虫・蛹中間型＋脱皮（プロセテリー＋脱皮），より進んだ幼虫・蛹中間型＋＋脱皮（プロセテリー＋＋脱皮），蛹脱皮，の 4 段階とした．とくに幼虫脱皮から幼虫・蛹中間型＋＋脱皮までの分類は触角と尾脚の形態により決定した（Fukaya and Hattori, 1957, 1958）．表 15.5 に示すように，人工飼料により無菌飼育された休眠幼虫は 20HE 注射により，休眠初期に相当する 30, 45 日目の個体はその大部分が幼虫脱皮を引き起こした．その後は日数の経過とともに，より蛹に近い幼虫・蛹の中間型が現れた．野外越冬幼虫においても同様な傾向が認められ，ホルモン注射によりすべてが幼虫脱皮を引き起こす休眠初期はこの場合 10

表 15.6　野外越冬幼虫におよぼす脱皮ホルモン（20HE）の影響（八木，1975 より改変）．

月　日 (1973-74)	供試虫数[1]	無脱皮個体数	脱皮個体数			
			幼虫	幼虫・蛹中間型[2] +	幼虫・蛹中間型[2] ++	蛹
10/5	8	1	7	0	0	0
10/22	10	3	5	2	0	0
11/5	10	3	2	5	0	0
12/18	9	3	0	6	0	0
1/30	11	3	1	6	1	0
5/7	12	0	0	0	4	8

1）静岡県菊川町より採集した野外越冬幼虫に体重 100 mg あたり 0.1 μg の脱皮ホルモン（20HE）を注射して 1 週間観察を行った．
2）幼虫・蛹中間型＋はプロセテリー＋，幼虫–蛹中間型＋＋はプロセテリー＋＋を示す．

月 5 日前後であった（表 15.6）．ニカメイガにおいては，休眠深度はおもに幼若ホルモンの量的な問題としてとらえることができ，体液中の幼若ホルモン濃度がそれに相当すると考えられる．今回の結果から，幼若ホルモン濃度は脱皮ホルモンを休眠幼虫に注射し，その脱皮の質的な相違を比較することによっても間接的に測定できると考えられた．

以前からこの昆虫の休眠深度を測定する方法として，加温法あるいはシスト法があり，それらは実験的発生予察法として知られていた（深谷・中塚，1956）．加温法は越冬世代成虫の発蛾時期を予察する方法であり，越冬幼虫を西国型では 3 月 10 日前後，庄内型では 12 月 10 日前後に 25℃ に加温し，幼虫の 50％蛹化日から成虫の 50％発蛾日を予察する．一方，シスト法では，第 1 世代終齢幼虫の精巣内のシスト（スパーマトシスト，5.1.6 項を参照）のサイズと成虫の 50％発蛾日には高い相関関係があることを利用して，発蛾時期の予察式を導き出すことができる（深谷・鳥居，1968）．加温による休眠深度の測定やシストの発達程度（精子形成の過程）という昆虫の休眠生理の研究成果が実験的発生予察技術の 1 つとして利用されたことは，農学における基礎科学の技術的適用の例として歴史的にも重要である．今回述べた脱皮ホルモン注射法により，人工飼料により飼育された休眠幼虫では休眠の初期，野外越冬幼虫では前年の秋からくわしく時期を追って，それぞれの時期の幼虫の休眠深度を知ることが可能となった．

15.3 *In vitro* における幼虫の組織・器官のホルモン感受性

昆虫の組織・器官培養法は昆虫の成長・発育や分化を *in vitro* というより単純な環境で検討できるという利点をもっている．すなわち，脱皮，変態，休眠などの複雑な生理現象を支配しているホルモンの作用をより直接的に調べることが可能である．ニカメイガにおいては幼虫休眠に関連して，生殖巣（おもに精巣，シスト；Yagi *et al.*, 1969；Yagi and Fukaya, 1974；八木，1975）および皮膚（Agui *et al.*, 1969a；安居院，1976; Agui, 1977），翅原基（Agui *et al.*, 1969b；安居院，1976）について検討がなされたので，それらを報告する．なお，材料および培養の手法をごく簡単に述べる．人工飼料で無菌飼育された西国型の幼虫を材料とし，培養後も同じ25℃に保ち，光条件はとくに考慮しなかった．用いた培地は20％の牛胎児血清を含むCSM-2F（Mitsuhashi, 1968），またはすべて既知の物質からなり，血清を含まないグレイス（Grace）の培地である．皮膚の培養には単純なリンガー・タイロード液（R-T液）も用いた．長期に培養する場合は週1回培地の交換を行った．

15.3.1 生殖巣

精巣およびシストの培養

休眠幼虫の精巣を培養すると，数日後に精巣の多くは培養容器のガラス面に付着したが，このような状態の精巣はとくに長期にわたる培養が可能となった．CSM-2Fのみで培養された精巣はほとんどそのかたちは変わらず，培養後30日かそれ以上を経過すると精巣被膜がやや透明化し，初めて精巣内で精子形成（精子変態）が進行するのが観察された（図15.4）．この結果から，休眠幼虫から得られた精巣は培養条件下でも「休眠状態」をかなりの長期間維持していると考えられた．ところが精巣被膜を破いてある期間培養し，それからシストが遊離してくる場合は，かたちは不完全ながら長く伸びたシストが得られた．これはおそらく昆虫ホルモンを含まないCSM-2F中にシストの発達を促進させる物質が含まれているか，あるいはシストの発達が精巣内ではある程度抑えられているが，培地中に放出されるとその抑制から解放されるのではないかと考えられた．たいへん興味あることは，培養さ

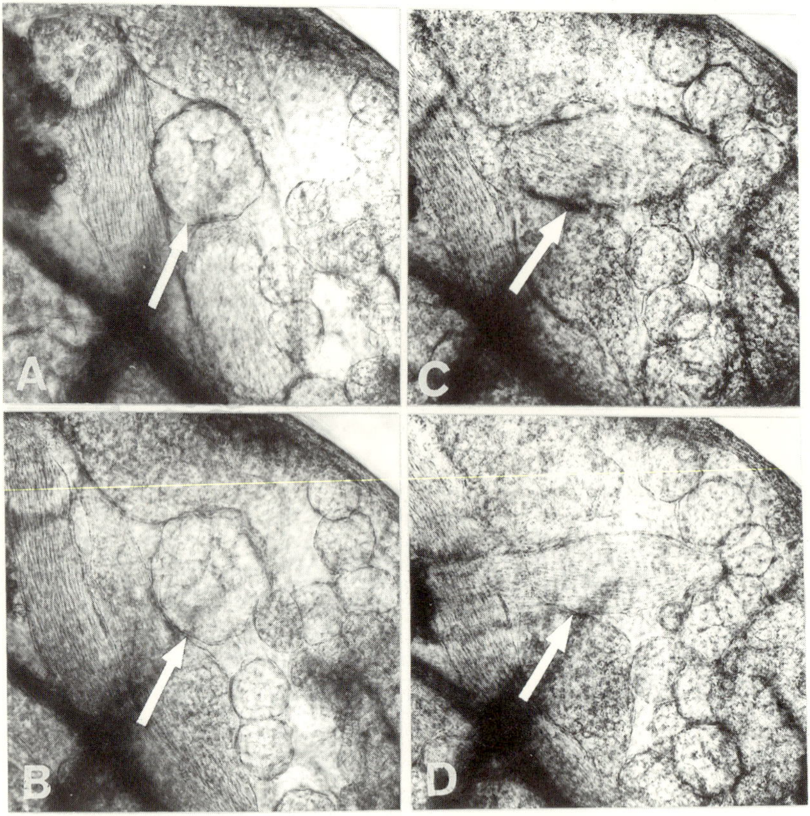

図 15.4　培養された休眠幼虫の精巣内で観察された精子形成（精子変態）（Yagi *et al.*, 1969 より改変）.

CSM-2F で培養された精巣内の連続写真．培養後 30（A），31（B），32（C），33（D）日目，直径 120－150 μm に達したシストが日を追ってしだいに伸張していくのが観察された（矢印）．（× 65）

れた精巣から放出された未発達のシストが 1 年以上にわたって繰り返し培地中で精子形成を進行させたという事実である．こうして得られた長く伸びたシストのかたちは，生体内のそれと類似しており，形態的には正常な発達を起こしたものと考えられた．このように，長期にわたってしかも生体内に近い常温状態での精子形成が繰り返し観察されたという報告はめずらしい．

脱皮ホルモン（20HE）を 200 μg/ml 含んだ CSM-2F 培地で休眠幼虫の精

巣を培養すると，精巣容積が増大し，精巣被膜の透明化が起こり，内部の精子形成，とくに精子変態が急速に促進されることが観察された（Yagi *et al*., 1969；八木，1975）．この結果は，休眠幼虫にヨトウガ *Mamestra brassicae* 幼虫の活性前胸腺を移植したり，あるいは20HEを注射すると，精巣が急激に発達するという事実とよく一致した（Fukaya and Mitsuhashi, 1957；八木，1975）．一方，精巣あるいはシストを幼若ホルモン（JH-I）あるいはその分泌器官であるアラタ体を含んだ培地中で培養する実験が，カイコガで行われた．カイコガの体液を含んだグレイスの培地でシストを培養すると，精子形成，とくに精子変態が促進された．しかし，同じ培地で5齢0日目のカイコガのアラタ体を一定期間培養した後にシストを培養したり，直接50 μg/mlのJH-Iを培地に混入すると，シストの発育が完全に抑えられることがわかった（八木，1975）．

15.3.2　皮膚

安居院らは，ニカメイガ幼虫の皮膚片に脱皮ホルモン（20HE）を直接作用させて，*in vitro* で脱皮を起こさせることに初めて成功した（Agui *et al*., 1969a）．この後の皮膚に関する実験の内容を以下に記した（安居院，1974, 1976）．終齢幼虫の腹部背側から関節ごとに切り取った皮膚片を，20HEを含む培地で培養すると24−48時間以内に脱皮する．この場合，非休眠幼虫の皮膚は休眠幼虫のそれより感受性が高く，早く脱皮を起こす．皮膚の維持にはCSM-2F，グレイスの培地などが好適であったが，脱皮の誘起にはごく単純なR-T液に必要量の20HEが存在すればよいことがわかった．この単純な培地を使用することにより，*in vitro* での皮膚による脱皮ホルモンの定量的な生物検定法が確立され，この検定法はその後脱皮ホルモンの作用機構や活性物質の解析などに発展・利用されてきた（Agui, 1977；Imoto *et al*., 1982；西岡，1985；Nakagawa *et al*., 2000）．*In vitro* で脱皮を起こした皮膚は，まずホルモン処理後短時間に真皮細胞が容積を増し，エンドクチクルが溶解し，新しいエピクチクルとエンドクチクルが形成された．驚いたことに，*in vitro* で一度脱皮させた皮膚をホルモンなしの培地で4日間培養後，ホルモン入りの培地で培養すると再び脱皮を起こし，*in vitro* で最大3度の脱皮が観察された（安居院，1974, 1976）．休眠幼虫の皮膚片で，時期を追っ

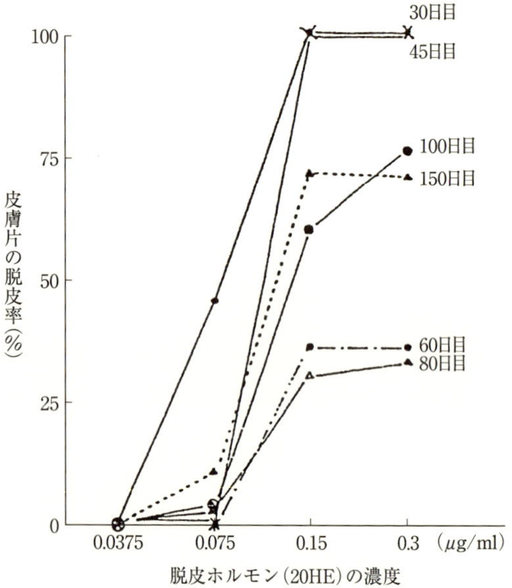

図 15.5　培養された皮膚の脱皮ホルモン（20HE）に対する感受性（安居院，1976 より改変）．
異なった日齢の休眠幼虫から取り出された皮膚片を，4 段階の濃度の 20HE を含むグレイスの培地で 2 日間培養してその脱皮率を調べた．1 区につき培養は 3 回繰り返し，その平均をプロットした．

て 20HE（濃度：0.15，0.075，0.0375，0.0 μg/ml）に対する *in vitro* 感受性を検討した結果，休眠初期ほどホルモン感受性は高く，休眠中期 60-80 日後の皮膚は著しく感受性が低下していた．しかし，休眠 100-150 日を経過した個体の皮膚は再び感受性が高まった（図 15.5；安居院，1976）．とくに休眠初期の個体からの皮膚で感受性が高いという事実は，この時期の休眠幼虫が定留幼虫脱皮を繰り返すという個体レベルの観察結果とよく一致し（図 15.3），この時期，皮膚の脱皮ホルモン感受性が高いことが *in vivo*，*in vitro* 両面で確かめられた（安居院，1976）．また，休眠後期の培養された皮膚で感受性が再び高まることは，休眠覚醒にともなう標的器官のホルモン感受性の高まりによるものと考えられた．

15.3.3 翅原基

ニカメイガ幼虫の翅原基を用いて，*in vitro* での脱皮ホルモンの作用を調べた実験が安居院らにより行われた（Agui *et al.*, 1969b；安居院，1974, 1976）．すなわち，20HE を含む CSM-2F 培地中で翅原基の分化が促進されたが，20HE に対する感受性は翅原基のステージが重要であった．非休眠終齢中期の個体から得られた翅原基がもっともホルモン感受性が高く，それより若い時期ではホルモンの影響はほとんど認められず，休眠幼虫でも同様な結果が得られた．また，非休眠中期以降の幼虫の翅原基はホルモンのない培地中でも分化が自動的に進んでしまうことがわかった．若い翅原基が脱皮ホルモンに不感受である原因として，細胞自体がその時期 20HE に不感応であることが考えられたが，終齢初期の高い幼若ホルモン濃度にさらされることが脱皮ホルモン感受性を低下させていることも考えられた（安居院，1976）．

15.4 内分泌制御の問題点と展望

いままで述べてきたニカメイガの内分泌制御の研究はおもに 1980 年以前に行われた，いわば歴史的な研究といえる．その後，休眠にともなうニカメイガの生理・生化学的な研究は耐凍性や過冷却，貯蔵タンパク質などで進められているが（第 14 章参照），内分泌制御の研究は筆者の知るかぎりあまり行われていない．おもに熱帯・亜熱帯に生息する *Chilo partellus* は乾期に幼虫で休眠し，雨期に休眠が覚醒する，いわゆる夏眠（aestivation-diapause）を引き起こす（Sheltes, 1978）．人工飼料により室内飼育された幼虫のほとんどが夏眠せず蛹化する条件でも，飼料に幼若ホルモン類縁化合物（JHA）を混入すると，蛹化が 2 カ月以上も抑えられる．一方，乾期で夏眠していると思われる野外の幼虫に脱皮ホルモン（20HE）を注射しても，蛹化はまったく起こらず，幼虫あるいは幼虫・蛹の中間型の脱皮を起こす．これらのことから，おそらく *Chilo partellus* の夏眠もニカメイガと同様，幼若ホルモン（JH）が支配する内分泌制御が存在することが示唆された（Yagi, 1980）．すでに触れたように *Diatraea grandiosella* においても，深谷により始められ，三橋，八木に引き継がれてきた，「ニカメイガ型」の休眠に類似した内分泌機構の存在が報告され（Chippendale and Yin, 1973, 1976），「ニカメイガ型」の休眠が幼虫休眠する種である程度普遍性をもっていることが示唆される．しかし日長，乾燥，食草の質的変化などの環境刺激がどのような過程を経て脳，アラタ体などの内分泌活性を変化させるかは，まだ不明な点が多い．近年，昆虫の成長・発育を普遍的に制御する画期的な発育阻害ペプチド，GBP（growth-blocking peptide）が発見され，生体アミン類との関連で蛹休眠や卵休眠の誘起に関与していることが示唆されている（Hayakawa, 2006）．幼虫休眠する昆虫の体液中や脳内でGBPが増加し，ドーパミンを介して休眠の誘導と維持を司っている可能性もありうるという（早川，私信）．今後，幼虫休眠するニカメイガなどの種におけるJHとGBPの関連性の解明が待たれるところである．

エピローグ

16 未来に向けて

田付貞洋・桐谷圭治

ニカメイガはツトガ科 Crambidae の一種で，農林有害動物・昆虫名鑑（日本応用動物昆虫学会編，2006）によれば，この科には日本で害虫として 65 種がリストアップされており，コブノメイガ *Cnaphalocrocis medinalis*，サンカメイガ *Scirpophaga incertulas*，アワノメイガ *Ostrinia furnacalis*，ハイマダラノメイガ *Hellula undalis* などの害虫として重要な種が多数含まれている．したがって，ニカメイガの研究成果はこれらの近縁の害虫にも応用できる部分が少なくない．

ニカメイガは戦前までは稲作の最大の恒常的害虫であった．現在はニカメイガは「ただの虫」に近い害虫である．それでも 1978–80 年の岡山県での異常発生のときには，被害の大きかった圃場の収量は反あたり 10 kg で平年作の 10 分の 1 という状況であり，農薬などの防除手段が発達，整備されている現在でも潜在的な害虫としては，その再来をもっとも警戒しなくてはならない害虫である．また 40 万 ha の休耕田を利用して飼料イネの栽培も増加しつつある．これらのイネの品種は，ニカメイガの発育に好適な茎の太い品種である．IRRI が普及に努めつつある New Plant Type のイネ品種とともに，ニカメイガの動向には目を離すことができない．

地球温暖化によってわが国では，沖縄から北海道に至る全土で過去 40 年間に 1℃の上昇をみている．上昇が 3℃になれば，ニカメイガは日本全土で現在よりさらに 1 世代を余計に経過することが予想されている．ニカメイガの要求栄養条件の研究では，イネの CN 比が大きくその生育を左右する．地球温暖化はイネの CN 比を高め，餌としてのイネの品質低下を補うため摂食量の増加が予想される．また N 肥料の増加をともなうことが予想される．これはニカメイガの産卵や生存率を高める結果，害虫としてのリスクが大きくなる.

この恒常的大害虫が, 各種の耕種的条件の変化, すなわち米一俵増産運動によって「ただの虫」の状況にまで低密度化した事実は, 広域的IPMの成功事例として世界的にも貴重な成果である. 残念ながら, IPMを意図したものでなく, 増産運動の副次的な結果としてもたらされたものであるが, 将来のニカメイガの再害虫化を未然に予知・防止するためきわめて貴重な経験である. さらに広域的な害虫のIPMが成功するための条件がニカメイガを例に示されたことは, ほかの害虫の意図的なIPMについても大いに参考になる

ニカメイガの研究を振り返ってみると, いくつかの特徴がみられる. 本書の筆者の専門分野をみてもさまざまで, 行動, 天敵, 個体群動態, 休眠生理, 内分泌, 栄養生理, 種分化など, 生理生態, 生化学, 進化などの昆虫学のあらゆる分野にまたがっている. 南北に展開する日本の地理的位置を反映して, その環境傾斜に対応した生活史特性の地理的変異の研究は世界に誇ることのできるものである.

経済的には喜ばしいことではあるが, 研究材料としてのニカメイガが容易に入手できないことは, 研究上の隘路になっている. 日本では, カイコ *Bombyx mori* と並んでニカメイガの研究が, それぞれ昆虫生理学, 昆虫生態学の基盤となってきた. さらに本書でも明らかなように, 昆虫の無菌飼育や組織培養などの生理・生化学的研究の基礎技術も本種の研究から確立されたものである. 性フェロモンの開発と利用, 配偶行動の詳細な研究も, 全国に展開した予察灯による発生予察事業の改善に貢献した. この事業で得られた誘殺成績は昆虫の個体群動態の研究に大きな貢献をしたことは, 本書での分析でも明らかである.

本種に限られたことではないのかもしれないが, 害虫としてのニカメイガは遺伝的にも生理生態的にも個体群としては非常に柔軟性をもっていることが明らかになった. イネの栽培時期の変更にその発生時期をあわせる, 庄内型と西国型にみられる休眠や耐寒性の地理的変異, さらにはニカメイガの祖先型と思われるマコモのニカメイガの存在と両種間にみられる各種の分化と共通点, また天敵の共有など種の分化のみならず, 両種（系統）の同所的共存機構の解明は, 生物多様性の保全が最大の課題となっている現在, 害虫と

してのニカメイガの研究蓄積なしには考えられない．またニカメイガの性フェロモンが，現在世界的にその侵入が大問題になっているアルゼンチンアリ *Linepithema humile* のトレールフェロモンと共通である事実は（田付・寺山，2005），学問分野の相互連関は想像以上のものがあることを雄弁に物語っている．

いま，世界では卵寄生蜂を使った害虫防除が，各所で大規模に実施されている．わが国でも，ニカメイガについて試みられたが，成功するには至らなかった．しかし，ニカメイガの卵寄生蜂の学界への報告は日本の昆虫学者が世界に先駆けて行ったものである．それが和文であったために国際的には後発になったが，この先駆的研究が卵寄生蜂の利用の道を開いたことは特筆に価する．一方，研究報告書の詳細な検討によって，わが国での放飼実験は，欧米などに比較して1桁も2桁も高い密度の放飼が行われてきたことも判明した．これは将来の研究指針としても重要な発見であった．

現在，害虫も土着種であるかぎり，その「絶滅」ではなく「ただの虫」として生態系内で人間も含むほかの生物との共存の必要性が認識されつつある．すなわちIPM（総合的害虫管理）からIBM（総合的生物多様性管理）への軸足の移動である．そのシステムのなかでは，イネのみならずマコモ，マコモのニカメイガ，メイチュウサムライコマユバチ *Cotesia chilonis* などの役割が再認識される可能性も本書では示された．その意味ではニカメイガの研究は日本の応用昆虫学の最前線に立っているともいえるのである．

日本応用動物昆虫学会の半世紀は，科学技術が画期的に発展した半世紀でもあった．これによって本能の領域であった昆虫類の多彩な機能や行動をようやく科学的に解析・制御・再構築することが可能になり，その産業的な利用が世界的に脚光を浴びようとしている．すでに昆虫やその関連微生物を利用した有用タンパク質や医薬品の生産は実用段階にあり，工業関係者による昆虫をモデルにした知能ロボットの開発研究も行われている．これまでの日本応用動物昆虫学会の応用の主目的は制御であった．しかしこれからの半世紀は，はるかに広い範囲の“応用”を包含することになるであろう（梅谷，2006）．

統計的・実験的どちらの方法も，発生予察においてどれほどの成果をあげたのか，はっきりした評価がなされないままに，いつしかニカメイガは主要害虫のリストから消え，全国的な予察事業も閉じられてしまった．しかし，越冬状態の解析を主軸にしたこの事業によって，休眠を中心とした昆虫の季節適応の重要性に研究者たちが注目することになった．とくにニカメイガの休眠深度の変異にもとづく“生態型”の存在や，越冬からの覚醒の地域性はさらに追求されるべき一般的な課題となった（深谷，1959；正木，2006）．

栽培法の変遷にともなって，ニカメイガの生活史がどのように変化しているのか，これらの問いへの答えは，季節適応の進化を考える重要な資料となるのだが，ニカメイガの復活まではおあずけとなってしまった．昆虫の季節適応はこれまでに知られている以上に多様である．つぎの半世紀にはその理解がますます深まることを期待しよう（正木，2006）．なお，季節適応には光周性が深く関連するが，ニカメイガの発生予察事業では，その光周性はまったく考慮されなかった．岸野（1970）は，臨界日長の地理的勾配変異について世界中でもっともくわしい研究結果をまとめた．しかし光周反応のメカニズムの中枢については，まだほとんどなにもわかっていない（正木，2006）．

最近，注目すべき報告が中国から出てきた（Zhu *et al*., 2007）．世界の最大の米生産地帯である揚子江デルタ地帯では，イネメイチュウ類，すなわちニカメイガ，サンカメイガ，イネヨトウ *Sesamia inferens* が最大の害虫で，これらによる被害はこれまでに経験したことがない程度に拡大してきている．中国では，メイチュウ類耐虫性のイネ品種が広く普及している．しかし最近の食糧安全保障から多収性のハイブリッドイネの栽培が国家的要請となりつつある．茎が太く窒素含有率の高いこれらの多収性品種はメイチュウ類に加害されやすい形質をもっているため，大きい被害をこうむりつつある．これに加えて，作期の違う品種の混作による栽培期間の長期化，地球温暖化による越冬幼虫の生存率の向上，薬剤抵抗性の発達などの要因が総合的に働いた結果と考えられる．「ただの虫」も生息条件が変われば，再び大害虫への道を歩むのである．

おわりに

執筆者はもちろんのこと，かつてニカメイガの研究にかかわった多くのみなさん待望の『ニカメイガ』の刊行がめでたく実現することになった．思えば長き紆余曲折の果てである．つくば市にある農業環境技術研究所では毎年6月4日ころに昆虫研究者による伝統の虫供養（通称「蟲の日」）が開催される．もう10年くらいも前だったろうか．その席上で本書執筆者の一人である岸野賢一さんから，「そろそろメイチュウの野辺送りをしてやろうや」との話が出た．ニカメイガは，かつて農業関係者には通称の「メイチュウ」でよばれ，本書の随所で語られているように，「応用昆虫学分野でメイチュウを扱っていなければ肩身が狭い」とまでいわれるくらい，第2次世界大戦前後を通じて稲作害虫の横綱であった．そのニカメイガが徐々に衰退し，日本の応用昆虫学の発展を支えてきた世界に誇れる膨大な研究業績とともに，その存在が一般はもとより農業関係者にすら忘れ去られそうな状況が続いていた．ニカメイガの被害面積ゼロの県もあって，「レッドデータブックに載るのでは……」となかば本気で語られるほどだった．そんなニカメイガに関する研究をまとめておくことの意味は，「輝かしい？ニカメイガの過去」をきちんと総括するだけにとどまらない．それに加えて，ニカメイガをよく知る人たちが密かに危惧する「将来の復活」に備えるという重要性もあった．岸野さんの提案に，「それはぜひ実現したいですね」と答えたものの，日常の多忙のなかで話はいっこう進まず申しわけない思いでいたところ，たまたま桐谷圭治さんがこの話を聞かれ，編者を引き受けていただけることになった．これに力を得て話が進み出し，桐谷さんとやりとりをするうちに本の大まかな構想が浮かんできた．そこでつぎの難問は出版社だ．なにしろ「過去の大害虫」のイメージが強すぎて出版を引き受けてくれるところがない．ダメモトで旧知の東京大学出版会編集部の光明義文さんに相談したところ，科研費の助成が受けられたら刊行可能と思う，とのありがたい返事をいただくことができてようやくスタートラインに立てた気分になった．

総勢14人の執筆者も決まり正式な執筆依頼を送付したのが2006年11月末である．翌2007年3月末には日本応用動物昆虫学会大会を開催中の広島大学に執筆者のほとんどと編集部の光明さんが一堂に会して初の編集会議がもたれた．そこでは間近に迫った6月末の原稿締切に向かって一同が強い意思確認を行った．こうして同年夏までにはすべての章の原稿が出そろい，執筆者，編者，編集担当者のあいだで原稿の整理がなされた後，予定どおり同年10月に平成20年度科研費（研究成果公開促進費）の申請を行うはこびとなった．ところが翌年4月，おそらく採択されるであろうというわれわれの期待に反し，些細なことから「門前払い」という思いもかけぬ結果となった．これにはわれわれ一同大いに落胆したが，その事態に対し光明さんが一貫して執筆者の立場に立って解決に尽力され，次年度の科研費申請にこぎつけることができた．そして，われわれ全員の熱い思いが「過去の害虫ニカメイガ」をフロントラインに押し上げたからであろう，めでたく採択されて1年遅れたとはいえ本書の刊行が実現できたことを心からうれしく思う．

上に述べたように本書はニカメイガの過去を総括するだけでなく，稲作とその栽培体系の進歩・変遷が続くかぎり再び大害虫となる潜在力を秘めたニカメイガの将来像までを描いている．さらに，ニカメイガに関する研究業績はほかの昆虫に関する基礎・応用両面の研究にさまざまな有用な知見を提供するものともなっていると確信する．1種類でこれだけ基礎から応用まで広範囲にわたって研究成果が集積している野生昆虫は稀有と思われるからである．読者にもこのような価値を見出していただければまことに幸いである．

本書はわれわれの手によってのみ完成されたのではない．本書（とくに第1章）で記されているようにニカメイガには明治以来，多くの先人による膨大な試験研究業績の積み重ねがあって初めてできあがったのである．ここに名前を列記することはできないが，貢献された多くの先人に心から敬意と謝意を表したい．そして本書が世に出ることになったのは，東京大学出版会編集部の光明義文さんが終始暖かくかつ辛抱強く刊行に向けて尽力してくださった賜物である．光明さんに深甚なる謝意を表したい．

執筆者の一人，第4章を担当された近藤章さんは2009年1月に病気のため惜しくも逝去された．近藤さんは2回目の科研費申請にあたり病床にありながら原稿の再精査にあたられたとうかがっている．私は近藤さんとは個人的にも以前から交流があって，非常に誠実で熱心な研究者として同氏を尊敬していただけに，本書の刊行決定をも待たず若くして亡くなられたことは痛恨のきわみである．本書を近藤さんの霊に捧げるとともに心からご冥福を祈る．

本書は日本学術振興会の平成21年度科学研究費補助金（研究成果公開促進費；課題番号215219）による援助を受けて刊行された．

田付貞洋

引用文献

阿部恭洋・宮原和夫（1969）ニカメイチュウの発生予察に関する研究——マコモに食入したニカメイチュウの生育について．九州病害虫研報 15：121–122.

安居院宣昭（1974）昆虫の器官培養による内分泌学的研究．植物防疫 28：308–312.

安居院宣昭（1976）器官培養による昆虫の内分泌学的研究．東京教育大学農学部紀要 22：173–235.

Agui, N.（1977）Time studies of ecdysone action on *in vitro* apolysis of *Chilo suppressalis* integument. *J. Insect Physiol.* 23：837–842.

Agui, N., S. Yagi and M. Fukaya（1969a）Induction of moulting of cultivated integument taken from a diapausing rice stem borer larvae in the presence of ecdysterone. *Appl. Entomol. Zool.* 4：156–157.

Agui, N., S. Yagi and M. Fukaya（1969b）Effects of ecdysterone on the *in vitro* development of wing discs of rice stem borer, *Chilo suppressalis*. *Appl. Entomol. Zool.* 4：158–159.

Aizawa, K. and Y. Nakazato（1963）Diagnosis of diseases in insects：1959–1962. *Mushi* 37：155–158.

秋田県（1962–2006）秋田県病害虫・雑草防除基準（各年次）.

安東和彦（2006）ニカメイガの防除に「葉鞘変色茎の切り取り」を提唱した明治の応用昆虫学者・中川久知　昭和農業技術史への証言　第５集（西尾敏彦編）．農村漁村文化協会，東京，pp. 143–180.

青木襄児（1971）数種りん翅目昆虫から分離された *Beauveria bassiana* 菌．応動昆 15：222–227.

青木襄児・柳瀬久良子・串田保（1975）黄きょう病症状を現わす数種昆虫病原糸状菌の蚕に対する病原性とその和名．日本蚕糸学雑誌 44：365–370.

青森県立農事試験場（棟方哲三）（1912）青森県に於ける二化螟虫．青森県立農事試験場臨時報告 2：1–76.

朝比奈英三（1959）V．越冬昆虫の耐寒性．実験形態学新説（竹脇潔・針塚正樹・深谷昌次　編）．養賢堂，東京，pp. 92–113.

Ashmead, W. H.（1904）Descriptions of new Hymenoptera from Japan. II. *J. New York Entomol. Soc.* 12：145–165.

鮎沢啓夫（1966）微生物的防除に関する研究．永年作物害虫の生物的防除に関する研究（農林水産技術会議事務局　編）．農林水産技術会議事務局，東京，pp. 7–22.

馬場赳（1944）稲の窒素及び珪酸に関した栄養生理的特性と其病虫害抵抗性との関係．農業および園芸 19：63–65.

Baker, T. C. and R. T. Cardé (1979) Endogenous and exogenous factors affecting periodicities of female calling and male sex pheromone response in *Grapholitha molesta* (Busk). *J. Insect Physiol.* 25 : 943–950.

Batiste, W. C., W. H. Olson and A. Berlowitz (1973) A timing sex pheromone trap with special reference to codling moth collection. *J. Econ. Entomol.* 66 : 883–892.

Beck, S. D., J. H. Lilly and J. F. Stauffer (1949) Nutrition of the European corn borer, *Pyrausta nubilalis* (Hbn.). I. Development of a satisfactory purified diet for larval growth. *Ann. Entomol. Soc. Amer.* 42 : 483–496.

Beck, S. D. and J. F. Stauffer (1950) An aseptic method for rearing European corn borer larvae. *J. Econ. Entomol.* 43 : 4–6.

別宮岩義・高橋晋・吉岡幸治郎・松本益美（1976）愛媛県東予地方のニカメイチュウの有機りん剤に対する抵抗性の発達について．四国植物防疫研究 11 : 61–65.

Bottger, G. T. (1942) Development of synthetic food media for use in nutritional studies of the European corn borer. *J. Agr. Res.* 65 : 493–500.

Butler, A. G. (1880) On a second collection of Lepidoptera made in Formosa by H. E. Hobson, Esp. *Proc. Zool. Soc. London*, pp. 144–175.

Cardé, R. T. and W. L. Roelofs (1973) Temperature modification of male sex pheromone response and factors affecting female calling in *Holomelina immaculata* (Lepidoptera : Arctiidae). *Can. Entomol.* 105 : 1505–1512.

Castrovillo, P. J. and R. T. Cardé (1979) Environmental regulation of female calling and male pheromone response periodicities in the codling moth (*Laspeyresia pomonella*) *J. Insect Physiol.* 25 : 659–667.

Chang, C. -F. and S. Tamura (1971) Synthesis of several 3,4-methylenedioxyphenyl derivatives as inhibitors for metamorphosis of silkworm larvae. *Agr. Biol. Chem.* 35 : 1307–1309.

Chippendale, G. M. and C. -M. Yin (1973) Endocrine activity retained in diapause insect larvae. *Nature*, 246 : 511–513.

Chippendale, G. M. and C. -M. Yin (1976) Endocrine interactions controlling the larval diapause of the southwestern corn borer, *Diatraea grandiosella*. *J. Insect Physiol.* 22 : 989–995.

Chu, Y. I. (1969) On the bionomics of *Lyctocoris beneficus* (Hiura) and *Xylocoris galactinus* (Fieber) (Anthocoridae, Heteroptera). *J. Fac. Agr. Kyushu Univ.* 15 : 1–136.

Comeau, A. (1971) Physiology of Sex Pheromone Attraction in Tortricidae and Other Lepidoptera. Ph. D. Thesis, Cornell University.

Comeau, A., R. T. Cardé and W. L. Roelofs (1976) Relationship of ambient temperatures to diel periodicities of sex attraction in six species of Lepidoptera. *Can. Entomol.* 108 : 415–418.

de Wilde, J., G. B. Staal, C. A. D. de Kort, A. de Loof and G. Baard (1968) Juvenile hormone titer in the haemolymph as a function of photoperiodic treatment in

the adult Colorado beetle (*Leptinotarsa decemlineata* Say). *Proc. K. ned. Akad. Wet.* (*C*) 71：321-326.
道家信道（1936）二化螟虫の生態に及ぼす温湿度の影響［第1報］．応用動物学雑誌 8：87-93.
江村薫（1990）水稲新品種「キヌヒカリ」におけるニカメイガの多発生．関東東山病害虫研報 37：157-158.
江村薫（1991）ニカメイガ幼虫の発生に及ぼすイネの移植時期と品種の関係．関東東山病害虫研報 38：141-143.
江村薫（1993）ニカメイガ第2世代幼虫のイネ収穫時における生息位置．関東東山病害虫研報 40：185-188.
江村薫（1994）イネの栽培条件とニカメイチュウの発生．植物防疫 48：56-60.
江村薫・相崎万裕美・矢ケ崎健治・加藤徹（2002）シリカゲルの水稲育苗培土処理によるニカメイガとイネミズゾウムシ被害軽減効果．関東東海北陸農業研究成果情報　平成13年度Ⅲ，pp. 146-147.
江村一雄（1981）病害虫の発生予察と一体化した防除活動——新潟県小千谷市の事例．北陸病害虫研報 29：52-55.
江村一雄・小嶋昭雄（1979）ニカメイチュウ連年無防除地域における被害発生．北陸病害虫研報 27：19-23.
Flanders, S. E. (1930) Mass production of egg parasites of the genus *Trichogramma*. *Hilgardia* 16：465-501.
Flanders, S. E. (1937) Habitat selection by *Trichogramma*. *Ann. Entomol. Soc. Amer.* 30：208-210.
Fletcher, T. B. (1928) Report of the imperial entomologist. *Sci. Ret. Agric. Res. Inst.*, Pusa, 1926-27, pp. 56-67.
Fujimoto, H., K. Ito, M. Yamamoto, J. Kyozuka and K. Shimamoto (1993) Insect resistant rice generated by introduction of a modified δ-endotoxin gene of *Bacillus thuringiensis*. *Bio/Technology* 11：1151-1155.
藤村俊彦（1961）稲に対する窒素施用量とニカメイガの産卵選択．中国農業研究 23：47-49.
深谷昌次（1941）苗代期に於ける二化螟虫卵寄生蜂ズイムシアカタマゴバチの寄生率に就いて（第8報）．応用動物学雑誌 13：135-137.
深谷昌次（1946）二化螟蟲の越冬生理に関する二，三の問題．松蟲 1：51-60.
深谷昌次（1947a）二化螟虫の発生予察に関する基礎的研究（第3報）．品種と被害茎率との関係．農學研究 37：97-99.
深谷昌次（1947b）中国地方冷涼地の二化螟虫．生物界 1：233-240.
深谷昌次（1947c）二化螟蟲の發生豫察に関する基礎的研究．特に二化螟蟲の越冬生理に就いて（豫報）．農學研究 37：23-26.
深谷昌次（1948a）二化螟蟲の發生豫察に関する基礎的研究（第4報）．二化螟蟲の地方的系統に就いて（1）．農學研究 37：121-123.
深谷昌次（1948b）二化螟蟲の發生豫察に関する基礎的研究（第5報）．二化螟蟲の休眠に就いて（1）．新昆虫 1：233-236.
深谷昌次（1948c）二化螟蟲の發生豫察に関する基礎的研究（第6報）．変温が越冬幼虫の発育に及ぼす影響．農學研究 38：34–37.

深谷昌次（1949）二化螟蟲の發生豫察に関する基礎的研究（第7報）．二化螟蟲の地方的系統に就いて（2）．松蟲 3：78–80.

深谷昌次（1950a）二化螟蟲．北方出版社，札幌，141 pp.

深谷昌次（1950b）二化螟蟲に於ける生態型の分化に就いて．農業技術 5：11–16.

Fukaya, M.（1951a）On the theoretical bases for predicting the occurrence of the rice stem borer in the first generation. *Berich. Ohara. Inst. Landw. Forsch.* 9：357–376.

Fukaya, M.（1951b）Physiological study on the larval diapause in the rice stem borer, *Chilo simplex* Butler. *Berich. Ohara Inst. Landw. Forsch.* 9：424–430.

深谷昌次（1956）ニカメイチュウの実験的予察法．植物防疫 10：230–234.

深谷昌次（1959）農作害虫の発生予察（1）（2）（3）．農業および園芸 34：593–596，749–752，983–996.

Fukaya, M.（1962）The inhibitory action of farnesol on the development of the rice stem borer in post-diapause. *Jpn. J. Appl. Entomol. Zool.* 6：298.

Fukaya, M.（1967）Physiology of rice stem borers, including hibernation and diapause. In *The Major Insect Pests of the Rice Plant*（IRRI ed.）. The Johns Hopkins Press, Baltimore, Maryland, USA, pp. 213–227.

深谷昌次（1968）メイチュウ虹色ウイルスとその近縁ウイルス．科学 38：263–268.

深谷昌次（1973）戦前までの害虫防除史．総合防除（深谷昌次・桐谷圭治　編）講談社，東京，pp. 1–38.

深谷昌次・高野光之丞・中塚憲次（1954）1化期ニカメイチュウの発生に関与する諸条件について（1）．応用動物学雑誌 19：101–111.

深谷昌次・中塚憲次（1956）ニカメイチュウの発生予察．昭30年病害虫発生予察調査事業成績（II），日本植物防疫協会，東京．173 pp.

Fukaya, M. and I. Hattori（1957）Some morphological knowledges on the prothetelic larva in the rice stem borer, *Chilo suppressalis* Walker. *Bull. Nat. Inst. Agr. Sci. Ser.* C 7：101–104.

Fukaya, M. and J. Mitsuhashi（1957）The hormonal control of larval diapause in the rice stem borer, *Chilo suppressalis*. I. Some factors in the head maintaining larval diapause. *Jpn. J. Appl. Entomol. Zool.* 1：145–154.

Fukaya, M. and I. Hattori（1958）Further notes on the prothetely in the rice stem borer, *Chilo suppressalis* Walker. *Jpn.J. Appl. Entomol. Zool.* 2：50–52.

Fukaya, M. and J. Mitsuhashi（1958）The hormonal control of larval diapause in the rice stem borer, *Chilo suppressalis*. II. The activity of the corpora allata during the diapausing period. *Jpn. J. Appl. Entomol. Zool.* 2：223–226.

Fukaya, M. and J. Mitsuhashi（1961）Larval diapause in the rice stem borer, with special reference to its hormonal mechanism. *Bull. Nat. Inst. Agr. Sci. Ser.* C 13：1–32.

Fukaya, M. and S. Nasu（1966）A *Chilo* iridescent virus（CIV）from the rice stem borer, *Chilo suppressalis* Walker (Lepidoptera : Pyralidae). *Appl. Entomol. Zool.* 1 : 69–72.

深谷昌次・鳥居酉蔵 (1968) 発生予察実験法. 昆虫実験法 (深谷昌次・石井象二郎・山崎輝男　編). 日本植物防疫協会, 東京, pp. 545–602.

福田博年 (1981) 鳥取地方でのニカメイチュウの多発. 今月の農薬 25 (1) : 38–41.

福永一夫 (1948) DDT の現状と将来. 農薬 2 (5・6) : 17–21.

福岡県内務部 (1932) 病害虫駆除予防に関する事業成績. 病害虫駆除予防資料 42 : 1–174.

玄松南・石井龍一 (1998) マコモの分類と中国における栽培. 農業および園芸 73 : 371–374.

Gokan, N. and K. Murakami (1966) Daily rhythmic migration of the retinular and iris pigments in the compound eye of the soy-been beetle, *Anomala rufocuprea* Motschulsky (Coleopt. Scarab.). *J. Agr. Sci., Tokyo Nogyo Daigaku* 11 : 149–154.

後藤三千代 (1995) 庄内地方におけるニカメイチュウの休眠と耐寒性. 今月の農業 4 : 78–82.

後藤三千代 (2004) 休眠と耐寒性の関係. 休眠の昆虫学 (田中誠二・桧垣守男・小滝豊美　編). 東海大学出版会, 秦野, pp. 152–164.

Goto, M., Y. -P. Li and T. Honma (2001) Changes of diapause and cold hardiness in the Shonai ecotype larvae of the rice stem borer, *Chilo suppressalis* Walker (Lepidoptera : Pyralidae) during overwintering. *Appl. Entomol. Zool.* 36 : 323–328.

行徳直巳 (1960) ニカメイチュウの天敵について. 九州病害虫研報 6 : 1–3.

土生昶申・貞永仁恵 (1962) 畑や水田付近に見られるゴミムシ類 (オサムシ科) の幼虫の同定手びき. 農業技術研究所報告 C 13 : 207–248.

Hampson, G. F. (1896) The Fauna of British India, Moths. IV. Taylor & Francis, London, 594 pp.

Han, Q., P. Zhuang and Z. Tang (1995) The mechanism of resistance to fenitrothion in the rice stem borer *Chilo suppressalis* Walker. *Acta Entomol. Sinica* 38 : 266–271.

Han, Z., Z. Han, Y. Wang and C. Chen (2003) Biochemical features of a resistant population of the rice stem borer, *Chilo suppressalis* (Walker). *Acta Entomol. Sinica* 46 : 161–170.

原史六 (1942) 水稲二化螟蟲被害の二, 三の調査研究 (承前). 朝農報 16 : 31–40.

春川忠吉・高戸龍一・熊代三郎 (1931) 二化螟蟲の生態学的研究. 第二報　恒温の二化螟蟲の発育成長に及ぼす影響 (一). 農學研究 17 : 165–183.

Harukawa, C., R. Takato and S. Kumashiro (1935) Studies on the rice-borer. III. On the population density of the rice-borer. *Berich. Ohara Inst. Landw. Forsch.* 7 : 1–97.

長谷川勉 (1960) 秋田県県北地方におけるニカメイチュウの化性について (予

報）．北日本病害虫研報 11：67–68.
橋本康（1971）BHCの果した役割と残留問題．植物防疫 25：227–230.
橋爪文治・宮原和夫（1962）水稲の早期栽培または二期作栽培がニカメイチュウの発生相に及ぼす影響に関する研究．農林省農政局植物防疫課，東京，95 pp.
Hayakawa, Y.（2006）Insect cytokine growth-blocking peptide（GBP）regulates insect development. *Appl. Entomol. Zool.* 41：545–554.
林陽生（2003）温暖化の影響と対策——日本の水稲栽培への影響．遺伝 別冊17号：119–126.
日高輝展（1965）東北地方における水稲害虫の天敵に関する研究．1．ニカメイチュウの天敵昆虫類とその生態的特異性．東北農業試験場研究報告 32：145–160.
平井一男（1994）近年におけるニカメイチュウの発生動向．植物防疫 48：51–52.
Hirai, K. and V. N. Fursov（1998）*Trichogramma yawarae* sp. n. from Japan and a redescription of *T. japonicum* Ashmead（Hymenoptera：Trichogrammatidae）. *J. Ukr. Entomol. Soc.* 4：35–40.
Hirai, M. and H. Tsumuki（1995）Characterization and localization of the ice-nucleating active agents in larvae of the rice stem borer, *Chilo suppressalis* Walker（Lepidoptera：Pyralidae）. *Cryobiology* 32：209–214.
平松高明・坪井昭正・小林正志（1973）岡山県におけるニカメイチュウのBHC抵抗性．中国農業研究 47：82–85.
平野千里（1959）ニカメイガと水稲施肥．農業技術 14：529–534.
平野千里（1962）植物の昆虫抵抗性に関与する物質的要因．応動昆 6：167–169.
Hirano, C.（1963）Effect of dietary unsaturated fatty acids on the growth of larvae of *Chilo suppressalis* Walker（Lepidoptera：Pyralidae）. *Jpn. J. Appl. Entomol. Zool.* 7：59–62.
Hirano, C.（1964）Studies on the nutritional relationships between larvae of *Chilo suppressalis* Walker and the rice plant, with special reference to role of nitrogen in nutrition of larvae. *Bull. Nat. Inst. Agr. Sci. Ser.* C 17：103–180.
平野千里（1964a）栽培時期の異なるイネにおけるニカメイガ幼虫の生育．応動昆 8：166–169.
平野千里（1964b）害虫の発生と施肥条件．農業技術 19：316–319，375–378，415–418.
平野千里（1973）作物の耐虫性向上．総合防除（深谷昌次・桐谷圭治　編），講談社，東京，pp. 196–214.
Hirano, C. and S. Ishii（1957）Nutritive values of carbohydrates for the growth of larvae of the rice stem borer, *Chilo suppressalis* Walker. *Bull. Nat. Inst. Agr. Sci. Ser.* C 7：89–99.
平野千里・石井象二郎（1959）ニカメイガ幼虫の生育に及ぼす水稲施肥の影響．Ⅲ．リン酸施用量の多少と幼虫の生育．応動昆 3：86–90.
平野千里・石井象二郎（1961）ニカメイガ幼虫の成育に及ぼす水稲施肥の影響．

Ⅳ. カリウム施用量の多少と幼虫の成育. 応動昆 5：180–184.

Hirano, C. and S. Ishii (1962) Utilization of dietary carbohydrates and nitrogen by the rice stem borer larvae, under axenic conditions. *Entomol. Exp. Appl.* 5：53–59.

広瀬義躬 (1966) 蔬菜栽培地帯のニンジンの花畑に集まる寄生蜂類. 九州大学農学部学芸雑誌 22：217–223.

Hirose, Y. (1994) Determinants of species richness and composition in egg parasitoid assemblages of Lepidoptera. In *Parasitoid Community Ecology* (B. A. Hawkins and W. Sheehan eds.). Oxford University Press, Oxford, pp. 19–29.

日浦勇 (1957) 日本産ハナカメムシの1新種の記載及びその生態の研究. 九州大学農学部学芸雑誌 16：31–40.

Honda, J. Y., L. Taylor, J. Rodriguez, N. Yashiro and Y. Hirose (2006) A taxonomic review of the Japanese *Trichogramma* (Hymenoptera：Trichogrammatidae) with descriptions of three new species. *Appl. Entomol. Zool.* 41：247–267.

Horie, T., H. Nakagawa, H. G. S. Centeno and M. J. Kropff (1995) The rice crop simulation Model SIMRIW and its testing. In *Modeling the Impact of Climate Change on Rice Production in Asia* (R. B. Matthews, M. J. Kropff, D. Bachelet and H. H. Laar eds.). CAB International, Oxon, UK, pp. 51–66.

堀口治夫 (1960) BHCの土壌処理によるニカメイチュウの殺虫機構. 植物防疫 14：165–168.

Huang, C., H. Yao, G. Ye, X. Jiang, C. Hu and J. Cheng (2005) Susceptibility of different populations of *Chilo suppressalis* and *Sesamia inferens* to triazophos in Zhejiang Province of China. *Nongyaoxue Xuebao* 7：323–328.

飯島鼎 (1958) 早期栽培に伴う病害虫の諸問題. 植物防疫 12：141–142.

今泉吉郎・吉田昌一 (1958) 水田土壌の珪酸供給力に関する研究. 農業技術研究所報告 B8：261–304.

今村和夫 (1976) 稲ワラ処理とニカメイチュウ. 今月の農薬 1976 (10)：16–20.

今村和夫・山崎昌三郎 (1973) ニカメイガの幼虫寄生蜂メイチュウサムライコマユバチに関する研究. Ⅰ. 農薬散布のおよぼす影響. 北陸病害虫研報 21：72–76.

今村和夫・山崎昌三郎・町村徳行 (1974) ニカメイガの幼虫寄生蜂メイチュウサムライコマユバチに関する研究. Ⅱ. 年世代回数と寄生状況. 北陸病害虫研報 22：43–47.

今村重元 (1932) 二化螟虫及びウンカに寄生する絲片虫 (1). 応用動物学雑誌 4：73–78.

Imoto, S., T. Nishioka, T. Fujita and M. Nakajima (1982) Hormonal requirements for the larval-pupal ecdysis induced in the cultured integument of *Chilo suppressalis*. *J. Insect Physiol.* 28：1025–1033.

井上寛・杉繁郎・黒子浩・森内茂・川辺湛・大和田守 (1982) 日本産蛾類大図鑑. Ⅰ. 解説編. 講談社, 東京, 966 pp.

井上平・釜野静也（1957）日長時間および温度がニカメイチュウの休眠誘起に及ぼす影響．応動昆 1：100–105.

石田楢次郎（1949）BHC が世に出るまで．農薬 3（1・2）：116–119.

Ishida, S., H. Kikui and K. Tsuchida（2000）Seasonal prevalence of the rice stem borer moth, *Chilo suppressalis*（Lepidoptera：Pyralidae）feeding on water-oats（*Zizania latifolia*）and the influence of its two egg parasites. *Res. Bull. Fac. Agr. Gifu Univ.* 65：21–27.

石黒清秀（1997）庄内地方におけるニカメイガの多発要因の解析と防除に関する研究．山形県農業試験場研究報告 31：31–55.

Ishiguro, N. and K. Tsuchida（2006）Polymorphic microsatellite loci for the rice stem borer, *Chilo suppressalis*（Walker）（Lepidoptera：Crambidae）. *Appl. Entomol. Zool.* 41：565–568.

Ishiguro, N., K. Yoshida and K. Tsuchida（2006）Genetic differences between rice and water-oat feeders in the rice stem borer, *Chilo suppressalis*（Walker）（Lepidoptera：Crambidae）. *Appl. Entomol. Zool.* 41：585–593.

Ishiguro, S., Y. -P. Li, K. Nakano, H. Tsumuki and M. Goto（2007）Seasonal changes in glycerol content and cold hardiness in two ecotypes of the rice stem borer, *Chilo suppressalis*, exposed to the environment in the Shonai district, Japan. *J. Insect Physiol.* 53：392–397.

石井象二郎（1952）二化螟虫の人工培養の現状．応用昆虫 8：93–98.

石井象二郎（1955）人間に対する BHC の急性中毒．植物防疫 9：462.

石井象二郎（1982）昆虫生理学．培風館，東京．256 pp.

Ishii, S. and H. Urushibara（1954）On fat soluble and water soluble growth factors required by the rice stem borer, *Chilo simplex* Butler. *Bull. Nat. Inst. Agr. Sci. Ser.* C 4：109–133.

Ishii, S. and C. Hirano（1955）Qualitative studies on the essential amino acids for the growth of the larva of the rice stem borer, *Chilo simplex* Butler, under aseptic conditions. *Bull. Nat. Inst. Agr. Sci. Ser.* C 5：35–48.

Ishii, S. and C. Hirano（1957）Effect of various concentrations of protein and carbohydrate in a diet on the growth of the rice stem borer larva. *Jpn. J. Appl. Entomol. Zool.* 1：75–79.

石井象二郎・平野千里（1958）ニカメイガ幼虫の生育におよぼす水稲への施肥の影響．I．土壌への窒素質肥料の施用量とニカメイガ幼虫の生育．応動昆 2：198–202.

石井象二郎・平野千里（1959）ニカメイガ幼虫の生育に及ぼす水稲への施肥の影響（第２報）窒素含量を異にして水耕栽培した水稲における幼虫の生育．応動昆 3：16–22.

石井悌（1938）日本産 *Trichogramma* 属の種類及び生態に就いて（予報）．応用動物学雑誌 10：139–141.

Ishii, T.（1941）The species of *Trichogramma* in Japan with descriptions of two new species. *Kontyu* 14：169–176.

Ishii, T.（1953）On the biology of *Spathius fuscipennis* Ashmead, a rice stem

borer parasite, in the Philippine islands. *Oyo-Dobutsugaku-Zasshi* 18：95–102.
石井悌・水谷義清（1934）フイリッピン産二化螟虫幼虫寄生蜂の利用に就いて．応用動物学雑誌 6：147–148.
石井豊吉（1903）螟虫害と稲の種類及耕種法との関係．農事試験場報告 26：180–194.
石川喜三郎（1940）佐賀縣に於ける水稲品種の変遷．農業および園芸 15：1291–1296.
石川瀧太郎（1918）稲二化螟虫駆除法として藁鳩掻払に関する調査研究（一）．病虫害雑誌 5：832–837.
石倉秀次（1948a）二化螟虫の防除と DDT．農薬 2（5・6）：22–25.
石倉秀次（1948b）二化螟蟲の発生と氣象との関係．農業氣象の研究　第 4 集（大後美保　編）．共立出版，東京，pp. 36–106.
石倉秀次（1950）作物害虫の発生予察．河出書房，東京，166 pp.
Ishikura, H.（1955）On the types of the seasonal prevalence of rice stem borer moth in Japan. *Bull. Nat. Inst. Agric. Sci. Ser.* C 5：67–80.
石倉秀次（1959）低毒性燐剤によるニカメイチュウの防除．植物防疫 13：239–242.
石倉秀次（1991）誘蛾燈史——誘蛾燈による稲螟虫の防除．日本植物防疫協会植物防疫資料館，東京，164 pp.
石倉秀次・田村市太郎・渡辺幸志（1953a）メイチュウによるイネの被害に関する解析的研究（第 I 報）．施肥量とメイチュウによる被害の関係．四国農業試験場報告 1：217–227.
石倉秀次・田村市太郎・渡辺幸志（1953b）有機合成殺虫剤の効果に関する研究（第 5 報）．食入したニカメイチュウの有機燐殺虫剤による駆除．四国農業試験場報告 1：228–234.
石倉秀次・渡辺幸志（1955）ニカメイチュウに対する稲の抵抗性の品種間差異について．四国農業試験場報告 2：138–146.
石倉秀次・小野小三郎（1959）イモチとメイチュウ．富民社，大阪．300 pp.
石倉秀次・尾崎幸三郎（1966）ニカメイチュウに対する化学的防除の改善に関する研究（第 II 報）．有機塩素系殺虫剤のニカメイチュウの卵および幼虫に対する殺虫・殺卵力．農業技術研究所報告 C 20：119–134.
石坂昇助・上原泰樹・藤田米一・奥野員敏・堀内久満・三浦清之・中川捷洋・山田利昭・古賀義昭・内山田博士・佐本四郎（1989）水稲新品種キヌヒカリの育成経過と特性．北陸作物学会報 24：25–27.
伊藤博・尾崎幸三郎（1966）ニカメイチュウの BHC に対する抵抗性．四国植物防疫研究 1：26–28.
伊藤啓司・市川耕治・中込暉雄（1994）昆虫病原糸状菌による水稲害虫の微生物的防除（第 1 報）．*Beauveria bassiana*（B-EZ-001）のニカメイガに対する病原性．愛知県農業総合試験場研究報告 26：79–82.
Itô, Y., K. Miyashita and K. Sekiguchi（1962）Studies on the predators of the rice crop insect pests, using the insecticidal check method. *Jpn. J. Ecol.* 12：1–11.
岩佐龍夫（1933）二化螟蛾の交尾時に於ける感覚作用．応用動物学雑誌 5：240–

242.
岩崎一郎（1972）有機リン剤の毒性．植物防疫 26：115–124.
岩田俊一（1970）わが国における害虫の薬剤抵抗性とその研究の展望．植物防疫 24：443–446.
弥富喜三（1943）二化螟蛾の卵寄生蜂ズイムシアカタマゴバチの利用に関する試験研究．静岡県立農事試験場特別報告 2：1–107.
弥富喜三（1950）ズイムシアカタマゴバチの増殖に及ぼす過寄生の影響．応用動物学雑誌 16：1–8.
弥富喜三（1951）天敵をめぐる諸問題．農業および園芸 26：129–132.
弥富喜三（1955）ニカメイガの環境抵抗としてのズイムシアカタマゴバチ．応用昆虫 11：128–132.
Iyatomi, K.（1958）Effect of superparasitism on reproduction of *Trichogramma japonicum* Ashmead. *Proc. 10th Int. Congr. Entomol.* 4：897–900.
弥富喜三・山田惣一郎（1938）ズイムシシヘンチュウに関する知見補遺．応用動物学雑誌 10：136–139.
Izumi, Y., S. Sonoda, H. Yoshida, H. V. Danks and H. Tsumuki（2006）Role of membrane transport of water and glycerol in the freeze tolerance of the rice stem borer, *Chilo suppressalis* Walker（Lepidoptera：Pyralidae）. *J. Insect Physiol.* 52：215–220.
Izumi, Y., S. Sonoda and H. Tsumuki（2007）Effects of diapause and cold-acclimation on the avoidance of freezing injury in fat body tissue of the rice stem borer, *Chilo suppressalis* Walker. *J. Insect Physiol.* 53：685–690.
Izumi, Y., C. Katagiri, S. Sonoda and H. Tsumuki（2009）Seasonal changes of phospholipids in last instar larvae of the rice stem borer, *Chilo suppressalis* Walker（Lepidoptera：Pyralidae）. *Entomol. Sci.* 12：（in press）.
Jiang, W., Z. Han and M. Hao（2005）Primary study on resistance of rice stem borer（*Chilo suppressalis*）to fipronil. *Zhongguo Shuidao Kexue* 19：577–579.
Jiao, X. -G., W. -J. Xuan and C. -F. Sheng（2005）Mass trapping of the overwintering generation striped stem borer, *Chilo suppressalis*（Walker）（Lepidoptera：Pyralidae）with the synthetic sex pheromone in northern China. *Acta Entomol. Sinica* 48：370–374.
Jones, O. T.（1998）Practical applications of pheromones and other semiochemicals. In *Insect Pheromones and Their Use in Pest Management.*（P. E. Howse, I. D. R. Stevens and O. T. Jones eds.）. Chapman & Hall, London, pp. 263–355.
常楽武男（1971）統計的解析によるニカメイガ発生変動に関する研究．富山県農業試験場特別報告 8：1–91.
Kaburaki, T. and S. Imamura（1932）A new mermithid-worm parasitic in the rice borer, with notes on its life history and habits. *Proc. Imp. Acad. Japan* 8：109–112.
鏑木外岐雄・上遠章・岩佐龍夫・弥富喜三・道家信道・杉山章平・藍野祐久（1939）螟虫に関する研究（第３報）．農業改良資料 140，農林省農務局，東京，178 pp.
Kajita, H. and E. F. Drake (1969) Biology of *Apanteles chilonis* and *A. flavipes* (Hymenoptera：Braconidae), parasites of *Chilo suppressalis*. *Mushi* 42：163-179.
釜野静也（1961）人工飼料によるニカメイチュウの累代飼育に関する研究．(1). コリンが成虫の産卵，卵のふ化などに及ぼす影響．応動昆 5：254-259.
釜野静也（1964）人工飼料によるニカメイチュウの累代飼育に関する研究（第2報）．アスコルビン酸要求について．応動昆 8：101-105.
釜野静也（1973）人工飼育によるニカメイガの累代飼育法に関する研究．農業技術研究所報告 C 27：1-51.
亀田三郎・橋本康（1976）農薬による環境汚染の実態と今後の対策．植物防疫 30：336-337.
上遠章・栗原章平（1929）二化螟蛾の交尾．応用動物学雑誌 1：55-56.
神田徹（1996）フェロモントラップによるニカメイガの発生時期の予察．植物防疫 50：141-144.
神田徹・中村幸二（1995）ニカメイガのモニタリングにおけるファネルトラップの誘殺特性．関東東山病害虫研報 42：181-184.
金子三津平（1924）卵寄生小蜂放飼による梨姫心喰虫及二化螟虫駆除法に就いて（其一），（其二）．農業時報（静岡県立農事試験場）2(5)：1-17, 2(6)：1-17.
Kanno, H. (1979) Effects of age on calling behaviour of the rice stem borer moth, *Chilo suppressalis* (Walker) (Lepidoptera：Pyralidae). *Bull. Entomol. Res.* 69：331-335.
Kanno, H. (1980) Mating behavior of the rice stem borer moth, *Chilo suppressalis* (Walker) (Lepidoptera：Pyralidae). IV. Threshold light intensity for mating initiation under various temperatures. *Appl. Entomol. Zool.* 15：372-377.
菅野紘男（1981）ニカメイガの配偶行動と環境条件．植物防疫 35：160-164.
Kanno, H. (1981a) Mating behavior of the rice stem borer moth, *Chilo suppressalis* (Walker) (Lepidoptera：Pyralidae). V. Critical illumination intensity for female calling and male sexual response under various temperatures. *Appl. Entomol. Zool.* 16：179-185.
Kanno, H. (1981b) Mating behavior of the rice stem borer moth, *Chilo suppressalis* (Walker) (Lepidoptera：Pyralidae). VI. Effects of photoperiod on the diel rhythms of mating behavior. *Appl. Entomol. Zool.* 16：406-411.
Kanno, H. (1981c) Seasonal variation in periodicity of mating behavior in the rice stem borer, *Chilo suppressalis* (Walker) (Lepidoptera：Pyralidae). *Bull. Entomol. Res.* 71：631-637.
Kanno, H. (1984a) Mating behaviour of the rice stem borer moth, *Chilo suppressalis* (Walker) (Lepidoptera：Pyralidae). VII. Circadian rhythm of mating behavior. *Appl. Entomol. Zool.* 19：263-265
Kanno, H. (1984b) Studies on the mechanism of mating initiation in the rice

stem borer moth, *Chilo suppressalis*（Walker）（Lepidoptera：Pyralidae）. *Bull. Hokuriku Natl. Agr. Exp. St.* 26：1−66.

Kanno, H. and A. Sato（1979）Mating behavior of the rice stem borer moth, *Chilo suppressalis*（Walker）（Lepidoptera：Pyralidae）. II. Effects of temperature and relative humidity on mating activity. *Appl. Entomol. Zool.* 14：419−427.

Kanno, H. and A. Sato（1980）Mating behavior of the rice stem borer moth, *Chilo suppressalis*（Walker）（Lepidoptera：Pyralidae）. III. Joint action of temperature and relative humidity on mating activity. *Appl. Entomol. Zool.* 15：111−112.

Kanno, H., M. Hattori, A. Sato, S. Tatsuki, K. Uchiumi, M. Kurihara, J. Fukami, Y. Fujimoto and T. Tatsuno（1980）Disruption of sex pheromone communication in the rice stem borer moth, *Chilo suppressalis* Walker（Lepidoptera：Pyralidae）, with sex pheromone components and their analogues. *Appl. Entomol. Zool.* 15：465−473.

菅野紘男・小野塚清・水沢政夫・佐伯喜美・小池賢治・田付貞洋・深見順一（1984）ニカメイガ合成性フェロモンと予察灯との誘引力の比較．北陸病害虫研報 32：44−46.

菅野紘男・阿部徳文・水沢政夫・佐伯喜美・小池賢治・小林荘一・田付貞洋・臼井健二（1985）ニカメイガの合成性フェロモンと予察灯との誘引力および誘殺消長の比較．応動昆 29：137−139.

Kapur, A. P.（1950）The identity of some *Crambinae* associated with sugar cane in India and of certain species related to them（Lep.：Pyral.）. *Trans. Roy. Entomol. Soc. London.* 101：389−434.

Kapur, A. P.（1967）Taxonomy of the rice stem borers. In *The Major Insect Pests of the Rice Plant*（IRRI ed.）. Johns Hopkins Press, Baltimore, Maryland, USA, pp. 3−43.

鹿島晋・河野嘉純（1942）螟虫の防除に関する試験研究（第 1 報）．誘蛾燈に関する試験．愛媛県立農事試験場臨時報告 2：1−145.

片山栄助（1971）ニカメイチュウ越冬幼虫の加温飼育によってえられた寄生蜂について．応動昆 5：169−172.

加藤浩（2005）飼料イネ育種の現状と今後の展開方向．農業技術 60：490−493.

勝又要（1934）稲二化螟蟲飼育成績特に幼蟲各齢日数並に発育有効積算温度に就いて（一）．病虫害雑誌 21：117−130.

河田党（1942）南方稲の螟虫抵抗性について，科学 12：445−446.

河田党（1950a）螟虫による稲の被害に関する研究（第一報）．第二化期被害の分析的研究．農事試験場報告 66：1−8.

河田党（1950b）螟虫による稲の被害に関する研究（第二報）．第一化期の分析的研究（1）．農事試験場報告 66：9−60.

河田党（1951）二化螟蟲の生態と防除．農業および園芸 26：124−128.

河田党（1952a）水稲の害虫（一）ニカメイチュウ．予察・防除農作害蟲新説（湯浅啓温・河田党　編）．朝倉書店，東京，pp. 35−55.

河田党（1952b）二化螟蟲の生態と防除［1］．農業および園芸 26：124−128.
河田党・福田仁郎（1942）二化螟蟲発生豫察の指標動物としてのフタオビコヤガ．農事試験場報告 53：1−8.
河原高（1915）二化螟虫発生時期と晩稲作．病虫害雑誌 2：202−206.
河原高（1917）予察燈に就て．病虫害雑誌 4：591−593.
川原哲城（1972）牛乳中の BHC．植物防疫 26：378−381.
木幡寿夫・井上寿（1964）ニカメイチュウの寄生蜂に関する研究（第 1 報）．越冬幼虫の寄生蜂について．北日本病害虫研報 15：96−97.
菊地実（1963）1 回発生型ニカメイチュウの生態について．北日本病害虫研報 14：80.
菊地実（1964）ニカメイチュウの加害に関する生態学的研究（第 1 報）．稲品種と第 1 世代幼虫の生存率および発育との関係．東北農業試験場報告 30：105−113.
木村賢治・藤巻宏・関根稔・松葉捷也・吉田久・森宏一（1986）新導入稲遺伝資源の特性解析．北陸農業研究資料 13：1−93.
杵鞭幸平・長谷川春雄・近重雄（1975）ニカメイチュウ第 1 世代広域無防除の一事例．北陸病害虫研報 23：34−37.
木下周太・河田党（1933）二化螟虫及び三化螟虫分布総説並びに二化螟虫原産地の想定．植物及動物 1：475−482, 631−635, 1259−1264, 1399−1407.
木下周太・深谷昌次（1941）卵寄生蜂 *Trichogramma* 属の人工増殖に関する研究の概観［1］,［3］．植物及動物 9：311−318, 507−514.
桐谷圭治（1973）水稲害虫．総合防除（深谷昌次・桐谷圭治　編）講談社，東京．pp. 310−336.
桐谷圭治（1975）農薬と生態系．日本農薬学会誌学会設立記念号：69−75.
Kiritani, K.（1977a）Systems approach for management of rice pests. *Proc. XV Congr. Entomol.* Washington D. C. 1976（1977）：591−598.
Kiritani, K.（1977b）Recent progress in the pest management for rice in Japan. *J. Agr. Res. Quart.* 11：40−49.
Kiritani, K.（1981）Integrated insect pest management for rice in Japan. *TARC Res. Ser.* 14：13−22.
桐谷圭治（1986）サンカメイガ——幻の大害虫．日本の昆虫——侵略と攪乱の生態学（桐谷圭治　編）．東海大学出版会，東京，pp. 88−95.
Kiritani, K.（1988）What has happened to the rice borers during the past 40 years in Japan? *J. Agr. Res. Quart.* 21：264−268.
Kiritani K.（1990）Recent population trends of *Chilo suppressalis* in temperate and subtropical Asia. *Insect Sci. Appl.* 11：555−562.
桐谷圭治（1998）総合的有害生物管理（IPM）から総合的生物多様性管理（IBM）へ．研究ジャーナル 21（12）：33−37.
Kiritani, K.（2000）Integrated biodiversity management in paddy fields：shift of paradigm from IPM toward IBM. *Integrated Pest Management Reviews* 5：175−183.
桐谷圭治（2004）「ただの虫」を無視しない農業．築地書館，東京，192 pp.

桐谷圭治（2005）農業生態系における IBM（総合的生物多様性管理）にむけて．日本生態学会誌 55：506–513.

Kiritani, K. and N. Oho（1962）Centrifugal progress of outbreaks of the rice stem borer, *Chilo suppressalis*. *Jpn. J. Appl. Entomol. Zool.* 6：61–69.

Kiritani, K. and S. Iwao（1967）The biology and life cycle of *Chilo suppressalis*（Walker）and *Tryporyza*（*Schoenobius*）*incertulas*（Walker）in temperate-climate areas. In *The Major Insect Pests of the Rice Plant*（IRRI ed.）. Johns Hopkins Press, Baltimore, Maryland, USA, pp. 45–101.

桐谷圭治・川原幸夫（1970）殺虫剤抵抗性の発達に及ぼす環境要因の影響．植物防疫 24：474–478.

桐谷圭治・中筋房夫（1977）害虫とたたかう——防除から管理へ．日本放送出版協会，東京，229 pp.

岸野賢一（1969）ニカメイチュウの休眠誘起に及ぼす日長及び温度の影響（1）．応動昆 13：52–60.

岸野賢一（1970）ニカメイチュウにおける休眠と発育の地域性．応動昆 14：1–11.

岸野賢一（1974）ニカメイガ生活環の地理的変異に関する生態学的研究．東北農業試験場研究報告 47：13–114.

北山吉次郎（1910）青森県における二化螟虫の発生経過について．昆虫世界 14：468–469.

清家安長（1958）ニカメイチュウ第 1 化期の実験的予察．1．発蛾最盛日および後期発蛾量を予察する方法．応動昆 2：123–127.

小林尚（1958）ニカメイチュウの天敵．植物防疫 12：259–265.

小林尚（1961）ニカメイチュウ防除の殺虫剤散布がウンカ・ヨコバイ類の生息密度に及ぼす影響に関する研究．病害虫発生予察特別報告 6：1–126.

古賀初子・宮原和夫（1973）ニカメイチュウの発生予察に関する研究（第 5 報）．マコモに寄生した越冬幼虫の羽化および第 1 世代虫の発育状況．九州病害虫研報 19：84–87.

小池久義（1954）有機燐剤の最近の動向．植物防疫 8：334–339.

小池賢治・田村和夫・斉藤祐幸（1981）ニカメイチュウの発生源としてのマコモ群落の評価．北陸病害虫研報 29：28–31.

小嶋昭雄・江村一雄（1983）ニカメイチュウの少発生化現象とこれに対応する防除技術．新潟県農業試験場研究報告 33：73–80.

小嶋昭雄・山代千加子・有坂通展（1996）ニカメイガの性フェロモントラップ誘殺数による要防除水準．応動昆 40：279–286.

小島俊文（1929）ムクドリの食性．応用動物学雑誌 1：40–42.

近藤章（1994）中国地方におけるニカメイチュウの発生と被害．植物防疫 48：66–70.

近藤章・田中福三郎（1991）岡山県におけるニカメイガの発生予察——性フェロモントラップ利用の現状と問題点．植物防疫 45：300–304.

Kondo, A. and F. Tanaka（1991）Pheromone trap catches of the rice stem borer moth, *Chilo suppressalis*（Walker）（Lepidoptera：Pyralidae）and related trap variables in the field. *Appl. Entomol. Zool.* 26：167–172.

Kondo, A., F. Tanaka, H. Sugie and N. Hokyo（1993）Analysis of some biological factors affecting differential pheromone trap efficiency between generations in the rice stem borer moth, *Chilo suppressalis*（Walker）（Lepidoptera：Pyralidae）. *Appl. Entomol. Zool.* 28：503–511.

近藤章・田中福三郎（1994a）ニカメイガの少発生地域と局地的多発生地域における性フェロモントラップの配置について．応動昆 38：285–289.

近藤章・田中福三郎（1994b）ニカメイガの性フェロモントラップ誘殺数に及ぼす街灯の光の影響．応動昆中国支会報 36：1–3.

Kondo, A. and F. Tanaka（1994a）Action range of the sex pheromone of the rice stem borer moth, *Chilo suppressalis*（Walker）（Lepidoptera：Pyralidae）. *Appl. Entomol. Zool.* 29：55–62.

Kondo, A. and F. Tanaka（1994b）Effect of wild virgin females on pheromone trap efficiency in two annual generations of the rice stem borer moth, *Chilo suppressalis*（Walker）（Lepidoptera：Pyralidae）. *Appl. Entomol. Zool.* 29：279–281.

Kondo, A. and F. Tanaka（1995）An estimation of the control threshold of the rice stem borer, *Chilo suppressalis*（Walker）（Lepidoptera：Pyralidae）based on the pheromone trap catches. *Appl. Entomol. Zool.* 30：103–110.

金野敬三（1922）二化螟虫第二化期採卵に就て．病虫害雑誌 9：27–28.

金野敬三（1924）二化螟虫食入時期の早晩と其の発育との関係．病虫害雑誌 11：376–378.

金野敬三・神志那左文（1927）苗代における二化螟虫産卵及び食入防止に関する研究．病虫害雑誌 14：77–83.

昆野安彦（1987）ニカメイガの薬剤抵抗性．植物防疫 41：312–317.

昆野安彦（1996）植物防疫基礎講座．農業害虫および天敵昆虫等の薬剤感受性検定マニュアル（5）．イネ害虫——ニカメイガ．植物防疫 50：523–526.

Konno, Y.（1996）Carboxylesterase of the rice stem borer, *Chilo suppressalis* Walker（Lepidoptera：Pyralidae）, responsible for fenitrothion resistance as a sequestering protein. *J. Pesticide Sci.* 21：425–429.

昆野安彦（1998）イネ系およびマコモ系ニカメイガの配偶者選択ならびに寄主植物選択試験．北日本病害虫研報 49：102–104.

Konno, Y. and T. Shishido（1985）Resistance mechanism of the rice stem borer to organophosphorus insecticides. *J. Pesticide Sci.* 10：285–287.

Konno,Y. and T. Shishido（1987）Metabolism of fenitrothion in the organophosphorus-resistant and -susceptible strains of rice stem borers, *Chilo suppressalis. J. Pesticide Sci.* 12：469–476.

Konno, Y. and T. Shishido（1991）Inheritance of resistance to fenitrothion and pirimiphos-methyl in the rice stem borer, *Chilo suppressalis*（Lepidoptera：Pyralidae）. *Appl. Entomol. Zool.* 26：535–541.

昆野安彦・田中福三郎（1996）イネ寄生およびマコモ寄生ニカメイガの交尾時刻の違いについて．応動昆 40：245–247.

Konno, Y. and F. Tanaka (1996) Aliesterase isozymes and insecticide susceptibility in rice-feeding and water-oat-feeding strains of the rice stem borer, *Chilo suppressalis* Walker (Lepidoptera : Pyralidae). *Appl. Entomol. Zool.* 31 : 326-329.
昆野安彦・土門清 (1998) 山形県産ニカメイガのフェニトロチオン抵抗性とカルボキシルエステラーゼのアイソザイムパターンに見られる西国型ニカメイガとの共通性. 北日本病害虫研報 49 : 105-108.
河野達郎・杉野多万司 (1958) ニカメイチュウの被害茎密度の推定について. 応動昆 2 : 184-188.
河野嘉純 (1936) 二化螟虫点火誘殺としての石油燈の考察. 病虫害雑誌 23 : 425-431.
小貫信太郎 (1904) 二化螟蟲幼蟲の発育と温度. 大日本農会 274 : 11-13.
小山重郎 (1975) ニカメイチュウに対する殺虫剤散布軽減に関する研究. II. ニカメイチュウの要防除被害水準とその予測. 応動昆 19 : 63-69.
Koyama, J. (1977) Preliminary studies on the life table of the rice stem borer, *Chilo suppressalis* (Walker) (Lepidoptera : Pyralidae). *Appl. Entomol. Zool.* 12 : 213-224.
小山重郎 (2000) 害虫はなぜ生まれたのか——農薬以前から有機農業まで. 東海大学出版会, 東京, 220 pp.
小山正一・山代千加子・中野潔・安藤隆夫 (1987) 新潟県におけるニカメイチュウの有機燐剤に対する感受性低下事例. 北陸病害虫研報 35 : 43-46.
湖山利篤・安田壮平・石井象二郎 (1951) 人工飼料による二化螟虫の飼育. 応用昆虫 6 : 198-201.
湖山利篤・菊地実 (1965) 東北地方におけるニカメイチュウの天敵に関する研究. 東北農業試験場研究速報 5 : 17-26.
熊谷誠司・船迫勝男・五十嵐良造・伊藤春男 (1967) 宮城県における1回発生型ニカメイチュウの分布について. 北日本病害虫研報 18 : 87.
栗林茂治 (1967) カイコに対する農薬の残留毒性. 植物防疫 21 : 287-292.
Kurihara, S. (1929) On the spermatogenesis of *Chilo simplex* Butler, a pyralid-moth. *J. Coll. Agr. Imp. Univ. Tokyo* 10 : 235-246.
栗原章平 (1930) 染色体より見たる眞菰の螟蟲. 応用動物学雑誌 2 : 144-145
Kuwahara, Y., C. Kitamura, S. Takahashi, H. Hara, S. Ishii and H. Fukami (1971) Sex pheromone of the almond moth and the Indian meal moth : cis-9, trans-12 tetradecadienyl acetate. *Science* 171 : 801-802.
鍬塚喜久治・尾崎重夫 (1929) 螟虫と誘蛾燈に関する一二の実験成績に就て. 病虫害雑誌 16 : 17-25.
桑山覚 (1928) 北海道に於ける稲作害虫. 北海道農試彙報 47 : 26-35.
桑澤久仁厚 (1996) ニカメイガの予察のためのフェロモントラップの誘引源と構造. 植物防疫 50 : 132-135.
京都府立農事試験場 (1939) 苗代螟虫卵に対する硫酸ニコチン撒布試験. 病虫害雑誌 26 : 462-472.
Li, Li-Ying (1994) Worldwide use of *Trichogramma* for biological control on

different crops：a survey. In *Biological Control with Egg Parasitoids*（E. Wajnberg and S. A. Hassan eds.）. CAB International, Wallingford, pp. 37–53.

Li, Y. -P., M. Goto, L. Ding and H. Tsumuki（2002a）Diapause development and acclimation regulating enzymes associated with glycerol synthesis in the ecotype of the rice stem borer larva, *Chilo suppressalis* Walker. *J. Insect Physiol.* 48：303–310.

Li, Y. -P., L. Ding and M. Goto（2002b）Seasonal changes in glycerol content and enzyme activities in overwintering larvae of the Shonai ecotype of the rice stem borer, *Chilo suppressalis* Walker. *Arch. Insect Biochem. Physiol.* 50：53–61.

Lüscher, M.（1961）Social control of polymorphism in termites. In *Insect Polymorphism*（J.S. Kennedy ed.）. *Royal Entomological Society London, Symposium* 1, pp. 57–67.

牧高治（1930）ムナカタコマユバチの生態．盛岡高農同窓会学術彙報 6：43–47.

牧良忠・山下優勝（1956）寄主植物によるニカメイチュウの生態的変異．兵庫県農業試験場研究報告 3：47–50.

牧良忠・山根伸夫・山口福男（1956）兵庫県におけるニカメイチュウの発生予察について（第２報）．キバラアメバチの発生消長とニカメイチュウの発生予察．兵庫県農業試験場研究報告 3：53–54.

Martignoni, M. E. and P. J. Iwai（1981）A catalogue of viral diseases of insects, mites and ticks. In *Microbial Control of Pests and Plant Diseases 1970–1980*（H. D. Burges ed.）. Academic Press, London, pp. 897–911.

丸毛信勝（1930）マコモ螟蛾に就いて．応用動物学雑誌 2：91–95.

丸茂一平（1932）二化螟虫の孵化時刻に就きて　附．その光線との関係．応用動物学雑誌 4：292–299.

正木進三（2006）昆虫の季節適応の研究と応動昆．応動昆 50：182–186.

益田素平（1895）稲螟虫実験録．森岡書店，福岡，64 pp.

松倉啓一郎（2008）ニカメイガにおける種分化．植物防疫 62：119–122.

Matsukura, K., S. Hoshizaki, Y. Ishikawa and S. Tatsuki（2006）Morphometric differences between rice and water-oats populations of the striped stem borer, *Chilo suppressalis*（Lepidoptera：Crambidae）. *Appl. Entomol. Zool.* 41：529–535.

松尾尚典（1999）性フェロモンによるニカメイガの交信かく乱――岐阜県の例．植物防疫 53：407–409.

Matsuo, T., S. Sugaya, J. Yasukawa, T. Aigaki and Y. Fuyama（2007）Odorant-binding proteins OBP57d and OBP57e affect taste perception and host-plant preference in *Drosophila sechellia*. *PLoS Biol.* 5：e118.

Meng, F., K. Wu, X. Gao, Y. Peng and Y. Guo（2003）Geographic variation in susceptibility of *Chilo suppressalis*（Lepidoptera：Pyralidae）to *Bacillus thuringiensis* Toxins in China. *J. Econ. Entomol.* 96：1838–1842.

南川仁博（1964）Trichogrammatidae タマゴヤドリコバチ科．日本産害虫の天敵目録　第１篇　天敵・害虫目録（安松京三・渡辺千尚　編）．九州大学農学部昆虫学教室，福岡，pp. 90–92.
嶺要一郎（1898）寄生虫保護器の説明．昆虫世界 2：396.
Mitsuhashi, J.（1963）Histological studies on the neurosecretory cells of the brain and on the corpus allatum during diapause in some lepidopterous insects. *Bull. Nat. Inst. Agr. Sci. Ser.* C16：67–121.
Mitsuhashi, J.（1968）Tissue culture of the rice stem borer, *Chilo suppressalis* Walker. III. Effects of temperatures and cold-storage on the multiplication of the cell line from larval hemocytes. *Appl. Entomol. Zool.* 3：1–4.
宮原和夫・阿部恭洋（1969）クリークに繁茂しているマコモに対するニカメイチュウの寄生状況について．九州病害虫研報 15：123–124.
三宅利雄（1948）二化螟蟲の化性に及ぼす温度及夜間時間．廣島農試報 1：1–5.
三宅利雄・藤原昭雄（1951）二化螟蟲及びフタオビコヤガの休眠を促す新条件（豫報）．廣島農試特報 4：1–10.
Miyashita, K.（1971）Recent status of the rice stem borer, *Chilo suppressalis* Walker, in Japan. *Proceedings of Symposium on Rice Insects.* Tropical Agriculture Reseaches 19–24 July 1971, TARC, MAFF, Japan, pp.169–176.
宮下和喜（1982）ニカメイガの生態．畑野印刷工業所，東京，136 pp.
宮下忠博（1956）長野県伊那地方におけるニカメイチュウの発育経過について．応用昆虫 12：45–49.
Mochida, O. and M. Yoshimeki（1962）Relations with development of the gonads, dimensional changes of the corpora allata, and duration of post-diapause period in hibernating larvae of the rice stem borer. *Jpn. J. Appl. Entomol. Zool.* 6：114–123.
Mochida, O., G. S. Arida, S. Tatsuki and J. Fukami（1984）A field test on a third component of the sex pheromone of the striped stem borer, *Chilo suppressalis*, in the Philippines. *Entomol. Exp. Appl.* 36：295–296.
Mochizuki, A., Y. Nishizawa, H. Onodera, Y. Tabei, S. Toki, Y. Habu, M. Ugaki and Y. Ohashi（1999）Transgenic rice expessing a trypsin inhibitor are resistant against rice stem borers, *Chilo suppressalis. Entomol. Exp. Appl.* 93：173–178.
森真理・北村治滋・近藤篤・渡辺健三・森正之・海道真典・三瀬和之・下城英一・古澤巌・橋本義文（2000）イラクサキンウワバ顆粒病ウィルス（*Trichoplusia ni* granulosis virus）由来エンハンシンを発現する形質転換イネの作出とその形質転換イネが鱗翅目昆虫の成長に及ぼす影響．近畿中国農業研究 99：8–14.
Morimoto, N., O. Imura and T. Kiura（1998）Potential effects of global warming on the occurrence of Japanese pest insects. *Appl. Entomol. Zool.* 33：147–155.
向坂幾三郎（1898）益虫保護（益虫繁殖器）．大日本農会報 199：13–14.
棟方哲三（1914）二化螟虫の寄生蜂に就て．病虫雑誌 5(4)：2–4.
村田寿太郎（1928）強光誘蛾燈の稲作に及ぼす影響について．病虫害雑誌 15：315–320.

村田藤七（1939）昭和十三年の病虫害管見（二）．病虫害雑誌 26：94－100.
武藤利郎ら（1965）岐阜県におけるニカメイチュウ１回発生（１化性）地帯について．関西病害虫研報 7：53－54.
Nagarkatti, S. and H. Nagaraja（1971）Redescriptions of some known species of *Trichogramma*（Hym., Trichogrammatidae), showing the importance of the male genitalia as a diagnostic character. *Bull. Entomol. Res.* 61：13－31.
Nagarkatti, S. and H. Nagaraja（1979）The status of *Trichogramma chilonis* Ishii（Hym.：Trichogrammatidae). *Oriental Insects* 13：115－117.
永富昭・櫛下町鉦敏（1965）ヒゲナガヤチバエの生活史．昆虫 33：35－38.
内藤篤（1964）ニカメイガ第２世代幼虫の水稲茎内における生息部位．応動昆 8：106－110.
Nakagawa, Y., K. Hattori, C. Minakuchi, S. Kugimiya and T. Ueno（2000）Relationship between structure and molting hormonal activity of tebufenozide, methoxyfenozide, and their analogs in cultured integument system of *Chilo suppressalis* Walker. *Steroids* 65：117－123.
中川久知（1900）本邦産昆虫卵寄生蜂図説　第一集．農事試験場特別報告 6：1－26.
中川久知（1902）稲草中における二化性螟虫の所在調査．農事試験場報告 23：134.
中川久知（1909）二化性螟虫の習性，発生時期及其害の程度に関する調査．農事試験場報告 35：141－148.
中村文雄・柳武・早川広美（1959）長野県川中島平におけるニカメイチュウの発生生態について．関東東山病害虫研報 6：39.
中村和雄（1984）大量誘殺試験法．フェロモン実験法（2）（フェロモン研究会編）．日本植物防疫協会，東京，pp. 48－59.
中村重正（2000）菌食の民俗誌――マコモと黒穂菌の利用．八坂書房，東京，205+13 pp.
中根晃・丸山清明（1992）低コスト生産性品種の育種（１）多収性．日本の稲育種（櫛渕欽也　監修）．農業技術協会，東京，pp. 229－243.
仲野恭助・安部義一・武田憲雄・平野千里（1961）ニカメイガの発生に及ぼす土壌ケイ酸の影響．応動昆 5：17－27.
中野毅・安藤隆夫・小山正一・江村一雄（1986）ニカメイガ成虫の発生消長調査に対する合成性フェロモントラップの実用性．北陸病害虫研報 34：12－15.
中田正彦（1955）パラチオン剤と中毒事故．植物防疫 9：232－236.
名和梅吉（1899）イネノズイムシ寄生蜂に就て．昆虫世界 3：80.
名和梅吉（1913a）有益虫アオバアリガタハネカクシに就て．昆虫世界 17：277－279.
名和梅吉（1913b）ズイムシヤドリバチに就て．昆虫世界 17：354－357.
名和梅吉（1914）有益虫ヒゲボソサシガメに就きて．昆虫世界 18：282－286.
名和梅吉（1917）普通昆虫展覧会の出品昆虫に就きて．昆虫世界 21：147－154.
名和梅吉（1941）クサキリの稲茎嚙害は螟虫食殺の為で益虫である．昆虫世界 45：291－296.

名和靖（1898a）クビナガゴミムシの採集．昆虫世界 2：319.
名和靖（1898b）稲螟虫の駆除予防法．昆虫世界 2：321–323.
Nesbitt, B. F., P. S. Beevor, D. R. Hall, R. Lester and V. A. Dyck（1975）Identification of the female sex pheromones of the moth, *Chilo suppressalis*. *J. Insect Physiol.* 21：1883–1886.
日本植物防疫協会（2007）JPP ネット．http：//www.jppn.ne.jp/
日本応用動物昆虫学会編（2006）農林有害動物・昆虫名鑑　増補改定版．日本植物防疫協会，東京，387 pp.
Nijhout, H. F. and C. M. Williams（1974）Control of moulting and metamorphosis in the tobacco hornworm, *Manduca sexta*（L.）：cessation of juvenile hormone secretion as a trigger for pupation. *J. Exp. Biol.* 61：493–501.
西田藤次（1919）螟虫駆除の新法に就て．病虫害雑誌 3：175–180.
西岡孝明（1985）ニカメイガ幼虫表皮の組織培養系を用いた昆虫成育制御物質の作用機構の研究．日農化誌，59：39–47.
野口浩（1979）チャハマキ，*Homona magnanima* Diakonoff における性フェロモン構造決定のための生物検定法．応動昆 23：22–27.
農林省農務局（1925）葉鞘変色茎摘採の効果及稲の開花期に於て踏込動揺の影響に関する調査．病虫害雑誌 12：532–534.
農林省農務局（1928）二化性螟虫と其の防除法．病虫害駆除予防奨励資料 9：1–122.
農林省農産課（1940）稲害虫及甘藷馬鈴薯病害虫防除要項．病虫害雑誌 27：442–446.
農林省農政局（1941）病害虫発生予察及早期発見に関する事業実施要綱並施行細目．病虫害雑誌 28：271–277.
農林水産省経済局統計情報部（1957–2005）作物統計．農林水産省，東京.
農林水産省農蚕園芸局植物防疫課（1994）ニカメイチュウの発生予察方法の改善に関する特殊調査．農作物有害動植物発生予察特別報告第 38 号．農林水産省農蚕園芸局植物防疫課，東京，160 pp.
農林水産省生産局植物防疫課（2001）発生予察事業の調査実施基準．農林水産省，東京，427 pp.
農商務省農務局（1921）稲二化性螟虫駆除予防奨励指針．農務局報 19：1–29.
野里和雄・桐谷圭治（1976）ニカメイガの減少傾向と卵期天敵の役割．植物防疫 30：259–263.
野津六兵衛（1921）螟虫の駆除について（其 1）病虫害雑誌 8：334–336.
野津六兵衛・松島省三（1943）二化螟蟲の発生豫察に関する一資料［第一報］．第一化期の發蛾最盛期豫察に就いて．農業および園芸 18：1072–1076.
小畑博美知・野々垣禎造（1965）山梨県下の BHC 空中散布とミツバチへの薬害．植物防疫 19：326–328.
織田富士夫（1935）日本に於ける稲三化性螟虫の研究（1）（2）．応用動物学雑誌 7：75–87，242–261.
大庭道夫（1984）無脊椎動物のイリドウイルス．ウイルス 34：1–10.
於保信彦（1954）二化螟虫の天敵花椿象の一種（*Euspudaeus* sp.）について（予

報）．九州農業研究 14：222-224.
於保信彦（1955）ズイムシハナカメ虫（仮称）に関する研究（第1報）．ズイムシハナカメ虫の食性並に発生経過について．九州農業研究 16：59-61.
於保信彦（1964）殺虫剤の散布による水田害虫相の変動．植物防疫 18：389-392.
Ohta, K., S. Tatsuki, K. Uchiumi, M. Kurihara and J. Fukami（1976）Structures of sex pheromones of rice stem borer. *Agr. Biol. Chem.* 40：1897-1899.
岡田十蔵（1916）螟虫の採卵に伴う益虫保護の急務．病虫害雑誌 3：516-522.
岡田十蔵・牧高治（1934）螟虫の防除に関する試験研究成績（第一報）．II．螟虫黒卵蜂の生態に関する研究．農事改良資料 79：1-42.
岡田十蔵・牧高治・黒田春三（1934）螟虫の防除に関する試験研究成績（第一報）．I．螟虫卵寄生蜂保護利用に関する試験．農事改良資料 79：1-78.
岡田忠虎・後藤千枝（2004）土着天敵――ニカメイガ顆粒病ウイルス．天敵大事典――生態と利用　下巻（農山漁村文化協会　編）．農山漁村文化協会，東京，pp. 437-441.
岡本大二郎・佐々木睦雄（1957）ニカメイチュウ第2化期の被害査定法．植物防疫 11：527-530.
岡本大二郎・阿部凱裕（1958）ニカメイチュウによる稲の被害の品種間差異．農業および園芸 33：58.
岡本大二郎・腰原達夫（1959）ニカメイチュウに対するBHCの新しい使い方．植物防疫 13：243-246.
岡本秀俊（1963）パラチオン抵抗性ニカメイチュウの自然個体群に関する考察．応動昆 7：249-250.
小野塚清・那須野広義・矢尾板恒夫・藤巻正司・江村一雄（1963）1化性と思われるニカメイチュウについて．北陸病害虫研報 11：13-14.
大竹昭郎（1955）寄生の様式よりみたズイムシアカタマゴバチとズイムシクロタマゴバチ．応用昆虫 11：8-13.
大塚由成（1895）稲の螟虫に就いて．大日本農会報 17：1-12.
大矢剛毅（1964）岩手県におけるニカメイガ越冬幼虫の寄生蜂について．北日本病害虫研報 15：94-95.
大矢剛毅（1966）岩手県における1・2回発生型ニカメイチュウの発生生態．北日本病害虫研報 17：70.
大矢剛毅・大森秀雄（1961）岩手県におけるニカメイガの発生型について．北日本病害虫研報 12：70-71.
尾崎幸三郎（1954）数種の有機燐殺虫剤のニカメイチュウ幼虫に対する殺虫力並びに稲体内に於ける移行について．農業技術研究所報告 C4：177-185.
尾崎幸三郎（1962）ニカメイチュウのパラチオンに対する抵抗性．防虫科学 27：81-96.
尾崎幸三郎・葛西辰雄・木谷安雄・大広悟・岩部武司・西原行男・藤沢光男・広瀬直・木村弘（1971）香川県におけるニカメイチュウの有機リン剤に対する抵抗性の発達．香川県農業試験場報告 21：12-21.
尾崎重夫（1940a）二化螟蛾第1化期発生促進に関する実験成績（1）．病虫害雑誌

27：410–418.
尾崎重夫（1940b）二化螟蛾第1化期発生促進に関する実験成績（2）．病虫害雑誌 27：470–477.
Pinto, J. D., E. R. Oatman and G. R. Platner（1982）*Trichogramma australicum* Girault（Hymenoptera：Trichogrammatidae）：redescription and lectotype designation. *Pan-Pacific Entomol.* 58：48–52.
Qu, M., Z. Han, X. Xu and L. Yue（2003）Triazophos resistance mechanisms in the rice stem borer（*Chilo suppressalis* Walker）. *Pestic. Biochem. Physiol.* 77：99–105.
Rothschild, G. H. L.（1971）The biology and ecology of rice-stem borers in Sarawaku（Malaysian Borneo）. *J. Appl. Ecol.* 8：287–322.
Saario, C. A., H. H. Shorey and L. K. Gaston（1970）Sex pheromones of noctuid moths. *Ann. Entomol. Soc. Amer.* 63：667–672.
佐賀県農業試験場（1960）病害虫発生予察並びに早期発見に関する事業年報．佐賀県農業試験場，佐賀，246 pp.
斎藤哲夫（1973）農薬．総合防除（深谷昌次・桐谷圭治　編）講談社，東京，pp. 97–122.
酒井久馬・池田米男・鮫島徳造（1942）瘤野螟蛾 *Cnaphalocrocis medinalis* Guénée の生態及び防除に関する研究．応用昆虫 4：1–24.
坂井道彦・佐藤安夫・加藤正幸（1967）カルタップの殺虫効力，特にニカメイチュウ防除薬剤としての特性．応動昆 11：125–134.
桜井基（1920）螟虫白彊菌に就ての観察．病虫害雑誌 7：73–74.
Samudra, I. M.（2001）Comparative Studies on Biological Characteristics between Rice-feeding and Water-oats-feeding Populations in the Striped Stem Borer, *Chilo suppressalis*. Doctoral Dissertation, The University of Tokyo, Tokyo, 112 pp.
Samudra, I. M., K. Emura, S. Hoshizaki, Y. Ishikawa and S. Tatsuki（2002）Temporal differences in mating behavior between rice- and water-oats-populations of the striped stem borer, *Chilo suppressalis*（Walker）（Lepidoptera：Crambidae）. *Appl. Entomol. Zool.* 37：257–262.
Sanders, C. J. and G. S. Lucuic（1972）Factors affecting calling by female eastern spuruce budworm, *Choristoneura fumiferana*（Lepidoptera：Tortricidae）. *Can.Entomol.* 104：1751–1762.
山時隆信（1924）螟虫駆除と栽培法との関係（2）．病虫害雑誌 11：268–274.
山時隆信（1926）稲の病虫害と栽培方法との関係．病虫害雑誌 13：489–497.
佐々木正巳（1977）ウリキンウワバの配偶行動に関する研究．玉川大学農学部研究報告 17：79–152.
佐々木善隆・尾崎幸三郎・蓮井秀昭（1976）香川県中西部のニカメイチュウのりん剤抵抗性についてのその後の調査．四国植物防疫研究 11：55–59.
笹本馨（1954）水稲の珪酸と害虫（第1報　二化螟虫　第1化期の研究）．植物防疫 8：20–21.
笹本馨（1961）珪酸・窒素施用水稲のニカメイチュウに対する抵抗性と被害．山梨大学学芸学部紀要 3：1–73.

Sasamoto, K. (1961) Resistance of the rice plant applied with silicate and nitrogenous fertilizers to the rice stem borer, *Chilo suppresslis*. *Proceedings of Faculty of Liberal Arts & Education. Yamanashi University*. no. 3, 48 pp.

佐藤清蔵（1899）稲虫駆除法　全．栄進堂，山形，48 pp.

佐藤智浩・土門清・上野清（1999）山形県庄内地方におけるニカメイガ多発地帯の薬剤感受性．北日本病害虫研報 50：237.

佐藤安夫・森本尚武（1962）ニカメイチュウの卵塊性幼虫集団に関する生態学研究．応動昆 6：95–101.

瀬古秀生・加藤一郎（1950a）二化螟虫に対する稲の抵抗性に関する研究（Ⅰ）．稲品種と第一化期産卵との関係（予報）．日作紀 19：201–203.

瀬古秀生・加藤一郎（1950b）二化螟虫に対する稲の抵抗性に関する研究（Ⅱ）．稲品種と第一化期孵化幼虫の喰入との関係．日作紀 19：204–206.

Sheltes, P. (1978) The condition of the host plant during aestivation-diapause of the stalk borers *Chilo partellus* and *Chilo orichalcociliella* (Lepidoptera, Pyralidae) in Kenya. *Entomol. Exp. Appl.* 24：479–488.

柴辻哲太郎・平尾重太郎・菊地実（1960）水稲の早植栽培における害虫の発生並びに被害に関する研究．北日本病害虫研報 5：60–103.

渋谷正健（1938）二化螟虫第 1 化期に於ける赤卵蜂の地方別寄生率．応用昆虫 1：3–10.

渋谷正健・山下俊平（1936）農林省指定，天敵利用に関する試験研究（第一報）．螟虫卵寄生蜂石井小蜂の利用に関する試験研究．静岡県立農事試験場特別報告 1：1–41.

渋谷正健・弥富喜三（1950）二化螟蛾卵の寄生蜂ズイムシアカタマゴバチの利用に関する研究．静岡県立農事試験場創立 50 周年記念論文集（静岡県立農業試験場　編）．静岡県立農業試験場，静岡，pp. 12–33.

静岡県立農事試験場（幅野三津平）（1926a）卵寄生蜂小蜂飼育用宿主及び宿主飼育装置試験．大正 14 年度静岡県立農事試験場業務報告：281–282.（1928 年に病虫害雑誌 15：56–57 に再録）

静岡県立農事試験場（幅野三津平）（1926b）「コナマダラメイガ」の生活史に関する飼育試験．大正 14 年度静岡県立農事試験場業務報告：282–283.（1928 年に病虫害雑誌 15：57–58 に再録）

静岡県立農事試験場（幅野三津平）（1927a）「コナマダラメイガ」の生活史に関する飼育試験．昭和元年度静岡県立農事試験場業務報告：289–292.

静岡県立農事試験場（幅野三津平）（1927b）「コナマダラメイガ」寄生蜂の生活史に関する飼育試験．昭和元年度静岡県立農事試験場業務報告：292–309.

静岡県立農事試験場（1928）卵寄生小蜂飼育用寄主及び寄主飼育装置試験．病虫害雑誌 15：56–57.

Shorey, H. H. (1966) The biology of *Trichoplusia ni* (Lepidoptera：Noctuidae). IV. Environmental control of mating. *Ann.Entomol.Soc.Amer.* 59：502–506.

Shorey, H. H. and L. K. Gaston (1965) Sex pheromones of noctuid moth. V. Circadian rhythm of pheromone responsiveness in males of *Autographa californica, Heliothis virescens, Spodoptera exigua* and *Trichoplusia ni*. *Ann. Entomol. Soc. Amer.* 58：597–600.

Smith, S. M.（1996）Biological control with *Trichogramma*：advances, successes, and potential of their use. *Annu. Rev. Entomol.* 41：375–406.

園山武雄（1939）二化螟虫の寄生蜂に就いて．滋賀農報 300：14–21.

Sower, L. L., H. H. Shorey and L. K. Gaston（1970）Sex pheromones of noctuid moth. XXI. Light-dark cycle regulation and light inhibition of sex pheromone release by females of *Trichoplusia ni*. *Ann. Entomol. Soc. Amer.* 63：1090–1092.

Sower, L. L., H. H. Shorey and L. K. Gaston（1971）Sex pheromones of noctuid moth. XXV. Effect of temperature and photoperiod on circadian rhythms of sex pheromone release by females of *Trichoplusia ni*. *Ann. Entomol. Soc. Amer.* 64：488–492.

Steinhaus, E. A. and G. A. Marsh（1962）Report of diagnosis of diseased insects 1951–1961. *Hilgardia* 33：349–490.

Stinner, R. E.（1977）Efficacy of inundative releases. *Annu. Rev. Entomol.* 22：515–531.

末永一（1933）九州に於けるズイムシヤドリバチ．鹿児島高等農林学校博物同志会会報 3：36–39.

杉浦哲也（1984）ニカメイガの多発と少発の要因．植物防疫 38：303–307.

杉山章平（1960）ニカメイガ卵の発育と温度の関係．農学研究 47：195–201.

高木信一（1974）ニカメイチュウ少発生の原因．植物防疫 28：7–11.

Takahashi, F.（1973）Natural enemies as a control agent of pests and the environmental complexity from the theoretical and experimental point of view. *Proceedings of Third International Symposium on Chemical and Toxicological Aspects of Environmental Quality. Nov. 19–22 1973 Tokyo*, 39–47.

高井昭（1970）ニカメイガ誘殺個体の頭巾変異．茨城県農業試験場研究報告 11：53–56.

高野誠義・高野十吾・稲生稔（1959）ニカメイチュウの寄生植物（稲　マコモ）に関する研究．関東東山病害虫研報 6：43.

高崎登美雄・野田政春・村田全（1969）マコモに寄生するニカメイチュウの生態．九州病害虫研報 15：118–121.

高山昭夫・吉岡幸治郎（1963）愛媛県におけるニカメイチュウのパラチオン抵抗性の地域差について．応動昆 7：247–248.

Tamaki, Y., H. Noguchi, K. Yushima and C. Hirano（1971）Two sex pheromones of the smaller tea tortrix：isolation, identification and synthesis. *Appl. Entomol. Zool.* 6：139–141

田村市太郎（1958）ニカメイチュウの被害による水稲の減収．植物防疫 12：255–258.

田中福三郎・矢吹正・坪井昭正（1981）岡山県におけるニカメイガ幼虫の異常多発生について（第1報）．被害の程度と多発生地の分布．近畿中国農業試験場研究報告 62：15–20.
田中福三郎・矢吹正・坪井昭正（1982）岡山県におけるニカメイガ幼虫の異常多発生について（第2報）．多発生地における薬剤感受性．近畿中国農業試験場研究報告 64：60–65.
田中福三郎・矢吹正・坪井昭正（1983）岡山県におけるニカメイガ幼虫の異常多発生について（第3報）．多発生地帯の圃場における薬剤防除効果．近畿中国農業試験場研究報告 65：17–22.
田中福三郎・矢吹正・田付貞洋・積木久明・菅野紘男・服部誠・臼井健二・栗原政明・内海恭一・深見順一（1987）交信攪乱法によるニカメイガの防除．応動昆 31：125–133.
田中顕三（1928）禾本科植物を喰害する螟蟲類の研究（二）．病虫害雑誌 15：343–350.
田中重義・奈良井祐隆・青戸貞夫（1990）ニカメイガ性フェロモントラップの設置の高さと誘殺数．応動昆中国支会報 32：28–32.
立石碞（1962）ニカメイガの2化期幼虫に対するズイムシサムライコマユバチの寄生率と性比について．九州病害虫研報 8：26–28.
立石碞・行徳直己（1953）二化螟虫の幼虫寄生蜂キバラアメバチの季節的消長について．九州農業研究 11：117–118.
立石碞・村田全（1958）ニカメイチュウの寄生菌について．九州病害虫研報 4：11–12.
Tatsuki, S.（1990）Application of the sex pheromone of the rice stem borer moth, *Chilo suppressalis*. In *Behavior-Modifying Chemicals for Insect Management：Applications of Pheromones and Other Attractants*（R. L. Ridgway, R. M. Silverstein and M. N. Inscoe eds.）. Marcel Dekker, New York and Basel, pp. 387–406.
田付貞洋（2001）イネのニカメイガとマコモのニカメイガ——寄主植物のちがいによる種分化の可能性．*OTOSHIBUMI* 21：83–97.
Tatsuki, S., M. Kurihara, K. Uchiumi and J. Fukami（1979）Factors improving field trapping of male rice stem borer moth, *Chilo suppressalis* Walker（Lepidoptera：Pyralidae）, by using synthetic sex attractant. *Appl. Entomol. Zool.* 14：95–100.
Tatsuki, S. and H. Kanno（1981）Disruption of sex pheromone communication in *Chilo suppressalis* with pheromone and analogs. In *Management of Insect Pests with Semiochemicals*（E. R. Mitchell, ed.）. Plenum Publishing, New York, pp. 313–325.
Tatsuki, S., M. Kurihara, K. Usui, Y. Ohguchi, K. Uchiumi and J. Fukami（1983）Sex pheromone of the rice stem borer, *Chilo suppressalis*（Walker）（Lepidoptera：Pyralidae）：the third component, Z-9-hexadecenal. *Appl. Entomol. Zool.* 18：443–446.
田付貞洋・寺山守（2005）アルゼンチンアリの生態と対策．植物防疫 59：173–176.
Tauber, M. J., C.A. Tauber and S. Masaki（1986）Seasonal Adaptations of

Insects. Oxford University Press, New York. 411 pp.
Thomson, L., D. Bennett, D. Glenn and A. Hoffmann（2003）Developing *Trichogramma* as a pest management tool. In *Predators and Parasitoids*（O. Koul and G. S. Dhaliwal eds.）. Taylor & Francis, London, pp. 65－85.
土岐昭男・藤村健彦・藤田謙三（1974）ニカメイガ越冬幼虫の寄生蜂の年次変遷. 青森県農業試験場研究報告 19：51－54.
鳥谷均・米村庄一郎・横沢正幸（1999）MRI-CGCM 気候変化シナリオから予測した日本における 21 世紀の水稲の潜在収量. システム農学 15：8－16.
坪井昭正・田中福三郎・矢吹正（1981）ニカメイチュウの岡山県における異常多発生をめぐる諸問題. 植物防疫 35：527－531.
Tsuchida, K. and H. Ichihashi（1995）Estimation of monitoring range of sex pheromone trap for the rice stem borer moth, *Chilo suppressalis*（Walker）（Lepidoptera：Pyralidae）by male head width variation in relation to two host plants, rice and water oats. *Appl. Entomol. Zool.* 30：407－414.
土山哲夫（1958a）栽培法の変遷にともなうニカメイガ発生消長の変化. 植物防疫 12：266－268.
土山哲夫（1958b）水稲の早期栽培と害虫. 植物防疫 12：145－148.
積木久明（1988）厳しい冬を耐える生活史の機構. 昆虫学セミナーII. 生活史と行動（中筋房夫　編）. 冬樹社, 東京, pp. 33－65.
Tsumuki, H.（1990）Environmental adaptations of the rice stem borer, *Chilo suppressalis* and the blue alfalfa aphid, *Acyrthosiphon kondoi* to seasonal fluctuations. In *Advances Invertebrate Reproduction 5*（M. Hoshi and O. Yamashita eds.）. Elsevier Science Publishers, Amsterdam, pp. 273－278.
積木久明（1998）ニカメイガの越冬. 小蛾類の生物学（保田淑郎・広渡俊哉・石井実　編）. 文教出版, 大阪, pp. 19－24.
積木久明（2000）昆虫の低温耐性と氷核——主にニカメイガの知見を中心に. 応動昆 44：149－154.
Tsumuki, H. and K. Kanehisa（1978）Carbohydrate content and oxygen uptake in larvae of rice stem borer, *Chilo suppressalis* Walker. *Berich. Ohara Inst. Landw. Biol. Okayama Univ.* 17：95－110.
Tsumuki, H. and K. Kanehisa（1979a）Enzymes associated with glycogen metabolism in larvae of the rice stem borer, *Chilo suppressalis* Walker：some properties and changes in activities during hibernation. *Appl. Entomol. Zool.* 14：270－277.
Tsumuki, H. and K. Kanehisa（1979b）Glycerol concentrations in haemolymph of hibernating larvae of the rice stem borer, *Chilo suppressalis* Walker：effects of ligation and cold tolerance. *Appl. Entomol. Zool.* 14：497－499.
Tsumuki, H. and K. Kanehisa（1980）Changes in enzyme activities related to glycerol synthesis in hibernating larvae of the rice stem borer, *Chilo suppressalis* Walker. *Appl. Entomol. Zool.* 15：285－292.
Tsumuki, H. and K. Kanehisa（1984）Phosphatases in the rice stem borer, *Chilo suppressalis* Walker（Lepidoptera：Pyralidae）：some properties and changes

of the activities during hibernation. *Cryobiology* 21：177−182.

Tsumuki, H. and H. Konno（1991）Tissue distribution of the ice-nucleating agents in larvae of the rice stem borer, *Chilo suppressalis* Walker（Lepidoptera：Pyralidae）. *Cryobiology* 28：376−381.

積木久明・武智広・兼久勝夫・斎藤哲夫・朱耀沂（1992）台湾産ニカメイガの光周反応．応動昆 36：95−99.

Tsumuki, H. and M. Hirai（1999）Effects of JH and ecdysone on endogenous ice nucleus production in larvae of the rice stem borer, *Chilo suppressalis* Walker（Lepidoptera：Pyralidae）. *Appl. Entomol. Zool.* 34：119−121.

Tsumuki, H. and M. Hirai（2007）Effects of photoperiod and temperature on endogenous ice nucleus production in larvae of the rice stem borer, *Chilo suppressalis* Walker（Lepidoptera：Pyralidae）. *Appl. Entomol. Zool.* 42：305−308.

積木久明・泉洋平（2008）ニカメイガ幼虫の凍結障害の発生機構と回避機構．耐性の昆虫学．（田中誠二・小滝豊美・田中一裕　編）東海大学出版会，泰野，pp. 36−45.

鶴田良助（1985）第１世代被害に基づくニカメイガ第２世代の要防除密度．北日本病害虫研報 36：6−9.

鶴田良助（1987）葉鞘変色茎に基づくニカメイガ第２世代要防除密度と防除要否判定後の適用薬剤．秋田県農業試験場研究報告 28：29−45.

鶴田良助・小林次郎（1981）ニカメイガ第１世代被害と第２世代産卵密度及び被害との関係．北日本病害虫研報 32：5−9.

筒井喜代治（1951）二化螟虫の生態と螟虫に対する稲の抵抗性の実態．農業技術 6：82−85.

筒井喜代治（1960a）水稲早期および早植栽培におけるニカメイチュウの発生消長と防除．農業および園芸 35：803−806.

筒井喜代治（1960b）水稲早期栽培とニカメイチュウ．水稲早期栽培技術の理論（農林水産業生産性向上会議　編）．農林水産業生産性向上会議，東京，pp.217−254.

筒井喜代治・佐藤昭夫・田中清・谷元節男・小野木節夫（1955）二化螟虫第２化期に於ける幼虫及び被害の実態について（第１報）．東海近畿農業試験場研究報告栽培部 2：104−127.

上田喜一・石堂嘉郎・境野進・高橋謙・高田昂（1952）有機燐殺虫剤の毒性に関する諸問題（1）．植物防疫 6：463−467.

上田喜一・石堂嘉郎・境野進・高橋謙・高田昂・植松稔（1953）有機燐殺虫剤の毒性に関する諸問題（2）．植物防疫 7：57−61.

上原等（1952）二化螟虫の薬剤防除――香川県における BHC，DDT．植物防疫 6：271−272.

Ueno, H., S. Furukawa and K. Tsuchida（2006）Difference in the time of mating activity between host-associated populations of the rice stem borer, *Chilo suppressalis*（Walker）. *Entomol. Sci.* 9：255−259.

上野清・早坂剛（1997）庄内地方における交信かく乱法によるニカメイガの防

除．北日本病害虫研報 48：159−163.
上野清・石黒清秀（1999）庄内地方における交信かく乱法によるニカメイガの防除．山形県農業試験場研究報告 33：57−68.
上住泰・杉浦哲也・森岡寛治（1970）奈良県のニカメイチュウ BHC 抵抗性について．関西病害虫研報 51：89−90.
梅谷献二（2006）応動昆の半世紀．応動昆 50：178−180.
Utida, S.（1958）On fluctuations in population density of the rice stem borer, *Chilo suppressalis*. *Ecology* 39：587−599.
内田俊郎（1998）動物個体群の生態学．京都大学学術出版会，京都，309 pp.
内山田博士・藤田米一・木村賢治・山田利昭（1977）内外稲品種の特性解析．北陸農業研究資料 3：137.
Uvarov, B. P.（1928）Insect nutrition and metabolism. *Trans. Entomol. Soc. Lond.* 76：255−343.
Vôute, A.D.（1946）Regulation of the density of insect populations in virgin forests and cultivated woods. *Archives Neerlandaises de Zoologie* 7：435−470.
和田栄太郎（1942）南方稲の二，三の特性について．科学 12：441−444.
若村定男（1979）カブラヤガ，*Agrotis fucosa* Butler（Lepidoptera：Noctuidae）の配偶行動．応動昆 23：251−256.
Waku, Y.（1960）Studies on the hibernation and diapause in insects. IV. Histological observations of the endocrine organs in the diapause and non-diapause larvae of the Indian meal-moth, *Plodia interpunctella* Hubners. *Sci. Rep. Tohoku Univ.* 26：327−340.
Watanabe, C.（1966a）Notes on braconid parasites of *Naranga aenescens* Moore occurring in Japan（Hymenoptera：Braconidae）. *Insecta Matsumurana* 28：131−132.
Watanabe, C.（1966b）Notes on braconid and ichneumonid parasites of the rice stem borer, *Chilo suppressalis*（Walker）, in Japan. *Mushi* 39：95−101.
渡辺忻悦（1960） 水稲早期栽培におけるニカメイチュウ第 1 化期の加害と稲品種との関係．北日本病害虫研報 5：47−51.
Wyatt, G. R.（1967）The biochemistry of sugars and polysaccharides in insects. *Adv. Insect Physiol.* 4：287−360.
八木誠政（1934）二化螟虫の等発生帯に就いて．農林省農試彙報 2：381−394.
八木誠政（1935）二化螟虫の夜間活動性に就いて．農林省農試彙報 2：481−490.
Yagi, N.（1935a）On the nocturnal activity of moth of *Chilo simplex* Butler. *J. Nat. Agric. Stn.* 2：481−497.
Yagi, N.（1935b）On the nocturnal activity of moth of *Chilo simplex* Butler. *J. Nat. Agric. Stn.* 3：183−213.
Yagi, N. and N. Koyama（1963）The Compound Eye of Lepidoptera. Maruzen. Tokyo, 319 pp.
八木繁実（1975）数種鱗翅目昆虫の休眠に関する内分泌学的研究．東京教育大学農学部紀要 21：1−49.

八木繁実（1976）鱗翅目昆虫の休眠・相変異とホルモン．植物防疫 31：317-321.
Yagi, S.（1976）The role of juvenile hormone in diapause and phase variation in some lepidopterous insects. In *The Juvenile Hormones*（L. I. Gilbert ed.）. Plenum Press, New York, pp. 288-300.
Yagi, S.（1980）Physiology of aestivation-diapause in pyralid borers. *ICIPE Annual Report* 7：41.
Yagi, S.（1981）Physiological aspects of diapause in rice stem borers and the effect of juvenile hormone（Lepidoptera：Pyralidae）. *Entomol. Gen.* 7：213-221.
Yagi, S., E. Kondo and M. Fukaya（1969）Hormonal effect on cultivated insect tissues. I. Effect of ecdysterone on cultivated testes of diapausing rice stem borer larvae. *Appl. Entomol. Zool.* 4：70-78.
Yagi, S. and M. Fukaya（1974）Juvenile hormone as a key factor regulating larval diapause of the rice stem borer, *Chilo suppressalis*（Lepidoptera：Pyralidae）. *Appl. Entomol. Zool.* 9：247-255.
山形県経済部（1938）二化螟虫の新駆除法越冬幼虫誘殺のすすめ．病虫害雑誌 25：734-737.
山形県農事試験場（1902）稲の二化螟虫．害虫報告 1：1-23.
山口県農事試験場（1929）螟虫の天然駆除に関する調査．病虫害雑誌 16：116-117.
山村光司（2001）温暖化に伴う水稲害虫の増加．地球環境 6：251-257.
Yamamura, K., M. Yokozawa, M. Nishimori, Y. Ueda and T. Yokosaka（2006）How to analyze long-term insect population dynamics under climate change：50-year data of three insect pests in paddy fields. *Popul. Ecol.* 48：31-38.
矢野延能（1915）二化螟虫駆除の新法．病虫害雑誌 2：755-756.
矢野延能（1918）稲螟虫駆除予防普及奨励に関し特に注意すべき事項当場意見及説明．病虫害雑誌 5：263-271.
矢野延能（1922）二化螟虫発生予防法主として藁の処分に就て．病虫害雑誌 9：78-81.
Yasumatsu, K.（1950）On the identity of four scelionid egg-parasites of some Japanese and Formosan pyraloid moths（Hymenoptera）. *Mushi* 21：55-60.
Yasumatsu, K.（1967）Notes on *Bracon onukii* Watanabe, a parasite of four species of lepidopterous borers（Hymenoptera：Braconidae）. *Mushi* 40：181-188.
安松京三・渡辺千尚編（1965）日本産害虫の天敵目録　第2篇　害虫・天敵目録．九州大学農学部昆虫学教室，福岡，116 pp.
安永智秀（2001）ハナカメムシ科　Family Anthocoridae Fieber, 1836 flower bugs, minute pirate bugs. 日本原色カメムシ図鑑　第2巻（安永智秀・高井幹夫・川澤哲夫　編）．全国農村教育協会，東京，pp. 278-303.
Yin, C. -M. and G. M. Chippendale（1973）Juvenile hormone regulation of the

larval diapause of the southwestern corn borer, *Diatraea grandiosella*. *J. Insect Physiol.* 19：2403–2420.

吉田末彦（1919）螟虫の寄生菌の一種に就ての研究（予報）．病虫害雑誌 6：199–207.

吉井孝雄・池内辰雄・石本茂（1958）水稲の栽培体系がニカメイチュウの発生，被害に及ぼす影響に関する研究．高知県農業試験場研究報告 1：28–42.

吉野剛（1930a）水稲の二期作と二化性螟虫の経過に就て（一）．病虫害雑誌 17：321–332.

吉野剛（1930b）水稲の二期作と二化性螟虫の経過に就て（二）．病虫害雑誌 17：400–407.

吉武清晴（1994）九州地方におけるニカメイチュウの発生と被害．植物防疫 48：71–74.

湯嶋健・石井象二郎（1952）ニカメイガ幼虫の消化液水素イオン濃度と消化酵素．応用昆虫 8：51–55.

Zhu, Z.-R., J. Cheng, W. Zuo, X.-W. Lin, Y.-R. Guo, Y.-P. Jiang, X.-W. Wu, K. Teng, B.-P. Zhai, J. Luo, X.-H. Jiang and Z.-H. Tang（2007）Integrated management of rice stem borers in the Yangtze Delta, China. In *Area-Wide Control of Insect Pests*（M. J. B. Vreysen, A. Robinson and J. Hendrichs eds.）. IAEA, pp. 373–382.

事項索引

ナ　行

ハ　行

マ　行

ヤ　行

ラ　行

ワ　行

生物名索引

マ　行

ヤ・ラ・ワ行

執筆協力者一覧

（敬称略，五十音順）

安居院宣昭
飯山和弘
石黒慎一
上田恭一郎
上野高敏
内久根 毅
大竹昭郎
大庭道夫
岡田忠虎
小澤朗人
梶田泰司
紙谷聡志
河原畑 勇
城所 隆
小滝豊美
後藤千枝
小西和彦
小西正泰
笹原建夫
宍戸 孝
島津光明
鈴木幸一
砂村栄力
高木正見
田津原陽平
仲島義貴
中筋房夫
中村 達
新山徳光
服部伊楚子
早川洋一
広渡俊哉
前藤 薫
松倉啓一郎
松村正哉
守屋成一
矢代直也
矢野栄二
山下賢一
山村光司
吉田忠晴
吉安 裕
Li Yiping

本書の執筆に際しまして，上記の方々にさまざまなお力添えをいただきました．紙面の都合により最後になりましたが，厚くお礼申し上げます（執筆者一同）．

執筆者一覧（五十音順）

江村　薫（埼玉県農林総合研究センター）　第 10 章

菅野紘男（元・農水省北陸農業試験場）　第 13 章

岸野賢一（元・農水省農業環境技術研究所）　第 3，11 章

桐谷圭治（元・農水省農業環境技術研究所）　第 1，6，16 章

後藤三千代（山形大学客員教授）　第 14 章

小山重郎（元・農水省蚕糸・昆虫農業技術研究所）　第 2 章

近藤　章（元・岡山県農業総合センター）　第 4 章

昆野安彦（東北大学農学部）　第 8 章

田付貞洋（東京大学名誉教授）　第 1，5，9，16 章

積木久明（元・岡山大学資源生物科学研究所）　第 14 章

平野千里（高知大学名誉教授）　第 12 章

広瀬義躬（九州大学名誉教授）　第 7 章

森本信生（中央農業総合研究センター）　第 3 章

八木繁実（元・農水省国際農林水産業研究センター）　第 15 章

編者略歴

桐谷圭治（きりたに・けいじ）

1929 年　大阪府に生まれる．
1959 年　京都大学大学院農学研究科博士課程中退．
　　　　農林水産省農業環境技術研究所昆虫管理科長，アジア・太平洋地区食糧・肥料技術センター副所長などを経て，
現　在　日本応用動物昆虫学会名誉会員，アメリカ昆虫学会フェロー，農学博士．
専　門　応用昆虫学・昆虫生態学．
主　著　『総合防除』（共編，1973 年，講談社），『「ただの虫」を無視しない農業――生物多様性管理』（2004 年，築地書館）ほか．

田付貞洋（たつき・さだひろ）

1945 年　京都府に生まれる．
1970 年　東京大学大学院農学系研究科修士課程修了．
　　　　理化学研究所技師，筑波大学農林学系助教授，東京大学大学院農学生命科学研究科教授などを経て，
現　在　東京大学名誉教授，農学博士．
専　門　応用昆虫学・昆虫生理学．
主　著　『環境昆虫学――行動・生理・化学生態』（共編，1999 年，東京大学出版会），『昆虫生理生態学』（共編，2007年，朝倉書店）ほか．

ニカメイガ――日本の応用昆虫学

2009 年 11 月 20 日　初　版

［検印廃止］

編　者　桐谷圭治・田付貞洋

発行所　財団法人　東京大学出版会

代 表 者　長谷川寿一

113-8654 東京都文京区本郷 7-3-1 東大構内
電話 03-3811-8814・振替 00160-6-59964

印刷所　株式会社暁印刷
製本所　矢嶋製本株式会社

ISBN 978-4-13-076028-7　Printed in Japan